高等学校计算机专业教材精选·算法与程序设计

C程序设计案例教程

林小茶 编著

清华大学出版社

北　京

内 容 简 介

案例教学是学生们喜闻乐见的一种教学方式,但是,将案例教学应用于程序设计还是有一定难度的。本书对这种方式进行了有益的尝试,在不违反教学规律的情况下,先给出案例,然后进行说明和讲解。在内容的编排上,则更多地考虑了初学者的要求;在选择实例时,尽量选择能够解决实际问题的实例。

本书主要内容包括认识 C 语言、顺序结构程序设计、选择结构程序设计、基础知识深化、循环结构程序设计、函数、数组、指针、结构体、联合体与枚举以及文件等。

本书既适合作为大学低年级需要掌握一门程序设计语言的学生教材,也适合作为 C 语言自学者的教材或参考书。

图书在版编目(CIP)数据

C 程序设计案例教程/林小茶编著. —北京:清华大学出版社,2015
高等学校计算机专业教材精选·算法与程序设计
ISBN 978-7-302-37932-4

Ⅰ. ①C… Ⅱ. ①林… Ⅲ. ①C语言－程序设计－高等学校－教材 Ⅳ. ①TP312

中国版本图书馆 CIP 数据核字(2014)第 207771 号

责任编辑:张 民 薛 阳
封面设计:傅瑞学
责任校对:时翠兰
责任印制:何 芊

出版发行:清华大学出版社
    网 址:http://www.tup.com.cn,http://www.wqbook.com
    地 址:北京清华大学学研大厦 A 座   邮 编:100084
    社 总 机:010-62770175   邮 购:010-62786544
    投稿与读者服务:010-62776969,c-service@tup.tsinghua.edu.cn
    质量反馈:010-62772015,zhiliang@tup.tsinghua.edu.cn
    课件下载:http://www.tup.com.cn,010-62795954
印 刷 者:北京富博印刷有限公司
装 订 者:北京市密云县京文制本装订厂
经 销:全国新华书店
开 本:185mm×260mm   印 张:19.25   字 数:445 千字
版 次:2015 年 4 月第 1 版   印 次:2015 年 4 月第 1 次印刷
印 数:1～2000
定 价:35.00 元

产品编号:039597-01

前　言

尽管有不少同行认为 C 语言作为程序设计的入门语言已经有些过时，但是事实上很多人仍以其为入门的程序设计语言，除了 C 语言的众多优点，最主要的还是因为 C 语言的实用性。众所周知的操作系统 UNIX、MS-DOS、Microsoft Windows 及 Linux 等都是用 C 语言编写的。C 语言具有高效、灵活、功能丰富、表达力强和移植性好等特点。

本书在内容的编排上主要考虑如下几点。

第一，突出案例讲解的方法。本书采取的写作方法是：首先给出案例，然后再逐步表述其中牵涉的概念和思想。例如，在第 3 章的开始给出了求一个圆的面积的程序段：

```
if(r>=0)
    printf("面积=%lf\n",PI * r * r);              /* 输出圆的面积 */
else
    printf("半径输入错误!");                       /* 提示用户输入错误 */
```

告诉读者这是一种最简单的分支语句，并不仔细研究其语法。有点英语常识的读者就能看懂这段程序，此时只要了解这是分支语句就已足够。随后才会逐步深化分支语句的使用。

第二，案例的选择符合初学者的要求。如果案例太复杂，会给初学者带来困扰。将前面求一个圆的面积的例子稍加扩充，可以演变成循环语句的简单案例：

```
#include "stdio.h"                              /* 求 10 个圆的面积 */
#define PI 3.141596
int main()
{   int i,r;                                    /* 定义变量 i */
    i=1;                                        /* 设 i 的初值为 1 */
    while(i<=10)                                /* i 小于等于 10 时,做循环 */
    {   printf("请输入半径:");
        scanf("%d",&r);                         /* 接收半径 */
        if(r>=0)
            printf("面积=%lf\n",PI * r * r);     /* 输出圆的面积 */
        else
            printf("半径输入错误!");             /* 提示用户输入错误 */
        i++;                                    /* i 的内容增值 1 */
    }
    return 0;
}
```

第三，强调如何编写好的程序。在本书的很多地方强调要努力编写一个好的程序，而不要花心思在一些小的程序设计技巧上。例如，告诫学习者避免使用像 i＋＋＋＋i 这样的表达式，而不是花大量的篇幅去分析这个表达式到底等于多少，资深程序员绝对不会这样用,避免给自己和阅读程序的人带来困惑。类似地,本书在介绍运算符的优先级和结合性时也提出使用括号表示运算顺序是最好的方法,而不要求学习者去记忆每个运算符的优先级。

第四,与大部分同类教材不同,提前了对文件内容的讲解。在第 5 章循环结构程序设计中第一次加入了对文件的介绍,目的是尽早地提出文件的概念。因为大部分教材将文件内容放在最后,在教学过程中,由于学时有限,文件内容就被放弃了。本书尝试将文件的内容提前,尤其适合对文件的使用要求比较高的专业。

作为本书的姐妹篇,将同时出版本教程的习题解答和实验指导书,给出本教材中所有习题的参考答案,供读者学习时借鉴和参考。

编者水平有限,书中不足在所难免,敬请广大读者批评指正。

编 者
2014 年 12 月于北京

目　　录

第1章 认识C语言

首先,通过三个最简单的程序来认识C语言。

1.1 C语言源程序的基本结构

1.1.1 "欢迎"等三个源程序

例 1.1 在屏幕上显示"欢迎"字样。

```
/* -------------------------显示"欢迎"------------------------- */
#include "stdio.h"
int main()
{
    printf("欢迎!\n");                    /* 调用库函数显示 */
    return 0;
}
```

运行结果:

欢迎!

例 1.2 "泰囧"电影票 50 元一张,编写一个程序计算买 58 张票需要花多少钱。

```
/* ----------------------"泰囧"电影票计算---------------------- */
#include "stdio.h"
int main()
{
    int count,sum;                       /* 定义两个整型变量 */
    count=50;                            /* 50 赋值给 count */
    sum=count * 58;                      /* 计算结果并赋值给 sum */
    printf("总共需要花 %d 元钱!\n",sum);  /* 显示计算结果 */
    return 0;
}
```

运行结果:

总共需要花 2900 元钱!

例 1.3 假设有两个单位(如信息管理学院和计算机学院)需要分别买电影票,两个单位的人数分别为 58 和 76。编写一个程序计算两个单位分别需要花多少钱。

```
/* --------"泰囧"电影票计算(使用函数)----- */
#include "stdio.h"
int fun_sum(int x);                        /* 自定义函数说明 */
int main()                                 /* main 函数定义 */
{   printf("信息管理学院总共需要花 %d 元钱!\n",fun_sum(58));
    printf("计算机学院总共需要花 %d 元钱!\n",fun_sum(76));
    return 0;
}
int fun_sum (int x)                        /* (自定义)求一个单位的总票价 */
{   return 50 * x;                         /* 返回计算结果 */
}
```

运行结果：

信息管理学院总共需要花 2900 元钱！

计算机学院总共需要花 3800 元钱！

1.1.2　关于程序的基本概念

1.1.1 节中已经展示了三个 C 语言源程序，那么究竟什么是程序呢？

对于计算机来说，程序就是由计算机指令构成的序列。计算机按照程序中的指令逐条执行，就可以完成相应的操作。更准确一点，计算机执行由指令构成的程序，对提供的数据进行操作。例如，可以编写程序计算买"泰囧"电影票需要花多少钱。

计算机程序的操作对象是"数据"。这里的数据不是简单的阿拉伯数字，而是包括各种现代计算机能够处理的字符、数字、声音、图像等。

实际上计算机自己不会做任何工作，它所做的工作都是由人们事先编好的程序来控制的。程序需要人来编写，就像例 1.1～例 1.3，是人们编写好的三个小程序，使用的工具就是程序设计语言，当然，此处使用的是 C 语言。不同的程序设计语言书写的方法是不同的，就像中国人说中文，美国人说英语一样，但是可以表达相同的意思。

目前，通用的计算机还不能识别自然语言，而只能识别特定的计算机语言。

计算机语言一般分为高级语言和低级语言。C 语言属于高级语言。

高级语言是一种比较接近自然语言和数学语言的程序设计语言。例如，"count * 58"就是计算两个数的乘积，只是由于计算机的键盘上没有乘号，用星号代替了！

低级语言直接依赖计算机硬件，不同的机型所使用的低级语言是完全不一样的。高级语言则不依赖计算机硬件，因此，需要在高级语言和低级语言之间搭建一个桥梁，从高级语言到机器语言要经过编译程序进行"翻译"，而高级语言几乎为每一种机器都创建了各自的编译程序，从而可以将用高级语言编写的程序几乎不加修改地运行在不同的计算机平台上。

编译程序分为两种，一种是解释系统，另一种是编译系统。解释系统是对高级语言编写的程序翻译一句执行一句；而编译系统是将高级语言编写的程序文件全部翻译成机器语言，生成可执行文件以后再执行。高级语言几乎在每一种机器上都有自己的编译程序。C 语言的编译程序属于编译系统。

1.1.3　源程序基本结构学习

下面通过对例 1.1～例 1.3 进行说明，帮助读者了解 C 程序的基本组成。

(1) 例 1.1～例 1.3 中的第一行，分别是：

```
/* -------------------------显示"欢迎"------------------------- */
/* -----------"泰囧"电影票计算------------------------- */
/* -------"泰囧"电影票计算(使用函数)----- */
```

用 /* 和 */ 括起来的是注释行。注释行用于说明程序的功能和目的，如果想做一个好的程序员，必须习惯为程序写出详细的注释。按照惯例，一般要在程序的最开始说明整个程序的目的和功能，并在必要时，为每一行代码写出注释，以增加可读性。注意，使用 /* 和 */ 括起来的语句并不一定在一行，可以是多行。

"/* 调用库函数显示 */"也是注释行，说明"printf("欢迎!\n");"语句是在屏幕上显示"欢迎!"字样。

(2) "#include "stdio. h""是预处理命令，凡是以 # 开始的语句都是预处理命令。这些命令是在编译系统翻译代码之前需要由预处理程序处理的语句。"#include"stdio. h""语句是请求预处理程序将文件 stdio. h 包含到程序中来，作为程序的一部分。文件 stdio. h 中是一些重要的定义，没有它，"printf("欢迎!\n");"语句不能通过编译系统的"翻译"。也就是说，每个 C 语言的源程序都必须包含"#include "stdio. h""语句。

(3) 每个 C 程序都必须包含一个主函数 main()，也只能包含一个主函数。用 {} 括起来的部分是一个程序模块，在 C 语言中也称为分程序，每个函数中都至少有一个分程序。C 程序的执行是从主函数中的第一句开始，到主函数中的最后一句结束。

(4) 分号 ";"是 C 语言的执行语句和说明语句的结束符。

(5) C 语句在书写上采用自由格式。书写 C 语句时不含行号，不硬性规定从某列开始书写，但是好的程序员应该学会使用缩进格式，例如"printf("欢迎!\n");"语句在 main 函数内部，书写时不能与 main 对齐，而是向右移动了几格。

(6) C 语言的关键字和特定字使用小写字母。main 是关键字，include 是特定字，都必须用小写。

(7) printf 是 C 语言提供的标准输入输出库函数，它的功能是将用两个双引号括起来的内容"欢迎!"输出到标准输入输出设备显示器上，并输出一个换行。

因此例 1.1 的运行结果是：

欢迎!

练习 1.1 请修改下列程序使之能通过编译：

```
/* -------------------------显示"欢迎"-------------------------
int Main()
{
    printf("欢迎!\n")                    /* 调用库函数显示 */
    return 0;
}
```

错误分析：第一个错误是注释行缺少了"*/"；第二个错误是主函数的名字拼写错误，经常有初学者犯错误，认为大小写都行，恰恰相反，C 编译对大写和小写是非常敏感的，Main 中的 M 应该小写；第三个错误是"printf("欢迎!\n")"一句缺少了分号。

(8) 例 1.2 中"int count,sum;"语句定义两个整型变量 count 和 sum,人们称之为变量的数据类型定义。那么变量是什么呢? 变量是由程序命名的一块计算机内存区域,用来存储一个可以变化的数值。

图 1.1 显示的是"int count,sum;"语句定义的两个变量。每个变量保存的是一个特定的数据类型的数值,这两个存储空间的数据类型为整型,通常使用整数,如 2,10,1000 都是整数,int 是类型说明符,后面还会学到 char、float、double 等类型说明符号。C 语言中规定,任何变量都要经过数据类型的定义,以便在程序运行时分配相应的存储空间。也就是说,有了定义语句"int count,sum;",程序运行时才会有图 1.1 显示的两个空间。

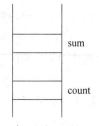

图 1.1　内存示意图

(9) 例 1.2 中的 58 和 50 以及"return 0;"中的 0 都是直接常量。直接常量又称无名常量或文字常量。常量是在程序执行过程中不会变化的数值,直接常量就是在代码中直接书写的数值,没有名字。

(10) 例 1.2 中使用了赋值运算符 =。

```
count=50;                        /* 50 赋值给 count */
sum=count*58;
```

注意:这里的"="与数学上的等号在概念上完全不同。"count=50;"表示将 count 中的内容变为 50,"sum=count*58;"表示将 sum 中的值变为 count 的值乘以 58,由于前一条语句已经将 count 的值设置为 50,所以 sum 中的值等于 50 乘以 58,即 2900。

"="的功能是将右边表达式的值送到左边的变量中,使表达式的值中的内容与常量相等。

(11) 例 1.2 中还使用了运算符 *。* 是 C 语言的算术运算符"乘号",因为键盘上没有数学乘号,只好用星号代替,"sum=count*58;"表示将 count 乘以 58,并将结果赋值到 sum 变量中。

(12) printf 是一个标准输出函数。它执行格式化输出,其格式是:

printf("格式信息",数据参数 1,数据参数 2,…);

其中,数据参数可有可无。

例 1.1 中有语句"printf("欢迎!\n");",是直接在屏幕上显示"欢迎!",然后换行,"\n"表示换行。这条语句没有数据参数,直接显示双引号里的内容。只不过,冠以斜杠"\"的字符是一些特殊的字符,\n 表示换行。

例 1.2 中有语句"printf("总共需要花 %d 元钱!\n",sum);",与例 1.1 相比,除了%d,其他的内容也是要直接显示的。"%d"是转换说明,它规定了后面的数据参数显示的格式为十进制输出,也就是规定显示 sum 时用十进制格式。而如果数据参数有两个,则转换说明也应该有两个。

练习 1.2　如果希望例 1.2 的显示结果是

```
50*58=2900
```

应该如何修改程序呢?

将 printf("总共需要花 %d 元钱!\n",sum);语句改为

```
printf("%d*%d=%d!\n",count,58,sum);
```

这里,由于显示了三个数,需要有三个转换说明和三个数据参数。

(13) 例 1.3 中定义了两个函数,主函数 main 及 fun_sum 函数。一般情况下,除了 main 函数以外,其他由程序员定义的函数被称为自定义函数,因此例 1.3 中的自定义函数是 fun_sum。

fun_sum 函数的功能是根据不同的人数计算一个单位的总票价,main 函数中有两次对 fun_sum 函数的调用,一次是"printf("信息学院总共需要花 %d 元钱!\n",fun_sum(58));",另一次是"printf("计算机学院总共需要花 %d 元钱!\n",fun_sum(76));"。

注意:程序中函数的排列顺序并不决定函数的执行顺序,执行顺序是通过函数调用来决定的。

本例中对自定义函数 fun_sum 进行了函数定义、函数调用和函数说明,这些内容将在专门的章节讨论,读者不必为看不懂例 1.3 中的细节而烦恼。

1.2　程序的调试

1.2.1　调试步骤

C 语言的编译程序属于编译系统。要完成一个 C 程序的调试,必须经过编辑源程序、编译源程序、连接目标程序和运行可执行程序 4 个步骤。简单一点,可将 4 个阶段称为编辑、编译、连接、运行。

C 的源程序就是符合 C 语言语法的程序文本文件,文本文件又称为源程序文件,扩展名为.c。许多文本编辑器都可以用来编辑源程序,例如 Windows 的写字板、Windows 的记事本以及 Word 等,要注意的是 C 源程序的存储格式必须是文本文件,在保存的时候要选择文本文件格式。

编辑完成以后是编译,对编辑好的文本文件进行成功编译后将生成目标程序,目标程序文件的主文件名与源程序的主文件名相同,扩展名是.obj。编译程序的任务是对源程序进行语法和语义分析,若源程序的语法和语义都是正确的,才能生成目标程序,否则,应该回到编辑阶段修改源程序。

编译成功以后,目标文件依然不能运行,需要将目标程序和库函数连接为一个整体,从而生成可执行文件。可执行文件的扩展名是 exe。

最后一步就是运行可执行文件了,可执行程序要装入内存执行。如果在运行过程中发现可执行程序不能达到预期的目标,必须重复"编辑、编译、连接、运行"4 个步骤。

目前,大多数的 C 语言编译程序都将这 4 个功能集成在一个全屏幕环境下,给程序员的调试工作带来了极大的方便。

调试过程如图 1.2 所示。

1.2.2　在 Visual C++ 6.0 调试环境下调试第一个程序

本教材的所有程序使用 Visual C++ 6.0 调试,在此有必要简单地介绍一下使用 Visual C++ 6.0 调试 C 程序的步骤和方法。尽管 Visual C++ 6.0 是 C++ 的版本,但是 C++ 是在 C 语言的基础上扩展的,所以 C 程序也能够在该环境下正确调试。

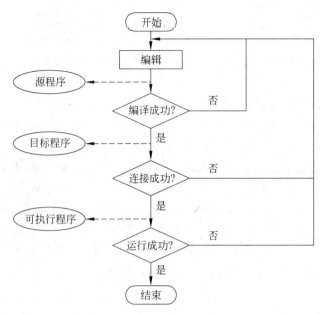

图 1.2　C 程序调试过程示意图

Visual C++ 6.0 是全屏幕编辑环境,编辑、编译、连接、运行都可以在它的控制下完成。

(1) 第一步:启动 Visual C++ 6.0。

在 Windows 环境下单击【开始】按钮,然后选择弹出菜单中的【程序】→Microsoft Visual Studio 6.0→Microsoft Visual C++ 6.0 命令。

(2) 第二步:建立一个新的工作空间。

选择主菜单中 File 中的 New(快捷键 Ctrl + N)命令,调出 New 对话框,并在该对话框中单击 Workspaces 标签,然后在右边的工作区命名框中输入要建立的工作区的名字(例如 MyWorkspace),并单击 OK 命令按钮,如图 1.3 所示。新的工作区被建立以后,就作为用户当前的工作区。

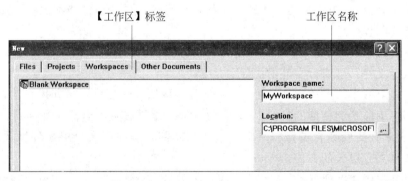

图 1.3　建立工程工作区的 New 对话框

(3) 第三步:建立一个新的工程。

选择主菜单中 File 中的 New 命令,调出 New 对话框,并在该对话框中单击 Projects 标签,在所列出的若干类型的"工程"中选择 Win32 Console Application,然后在右边的工程命名框中输入要建立的工程名(例如 MyProject),并选择 Add to current workspace 单选钮,单击 OK 命令按钮,如图 1.4 所示。系统弹出如图 1.5 所示的对话框,在该对话框中选择 An empty project 单选钮,表示选择空工程,单击 Finish 按钮;系统弹出 New Project Information 对话框,在确认工程建立的信息后,单击 OK 按钮,从而完成新工程的建立。

注意:新的工作区也可以在建立新工程的同时建立,方法是在建立新工程时在图 1.4 显示的 Projects 选项卡中选择 Create new workspace 单选钮。其他步骤与在当前工作区中建立新的工程的方法类似。

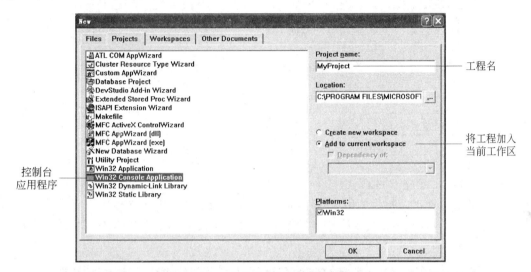

图 1.4 建立工程的 New 对话框

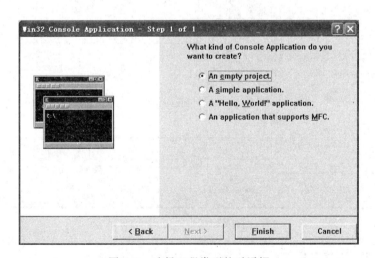

图 1.5 选择工程类型的对话框

(4) 第四步:建立源文件。

新建的工程是空的,其中没有任何具体内容。在新工程中创建一个 C++ 源程序文件的方式是:选择主菜单中的 File,在弹出的子菜单中选择 New 命令,调出如图 1.6 所示的 New 对话框。在 New 对话框下,选中 File 标签,并在该选项卡中选择 C++ Source File,同时在右边的 File 文本框中输入源文件名“Welcome”,单击 OK 命令按钮。

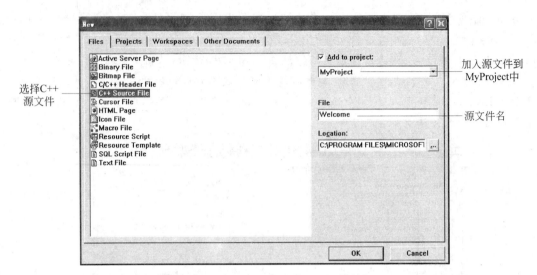

图 1.6   建立 C++ 源文件 New 对话框

（5）第五步：编辑 C 的源文件。

现在就可以在系统提供的编辑区中，向 welcome.cpp 文件中输入程序内容了。编辑第
一个程序以后的情况如图 1.7 所示。结束编辑时一定要单击【保存】按钮，以保存源程序
文件。

图 1.7   编辑 C++ 源文件

（6）第六步：连编应用程序。

源文件输入之后，就可以对应用程序进行连编了。使用菜单 Build→Compile welcome.
cpp 是对源程序进行编译；而生成可执行程序，则需要使用 Build→Build MyProject.exe。

注意：尽管源程序的名称是 Welcome.cpp，但是，Visual C++ 6.0 编译系统使用源程序
所在的工程名命名可执行程序。

（7）第七步：执行应用程序。

单击快捷按钮【!】或选择菜单 Build→Execute MyProject.exe 命令。

运行结果如图 1.8 所示。

图 1.8　第一个程序的运行情况

（8）第八步：关闭工作区。

每一次完成对 C++ 程序的调试之后，安全地保护好已建立的应用程序的方式是正确地关闭工作区。执行 File→Close Workspace 命令。

若需要退出 Visual C++ 6.0 编译环境，则执行 File→Exit 命令。

更多的关于程序调试的内容将在与本书配套的上机指导中介绍。

习　题

【1-1】　编写程序显示下列图案，并上机调试该程序。

```
**********
 ********
  ******
   ****
    **
```

【1-2】　编写程序显示下列界面，并上机调试该程序。

```
--------------------
请输入你的姓名：
--------------------
请输入你的学号：
--------------------
```

【1-3】　调试 C 程序，需要经过几个步骤？

第 2 章　顺序结构程序设计

顺序结构程序设计是最简单的程序设计思想,就是按照解决问题的思路顺序进行运算。例如,求一个长方形的面积,需要知道某个长方形的长和宽,然后求它们的乘积就可以了。本章将通过顺序结构的一些小程序介绍 C 语言的基本知识,这些程序都是顺序结构的。

2.1　顺序结构的程序案例

例 2.1　编写程序求矩形的面积。

```
/*------------求矩形的面积----------------------------------*/
#include "stdio.h"
int main()
{
    int length,width;                    /*定义变量 length,width*/
    printf("请输入矩形的长和宽: ");      /*提示用户输入矩形的长和宽*/
    scanf("%d%d",&length, &width);       /*接收用户的输入*/
    printf("面积=%d\n", length * width); /*输出矩形的面积*/
    return 0;
}
```

程序运行情况:

请输入矩形的长和宽: 5　4↙
面积=20

例 2.1 程序的功能是根据用户输入的矩形的长和宽求出矩形的面积并输出。本例中,首先定义两个变量 length 和 width,然后提示用户输入一个矩形的长和宽,并从键盘接收用户的输入(例如 5 和 4),最后输出矩形的面积(面积=20)。

根据该案例,可以将顺序程序设计的步骤归纳为以下几步。

(1) 用预处理命令包含文件或进行宏定义(不是必须的,根据具体情况);

(2) 定义变量(分配内存空间);

(3) 为变量赋初值(可以用赋值语句或输入函数);

(4) 计算;

(5) 输出结果(用输出函数)。

练习 2.1　请找出下面程序中的错误。

```
#include "stdio.h"
int main()
{
```

```
    int length,width;
    length=5;
    printf("面积=%d\n", length * width);
    width=4;
    return 0;
}
```

这是初学程序设计的人经常犯的错误。所谓顺序结构就是按照语句的先后顺序执行，而该错误案例中，在为 length 赋值 5 以后，就直接输出面积的值为 length * width 了，而此时 width 变量在程序中并没有经过赋值，其值为不定值。要注意的是，该程序是能够通过编译的，但是在运行中得到的结果不是我们需要的 20。

请读者自己修改这个程序。

2.2　字符集和标识符

2.2.1　字符集

任何一种自然语言都有自己的字符集。例如，英语的字符集至少包含 26 个英语字母。

```
int main()
{
    printf("欢迎!\n");                    /* 调用库函数显示 */
    return 0;
}
```

以上面的程序段为例，编译系统在编译该程序段时，能够识别的字符包括 i、n、t、m、a、n、(、)、{、p、r、t、f、"、;、e、u 和 }。对于程序中用双引号或单引号括起来的字符，C 编译系统会采取特殊的方法去识别，并不要求这些字符全部在字符集中。

对于高级程序设计语言来说，字符集是对应于某种高级语言的编译系统所能识别的字母、数字和特殊符号。每种高级语言都有自己特定的字符集合。

C 语言的字符集合包括以下几大类。

（1）大、小写英文字母：A，B，…，Z，a，b，…，z。

（2）数字：0，1，2，…，9。

（3）运算符：＋，－，＊，/，％，＞，＜，＝，＆，|，?，!，^，～。

（4）括号：(，)，{，}，;，]。

（5）标点符号：'，"，:，;，。

（6）特殊符号：\，_，$，#。

（7）空白符：空格符，换行符，制表符。

字符集中的字符按照 C 语言语法组合起来，就能通过编译系统的语法和词法分析。不在字符集中的字符可以在两个双引号（称为字符串常量）或两个单引号（称为字符常量）之间出现，同时还也可以出现在注释行中。

练习 2.2　请找出下面程序中的错误。

```
#include "stdio.h"
```

```
int main()
{
    int sum@=1000;
    printf("sum@=%d\n", 1000);
    return 0;
}
```

"int sum@=1000;"是一条错误的语句,因为 sum@ 中包含的 @ 不属于 C 语言的字符
集合。而"printf("sum@=%d\n",1000);"是正确的语句,符号 @ 在双引号中。

2.2.2 标识符

例 2.2 编写程序求圆的面积(程序 1)。

```
/* ------------求圆的面积------------------------------------------ */
#include "stdio.h"
int main()
{
    int r;                                    /* 定义变量 r */
    printf("请输入圆的半径: ");               /* 提示用户输入半径 */
    scanf("%d",&r);                           /* 接收用户的输入 */
    printf("面积=%lf\n",3.1415926 * r * r);   /* 输出圆的面积 */
    return 0;
}
```

程序运行情况:

请输入圆的半径: 2✓
面积=12.566370

例 2.2 与例 2.1 大同小异,程序功能是求圆的面积。

例 2.3 编写程序求圆的面积(程序 2)。

```
/* ------------求圆的面积------------------------------------------ */
#define PI 3.1415926
#include "stdio.h"
int main()
{
    int r;                                    /* 定义变量 r */
    printf("请输入圆的半径: ");               /* 提示用户输入半径 */
    scanf("%d",&r);                           /* 接收用户的输入 */
    if(r>=0)
        printf("面积=%lf\n",PI * r * r);      /* 输出圆的面积 */
    else
        printf("半径输入错误!");              /* 提示用户输入错误 */
    return 0;
}
```

程序运行情况 1:

请输入圆的半径：-2↙
半径输入错误！

程序运行情况 2：

请输入圆的半径：2↙
面积=12.566370

例 2.3 程序的功能仍然是求圆的面积，但程序中增加了一些语句。第一增加了预处理语句＃define，第二是增加了控制语句 if 的使用。本例对初学者稍微有点复杂，不要求读者现在就完全理解。

标识符是用来标识在 C 程序中的变量、常量（指符号常量）、数据类型、函数和语句（控制语句和预处理语句)的，是一个字符序列。

例 2.3 的程序中，r 是变量，PI 是符号常量，int 是数据类型，printf 和 main 是函数名，if 是分支语句，define 和 include 是预处理语句，这些都是 C 语言的标识符。

C 语言对标识符有严格的语法规定。

（1）以字母或下划线中的任一字符打头。

（2）在第一个字符后，可以是任意的数字、字母、下划线组成的序列。长度不超过 8 个。

练习 2.3 请找出下面程序中的错误。

```
#include "stdio.h"
int main()
{
    int 2_sum=1000;
    printf("%d\n", 2_sum);
    return 0;
}
```

这个小程序中的变量名 2_sum 是错误的，不符合 C 语言的语法。只要把 2 去掉就行了。因为_sum 是正确的标识符。

C 语言中，根据的标识符一般分为三类：关键字（保留字）、特定字和用户定义字。

int 和 if 是关键字，include 和 define 是特定字，r 是用户定义字。

1. 关键字

int 和 if 都是关键字，关键字还有很多，例如：while、do、case 等。

关键字又称保留字，一般为小写字母。关键字是 C 编译程序预先登录的标识符，它们代表固定的意义，用户不能随便使用。若随便使用，可能出现意想不到的错误，编译能通过，但运行结果不对，且不容易检查错误所在。

2. 特定字

特定字包括：

define undef include ifdef ifndef endif line

特定字是具有特殊含义的标识符。严格地讲，它们不是关键字，但是在习惯上把它们看成关键字。所以一般用户定义的标识符也不要使用它们。

这些特定字是 C 程序的预处理命令。

3. 用户定义字

语句"int length,width;"中 int 是关键字,length 和 width 是用户定义字。

用户定义字是程序员在程序中按照语法规则定义的标识符。用户定义字可以用来标识程序员自己使用的变量、符号常量、数据类型以及函数等。通俗一点说,用户定义字就是程序员在程序设计时为变量、常量以及函数起的名字。

用户定义字命名时注意事项如下。

(1) 关键字和特定字不能作为用户定义字使用。例如,"int for;"的定义是错误的,因为 for 是关键字。

(2) 标识符最好根据它所代表的含义取其英文或汉语拼音缩写,便于阅读和检查。例如,"int counter;"中 counter 的意思是"计数器"。

(3) 根据经验,应避免使用容易混淆的字符。例如,1(数字 1)与 l(字母 L 的小写),0(数字 0)与 o(字母 O 的小写),z(字母 Z 的小写)与 2 等。

(4) 字母的大、小写代表不同的意义。C 语言的编译系统对英语字母的大小写是敏感的,"STUDENT"和"student"代表不同的标识符。

(5) C 语言有许多库函数,用户定义字不要与其中某个函数同名。例如,"int printf;"试图将 printf 定义为一个变量,是不能通过编译的。

练习 2.4 请找出下面程序中的错误。

```
#include "stdio.h"
int main()
{   int Number;
    printf("请输入你的学号:");
    scanf("%d",&number);
    printf("%d\n", number);
    return 0;
}
```

程序看上去似乎没有什么错误,但是编译不能通过,提示是:

```
error C2065: 'number' : undeclared identifier
```

意思是 number 没有定义。因为实际上 Number 与 number 根本不是同一个变量名,因此,造成"scanf("%d",&number);"语句中使用的变量 number 未经过定义。

练习 2.5 以下选项中,能作为用户标识符的是(　　)。

A. int　　　　　　　B. 7_A　　　　　　　C. _s_　　　　　　　D. unsigned

int 和 unsigned 是关键字,7_A 是以数字开头,都是不能作为用户标识符的,因此正确答案是 C 选项。

2.3　变量与常量

数据是计算机程序处理的对象。计算机程序在运行过程中,会将程序所需要的数据从内存中读入 CPU 寄存器,在 CPU 中计算出结果;然后,再将结果写入内存,或者写入到某个输出设备上(例如显示器)。因此,程序设计的一个主要任务是控制数据所在的位置。例如,运算结果存放在何处。

数据有常量和变量之分。

```
#include "stdio.h"
int main()
{
    int _sum=1000;
    printf("%d\n", _sum);
    return 0;
}
```

上面的程序中,_sum 是变量,1000 是常量。

变量——在程序执行过程中值是可变的。

常量——在程序执行过程中值是不变的。

不论是常量或是变量,在程序运行期间都要有内存空间来存放它们。存储的格式和长度与它们的数据类型有关。

2.3.1 变量

语句"int i,j;"说明了两个变量 i 和 j,并且它们的数据类型是整型。

C 语言规定,在程序中,使用一个变量之前,必须先说明它的数据类型,以便编译系统根据不同的数据类型为其静态地分配内存空间,然后才能使用。

这样做的原因是:

(1) 编译系统会根据定义为变量分配内存空间,分配空间的大小与数据类型有关,例如,字符型的变量占一个字节,普通整型的变量占 4 个字节等。

(2) 未经过定义的标识符,系统将不允许其作为变量名使用,这样会给程序员调试程序带来方便。

(3) 编译系统可以根据变量的类型检查对该变量的运算的合法性。

```
#include "stdio.h"
int main()
{
    printf("%d\n", _sum);
    return 0;
}
```

上面的程序中,由于没有说明变量_sum,编译程序将给出提示,告诉程序员变量_sum没有定义。

说明变量的格式为:

类型说明符　变量名表;

例如,语句"int i,j;"说明了两个变量 i 和 j,注意 i 和 j 之间用逗号分隔。

类型说明符指定了变量的数据类型,包括 int、float、double、char 等。变量名的命名规则要符合用户定义字的命名规则，一般使用小写字母。

如果不使用变量名表，也可分别定义每个变量。

语句"int i,j;"与"int i;int j;"是等价的。

需要引起注意的是，对于在函数内部（例如在主函数中）定义的普通变量，在没有用赋值号对其赋值之前，其初始值为不定值。这与其他某些高级语言是不同的。

```
#include "stdio.h"
int main()
{
    int i;
    printf("%d",i);                          /*输出 i 的值*/
    return 0;
}
```

上面程序的运行结果就是一个不定值（无法预知的）！

在 Visual C++ 6.0 中，编译系统若发现程序中包含对不定值的使用，会给出警告信息。

练习 2.6　请找出下面程序中的错误。

```
#include "stdio.h"
int main()
{
    int a,b,mul;                       /*定义变量*/
    a=100;b=200;                       /*赋值给变量 a 和 b*/
    mul=mul+a+b;                       /*计算和*/
    printf("结果是 %d \n", mul);
    return 0;
}
```

刚刚讨论过不定值的问题，此程序的 mul 中没有初值，因此累加了以后也是不定值。

2.3.2　常量

大多数程序都要用到常量。与变量一样，常量也是存储在内存中的，但是，常量的数值在程序执行过程中不会发生改变。

例如，在前面见到的例子中，有语句"printf("面积＝%lf\n",3.1415926 * r * r);"，为输出圆的面积，使用圆周率 3.1 415 926。程序中的这个数字就是直接常量，在很多书中又把它叫作无名常量或文字常量。其特征是直接书写数值，不必为该数值命名。在 C 语言中，对于不同数据类型的常量，其表示方法是不一样的。3.1 415 926 是浮点常量，'a'是字符型常量。将在后面详细地介绍每一种数据类型常量的书写格式。

尽管直接书写常量比较简单，但是有时候也会给程序员带来麻烦：可读性差，容易出错。例如，就是这个圆周率，如果需要求圆的面积，球的体积，球的表面积，那么需要多次使用圆周率，并且这个数字是很长的，很有可能输入错误。碰到这种情况，要解决这个问题，可以使用预处理命令 ♯define 为常量起一个名字。

例 2.3 中使用了如下预处理语句：

```
#define PI 3.1415926
```

这种常量叫作符号常量,但是注意这种符号常量与其他高级语言(例如 Pascal 和 C++)用 const 方法定义的符号常量还是有区别的。用 const 定义的符号常量是在定义一个存储块的同时赋一个初值给它,并且规定这个值不能在程序运行的过程中被修改,这与预处理程序做替换是完全不同的。不论是直接常量还是符号常量,常量存放的空间都不需要程序员定义。

用预处理命令♯define 为常量命名时,通常用大写字母以区分变量名。

2.4 C 语言的数据类型

数据类型在高级语言中是一个很重要的概念。不同的数据类型在内存中的存储方式是不相同的,不同数据类型的数据在内存中所占的字节数也大多不一样。高级语言能表示的数据类型越多,程序编写起来就越简单。

2.4.1 为什么要讨论数据类型

在高级程序设计语言中数据类型是一个非常重要的概念。首先,要修改一下求圆面积的程序,以便说明数据类型的问题。

例 2.4 编写程序求圆的面积(程序 3)。

```
/* ------------求圆的面积------------------------------------------ */
#include "stdio.h"
#define PI 3.1415926
int main()
{
    int r,s;                              /* 说明变量 r,s */
    printf("请输入圆的半径: ");            /* 提示用户输入半径 */
    scanf(" %d",&r);                      /* 接收用户的输入 */
    s=PI * r * r;                         /* 圆的面积 */
    printf("面积=%lf\n",s);               /* 输出圆的面积 */
    return 0;
}
```

程序运行情况:

请输入圆的半径: 2↙
面积=0.000000

显然,0.000000 不是想要的结果,哪里出问题了?是 s 的数据类型不能满足需要!s的数据类型是整型。只要将说明语句改为“int r;double s;”就能得到正确结果了。但是,问题完全解决了么?如果半径 r 是一个比较大的数字,程序还是会出问题的。因为在 C 语言中,整数的表示范围是有限的(当然,任何一种数据类型表示的数据都有限,所以后面会讨论不同类型的数据的表示范围)。

例 2.5 编写程序求圆的面积(程序 4)。

```
/* ------------求圆的面积------------------------------------- */
#include "stdio.h"
#define PI 3.1415926
int main()
{
    double r,s;                        /* 说明变量 r,s */
    printf("请输入圆的半径: ");        /* 提示用户输入半径 */
    scanf(" %lf",&r);                  /* 接收用户的输入 */
    s=PI * r * r;                      /* 圆的面积 */
    printf("面积=%lf\n",s);            /* 输出圆的面积 */
    return 0;
}
```

程序运行情况:

请输入圆的半径: 200000000↙
面积=1256637040000000.000000

注意: 在编写程序时,必须考虑数据如何存储,使用哪种数据类型的数据进行运算才能得到正确的结果。打一个比方,用两位的十进制相加,计算结果用两位的十进制数可能无法表示,99+20 的结果是 119,如何用两位的十进制数表示呢? 在 C 语言中,如果计算结果超出了变量所能表示的范围,则得到的结果是程序员不想得到的结果,但仍然还有一个结果,就像例 2.5 那样,是一个非正确的结果。而在有些高级语言中,这种情况会引起"溢出"错误,可能会导致程序中断执行(当然如果编写了错误捕获程序,程序就不会中断,而由错误捕获程序来处理)。例 2.5 中,r 和 s 都是浮点数。

数据类型不同的变量在内存中的存储方式和所占的字节数都有可能不同。一种高级语言支持的数据类型越多,程序设计时就越方便、越容易。

2.4.2 C 语言的数据类型

C 语言具有丰富的数据类型:

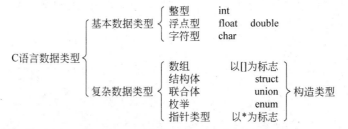

其中,基本数据类型比较简单,定义时可直接使用。构造类型是由基本数据类型或其他构造类型聚集而成。指针在 C 语言中使用极为普遍,提供了动态处理变量的能力,是 C 语言的精髓。

2.4.3 基本数据类型

C 语言的基本数据类型是构造其他类型的基础,本章只介绍基本数据类型的用法。C

语言的基本数据类型包括：

$$
整型
\begin{cases}
短整型 & \text{short int} \\
长整型 & \text{long int} \\
普通整型 & \text{int}
\end{cases}
$$

$$
浮点型
\begin{cases}
普通浮点型 & \text{float} \\
双精度浮点型 & \text{double}
\end{cases}
$$

字符型　　char

不同数据类型的数据由于其在内存中的存储方式不同,存储所占的二进制位(bit)大多不相同。不同的编译程序在表示相同的数据类型时,位数也是有差异的。

Turbo C++ 3.0 中普通整型(int)占 16 位,而 Visual C++ 6.0 中普通整型(int)占 32 位。

通过 sizeof 运算符可以计算某一具体编译环境下各种数据类型所占的字节数,请参见 sizeof 运算符的使用。

2.5　不同类型数据变量的存储方式

尽管存储方式与编写程序没有直接的关系,但对编写正确的程序有帮助。

2.5.1　整型数据在内存中的存储方式

计算机内部存储的只有 0 或 1,因此,一个整型数在内存中的存储方式与二进制有关:带符号的整数在计算机内部采用二进制补码存储,不带符号的整数则采用二进制原码存储。

有正、负之分的整数称为带符号的整数,不分正负的整数称为无符号整数,无符号整数是大于等于 0 的整数。

一般情况下,在不引起混淆的情况下,带符号的整数就简称为整数。

假设一个带符号的整型数据在内存中占 16 位,则存储图如图 2.1 所示。

在这 16 位中,第 0 位是符号位,符号位为 0,表示正整数;符号位为 1,表示负整数。

图 2.1　整型数据在内存中的存储

现在来计算一下,16 位二进制能存储的最大整数和最小整数。

如果符号位为 0,从 0 到 15 位全部为 1 时所表示的数最大。可以列出下面的等式:

$$
\underbrace{0111\cdots\qquad\cdots1}_{15\ 个\ 1} + 1 = 2^{15}
$$

那么,16 位(bit)能表示的最大整数是 $2^{15}-1$,$2^{15}-1$ 表示的十进制整数是 32 767。

但是,−32 767 并不是最小的整数,因为 −32 767 的补码是

$$
\underbrace{10\cdots\qquad01}_{14\ 个\ 0}
$$

将 −32 767 减去 1,则 −32 768 的补码是

$$\underbrace{10\cdots\qquad00}_{15\ \text{个}\ 0}$$

也就是说,在计算机内部,这个数是-2^{15}的补码表示。因此,最小的整数是$-32\,768$。

根据计算,16 位二进制数能够表示的带符号整数的取值范围是$-32\,768\sim32\,767$。

如果一个无符号整型数据在内存中也占 16 位,则第 0 位不是符号位而是数据的一部分,因此,16 位二进制能表示的最大的无符号整型数据是这样计算的:

$$\underbrace{1111\cdots\qquad\qquad\cdots1}_{16\ \text{个}\ 1}+1=2^{16}$$

那么$2^{16}-1$是最大的无符号整数,$2^{16}-1$表示的十进制整数是$65\,535$。由于不带符号,16 位二进制能表示的最小的无符号整型数据当然是 0 了。那么,16 位二进制数能够表示的无符号整数的取值范围是$0\sim65\,535$。

不同位数的整型数据的取值范围如表 2.1 所示。

表 2.1 不同位数的整型数据的取值范围

所 占 位 数	带符号数的取值范围	不带符号数的取值范围
8	$-128\sim127$	$0\sim255$
16	$-32\,768\sim32\,767$	$0\sim65\,535$
32	$-2\,147\,483\,648\sim2\,147\,483\,647$	$0\sim4\,294\,967\,295$

2.5.2 浮点数据在内存中的存储方式

浮点数在机器中的表示一般分为三部分:符号位、阶码、尾数。

图 2.2 表示的是 32 位浮点数。

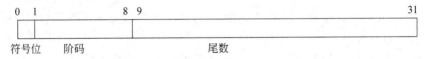

图 2.2 浮点数据在内存中的存储

32 位浮点数的有效数字是 7 位十进制数,取值范围为$10^{-38}\sim10^{38}$,64 位浮点数的有效数字是 15 位十进制数,取值范围为$10^{-308}\sim10^{308}$。不同的机器可能会有一些差别。

2.5.3 字符数据在内存中的存储方式

为了讲解字符型数据在内存中的存储方式,先要看一个程序。

例 2.6 编写程序以字符方式输出。

```
/* -----------以字符方式输出----------------------------------- */
#include "stdio.h"
int main()
{
    printf("%c%c%c%\n", 'b', 'y', 'e');
    return 0;
}
```

程序的运行结果是：

bye

'b'、'y'和'e'是字符型数据（此处是常量）。

字符型数据在内存中所占的位数是固定的，只占 1 个字节（即 8b）。也就是说，案例中的'b'、'y'和 'e'各自占一个字节。在人们看来字符是字母表中的字母（a、b、c、…、A、B）和标点符号（!、?）以及数字等，但在计算机的内部仍然是用 0 和 1 表示的，每个字符对应一个固定的编码，最常用的就是 ASCII 编码，参见附录 A。

标准 ASCII 编码是把每个字符与 0～127 的数值联系起来，用 7 位二进制表示，再将最高位充 0，就是一个字节了。例如，在 ASCII 编码表中，字母 A 用数值 65 表示，其 8 位二进制表示是 01000001，也就是说，字母 A 在内存中存储的实际是 01000001。

2.6　不同类型数据变量的说明方式

2.6.1　整型变量

"int r,s;"语句说明的变量 r 和 s 就是整型变量，并且它们是普通整型变量。

除了普通整型，在 C 语言中，还有长整型和短整型，总共是三种。长整型和短整型的关键字分别是 long 和 short。

这是根据数据在内存中所占的字节数来分类的。在 Visual C++ 6.0 中，短整型占 16 位，普通整型占 32 位，长整型占 32 位。在 Turbo C 中，短整型占 16 位，普通整型占 16 位，长整型占 32 位。

另外，整型变量还可以按是否带符号位来分类，分为不带符号的整型变量和带符号的整型变量。无符号用关键字 unsigned 表示，用 unsigned 与短整型、普通整型和长整型三种类型相匹配，就可以构成无符号短整型、无符号普通整型和无符号长整型三种类型。

说明整型变量的语法是：

限定词　int　变量名表；

限定词包括 long、short 和 unsigned。在有限定词的情况下，int 可以省略。
例如：

short　(int)　data1;　　　　　　定义了一个短整型变量 data1
long　(int)　data2;　　　　　　定义了一个长整型变量 data2
unsigned　data3;　　　　　　　定义了一个无符号普通整型变量 data3

限定词可以是一个，也可以是两个。例如，unsigned short　(int) data4;定义了一个无符号短整型变量 data4。

2.6.2　浮点变量

在标准 C 语言中，浮点数有单精度浮点数（float）和双精度浮点数（double）两种，有的 C 语言版本还支持第三种 long double。

单精度浮点数的类型说明符是 float，双精度浮点数的类型说明符是 double。

例如：

```
float a,b;
double c,d;
```

单精度浮点数和双精度浮点数两者在计算机上的表示方式是完全相似的，只是所占的二进制位数不同，因此，单精度浮点数的有效数字（或称精度）和取值范围与双精度浮点数不同。在 Visual C++ 6.0 中，单精度浮点数和双精度浮点数分别占 32 位和 64 位。

2.6.3 字符型变量

字符变量的类型说明符是 char。

有定义语句"char a,b,c,d,i;"，a、b、c、d 和 i 都是字符型的变量，每个变量在内存中都占 8 位。

2.7 不同类型数据常量的写法

2.7.1 整型常量

在 C 语言中，整型常量的表示通常有三种：十进制表示，八进制表示和十六进制表示。

十进制表示不能以数字 0 开头；八进制必须以数字 0 开头；而十六进制以数字 0 和 x 开头。编译程序以开始的数字区分三种不同的进制。

例如，

```
int  a,b,c;
a=10;
b=010;
c=0x10;
```

执行上述程序段以后，变量 a 中存储的数据值是十进制数 10，变量 b 中存储的数据值是十进制数 8，变量 c 中存储的数据值是十进制数 16。

如果不做特殊指定，整型常量按照普通整型变量的长度来存储。也就是说，在 Visual C++ 6.0 环境下，10、010、0x10 都将占 32 位(bit)，而在 Turbo C 中它们占 16 位。

在 Turbo C 环境下，整型常量只占 16 位，当一个常量超过 16 位所能表示的数时，需要在常量后面加写字母 L，在 Visual C++ 6.0 环境下则不需要加 L，当然，为了兼容，加上也不会错。

练习 2.7 C 语言中正确的常量写法是(   )。

A. 85L   B. 038L   C. 5AC0   D. 0xFG

答案是 A 选项，这是一个长整型常量，038L 是错误的，这个数是八进制数，因为是以 0 开始，八进制数的每一位只能是 0～7；5AC0 是十进制整型常量但是却含有 A 和 C，显然是错误的；0xFG 表示十六进制整型常量，但是含有 G，是 C 编译无法识别的。

2.7.2 浮点常量

在数学上，表示小数有两种方法：一种是小数表示法，另一种是科学记数法，例如 127.3

和 1.273×10^2。在 C 语言中,实际上也是用这两种方式,只不过 10^2 用 E+2 表示。

C 程序中的浮点常数由整数部分、小数部分、指数部分构成。其中,前两部分用小数点连接,后两部分用 e(或 E)连接。E 或 e 用来代表 10 的幂次。

浮点常量构成规则如下。

(1) 整数部分可以不写,小数部分也可以不写,但不能同时不写。

(2) 指数部分可以省略(相当于使用小数表示法)。

(3) 若有指数部分,e(或 E)两边都至少有一位数。

(4) 指数的数字必须是整数(范围为 1～3 位的整数),可以为负或正,正号可以省略。

例如:4.50E3、1.0、1.、.1234、123.4 都是合法的浮点常量。

注意:浮点常量在存储时按 double 类型存储,即占 64 位。浮点常量也像整型常量一样,如果浮点常量超过机器所能表示的范围,则会发生溢出。同样,在 C 语言中的浮点溢出也不会使程序出错,而是得到一个非正确的值。

练习 2.8 下面 4 个选项中,均是合法的浮点数的是(   )。

A. ＋1e＋1 5e－9.40 3e2 　　　　B. －.601 2e－4 －8e5

C. 123e1.2 e－.4 ＋2e－1 　　　　D. －e3.8 e－4 5.e－

均是合法的浮点数的是 B 选项。5e－9.40 中指数部分是小数,错误;123e1.2 和 e－.4 也是同样的错误,－e3.8 和 5.e－ 也是指数部分的错误。

2.7.3 字符型常量

C 语言中的字符常量的表示方法是用单引号将一个字符括起来,例如'a'、'b'、'A'。可以使用字符常量为字符变量赋值。

要注意的问题是:

(1) 单引号中的字符只能是一个字符。例如,char beta;beta＝'ab';是错误的。

(2) 不能用双引号括起一个字符表示单个字符常量。例如,char beta;beta＝"a";是错误的。

(3) 非图形字符,如退格、换行等,也可以表示成字符型常量。表示方法是使用转义符\与一些特殊字符构成转义序列。例如,'\n'就是一个转义序列,表示"回车换行"。

常用的转义字符见表 2.2。

表 2.2 转义序列及其含义

转义序列	含　　义	转义序列	含　　义
\n	回车换行	\\	\
\t	横向跳格	\'	'
\v	竖向跳格	\"	"
\r	回车(不换行)	\ddd	八进制数值代表的字符
\f	走纸换页	\xhh	十六进制数值代表的字符
\b	退格	\0	空值(数值为 0)

'\0' 与 '0'是有区别的,在机器内部分别表示为 00000000 和 00110000。其中二进制 00110000 是十进制数 48,是字符'0'的 ASCII 码值。

练习 2.9 有以下定义语句,编译时会出现编译错误的是( )。

A. char a='a';　　B. char a='\n';　　C. char a='aa';　　D. char a='\x2d';

单个字符常量应该使用单引号括起,但是选项 C 中用单引号括起的是两个字符,显然是错误的。请读者思考为什么其余选项是正确的。

2.8　不同类型数据的显示和格式输入

2.8.1　整型数据的显示和格式输入

例 2.7　编写程序将整数 100 分别以十进制、八进制和十六进制格式输出。

```
/*-----------以不同方式输出100-------------------------------*/
#include "stdio.h"
int main()
{   int b=100;
    printf("%d  %o  %x%\n",b,b,b);
}
```

程序的运行结果是:

```
100  144  64
```

注意:程序显示的参数都是 b,可是,显示的结果却不同。100 的十进制数当然还是 100,100 的八进制数是 144,而 100 的十六进制数是 64。

本程序是在 printf 函数中指定显示格式来达到显示不同进制整数的目的。

在 C 语言中,显示整型数据需要用转换说明符%加上转换字符 d、o、x 和 u 等。

具体含义是:

%d　表示把数据按十进制整型输出;

%o　表示把数据按八进制整型输出;

%x　表示把数据按十六进制整型输出;

%u　表示把数据参数按无符号整型输出。

注意:除了%d,其余的格式都将数据作为无符号数输出。

练习 2.10　下列程序的输出是( )。

```
#include "stdio.h"
int main()
{   printf("%d  %o  %x",10,010,0x10);
    return 0;
}
```

答案是 10　10　10。因为 printf 语句中数据参数是 10、010 和 0x10,分别代表十进制 10、八进制 10 和十六进制 10。而显示方式刚好也是显示该数的十进制、八进制和十六进制。

注意:在 Turbo C 环境下,显示长整型数时,一定要在转换字符前加 l(字符 L 的小写),

否则显示的结果有可能不对。

现在讨论整型数据的接收。在例 2.1 中有下面的语句：

```
scanf("%d%d ",&length, &width);                    /*接收用户的输入*/
```

程序运行时，从键盘输入 5   4 ↙，则 length 和 width 两个变量里的内容就变成了 5 和 4。

scanf 是格式输入函数，其功能是按指定的格式将标准输入设备（例如键盘）输入的内容送入变量中。

scanf 函数的使用格式：

scanf("格式信息",输入项 1,输入项 2,…);

其中，"格式信息"与 printf 的用法相似，通过在格式信息中使用％和转换字符来指定不同数据类型数据的输入方式。需要注意的是，输入项必须使用地址，普通变量的地址是在变量名前加取地址符 &。

输入整型数据的转换字符有 d,o,x,u 等，这与输出是很相似的。

%d   表示把数据按十进制整型输入；

%o   表示把数据按八进制整型输入；

%x   表示把数据按十六进制整型输入；

%u   表示把数据按无符号整型输入。

与 printf 函数类似，在 Turbo C 环境下，如果希望输入的数据是长整型，需要在转换字符前加 l，在 Visual C++ 6.0 环境下则不需要。

练习 2.11   下面程序的输出结果是什么？

```
#include "stdio.h"
int main()
{   short a, b, c;                    /*定义 3 个短整型变量*/
    int  d;                           /*定义 1 个整型变量*/
    printf("\n 请输入四个整数:");
    scanf("%d%o%x%d",&a,&b,&c,&d);    /*接收 4 个数*/
    printf("\n%d,%d,%d,%d\n",a,b,c,d);/*输出 4 个变量的值*/
    return 0;
}
```

若输入为：

10   10   10   100000↙(回车符)

显示结果为

10,8,16,100000

使用 scanf 函数时，需要注意以下几点。

（1）scanf 读入一组整数时，scanf 扫视输入信息，跳过空格、Tab 或换行，寻找下一个输入域。一个输入域就是一个连续的非空白字符的数字串。

例如，若输入为：

则输入域有 4 个。

（2）格式信息中除了有 ％开始的转换说明，还可以有普通字符，只是这些字符不是显示在屏幕上的，而是要求使用者在输入数据时，要在相应位置输入相同的字符（除了空格、Tab 或换行符）。

2.8.2　浮点数据的显示和格式输入

例 2.8　计算直角三角形的面积。

```c
/ * ----------计算直角三角形的面积---------- * /
#include "stdio.h"
int main()
{
    double a,b;                              / * 定义两个浮点变量 * /
    printf("请输入直角三角形的底和高:\n");   / * 提示用户输入直角三角形的底和高 * /
    scanf("%lf%lf",&a,&b);                   / * 接收用户输入的两个浮点数 * /
    printf("面积=%6.2lf ", a * b/2);         / * 输出计算结果 * /
    return 0;
}
```

程序的运行情况：

请输入直角三角形的底和高：
4.5 3.4↙
面积＝ 7.65

输出和接收浮点数据用的转换说明是％f 和％e。％f 显示小数表示的普通浮点数，％e 显示科学记数法表示的浮点数。如果是双精度（double）类型时，还需要在转换字符前**加上字母 l**。

注意：用科学记数法有可能丢失精度。

练习 2.12　请问下面的程序能完成计算直角三角形的面积的功能吗？

```c
/ * ----------计算直角三角形的面积的错误程序---------- * /
#include "stdio.h"
int main()
{
    double a,b;                              / * 定义两个浮点变量 * /
    printf("请输入直角三角形的底和高:\n");   / * 提示用户输入直角三角形的底和高 * /
    scanf("%lf%lf",&a,&b);                   / * 接收用户输入的两个浮点数 * /
    printf("面积=%6.2lf ", 1/2 * a * b);     / * 输出计算结果 * /
    return 0;
}
```

本程序不能完成计算直角三角形的面积的功能，所得到的结果是 0！读者可能奇怪了，为什么呢？原因是 1/2 的结果是 0,在 C 语言中,整数与整数相除的结果是整除的结果。

输出浮点数时不仅可以控制输出域宽,还可以控制有效位的输出位数(又称为精度)。方法是在％与 f(或 e)之间加上两个数字并在两个数字之间加一个句点".。"例如,％6.2f 表示输出格式是域宽 6,小数点右边两位数字。

注意：域宽不是指整数位的宽度,而是指整个浮点数显示的宽度,还包括小数点,例如,1234.567 的域宽是 8,小数点右边三位数字,也可以不指定域宽和精度,默认的精度是 6。如果指定的域宽大于所显示的数的实际域宽,未用的位置用空格填写;如果指定的域宽小于所显示的数的实际域宽,按数的实际域宽显示。左对齐符号在显示浮点数时同样适用。

例 2.9 输出浮点数据。

```
#include "stdio.h"
int main()
{
    float   x;
    double y;
    x=12.3456789;y=987654.321098;
    printf("%e,%le\n",x,y);                    ①
    printf("%f,%lf\n",x,y);                    ②
    printf("%.3f,%.3lf\n",x,y);                ③
    printf("%14.3f,%14.3lf\n ",x,y);           ④
    printf("%-14.3f,%-14.3lf\n ",x,y);         ⑤
    printf("%8.3f,%8.3lf\n ",x,y);             ⑥
    printf("%14f,%14lf\n ",x,y);               ⑦
    return 0;
}
```

运行结果为：

```
1.234568e+001, 9.876543e+005
12.345679, 987654.321098
12.346, 987654.321
       12.346,  987654.321
12.346       ,987654.321
12.346, 987654.321
    12.3456789, 987654.321098
```

说明：第①和第②句未指定域宽和精度;第③句指定了 3 位精度;第④句指定了 14 位域宽和 3 位精度;第⑤句指定了 14 位域宽和 3 位精度,并且是左对齐;第⑥句指定了 8 位域宽和 3 位精度,域宽不够,指定无效;第⑦句指定了 14 位域宽,精度为默认值 6。

2.8.3 字符型数据的显示和格式输入

单个字符数据的接收与显示都是使用转换字符 c。

编写程序从键盘输入若干个小写字母(例如 girl)以后,输出这些字符的大写字母(GIRL)。

例 2.10 编写程序从键盘输入若干个小写字母,输出这些字符的大写字母。

```
/* -----------接收小写字母输出大写字母----------------------------- */
#include "stdio.h"
int main()
{
    char a,b,c,d,i;                              /* 定义 5 个字符型变量 */
    printf("请输入 4 个小写字母:\n");             /* 提示用户输入 4 个小写字母 */
    scanf("%c%c%c%c", &a,&b,&c,&d);              /* 接收用户输入的 4 个小写字母 */
    i='a'-'A';                                   /* i 取字母 'a' 和 'A' 的 ASCII 值的差 */
    printf("对应的大写字母是:%c%c%c%c\n", a-i, b-i, c-i, d-i);
                                                 /* 输出大写字母 */

    return 0;
}
```

程序的运行情况:

请输入 4 个小写字母:

girl↙

对应的大写字母是: GIRL

本例用到字符存储的特性,从 ASCII 表(参见附录 A)中可以发现,小写字母'a'到'z'的 ASCII 值是从 97 开始到 122,而大写字母'A'到'Z'的 ASCII 值是从 65 开始到 90,小写字母'a' 的 ASCII 值与大写字母 ASCII 值'A'相差 32,小写字母'b'的 ASCII 值与大写字母'B'的 ASCII 值也相差 32,也就是说,'a'—'A'、'b'—'B'、…以及'z'—'Z'的值都是 32。因此,如果将一个小写 字母转换成大写字母,只要将小写字母的 ASCII 值减去'a'—'A'就可以了,当然也可以直接 减去 32,或是减去'b'—'B'等。字符型数据可以像整型数据一样参与四则运算。

需要注意的是,在使用接收字符时尽量不要将%c 与其他转换说明一起使用,因为那样 会比较麻烦。

当 scanf 读入一组数据时,如果不使用%c 做转换时,scanf 扫视输入信息,跳过空格、 Tab 或换行,寻找下一个输入域。但是若使用%c 做转换时,情况则不同,scanf 不会跳 过空格、Tab 或换行,而是直接把下一个字符输入给参数,不论它是什么。

例如,使用"scanf("%d%c",&i,&c);"语句输入,若从键盘输入 29 w,那么 c 的结果 不是字符'w',而是空格。

解决的方法是在控制字符串中加空格分隔,即"scanf("%d %c",&i,&c);"。

2.8.4 用 getchar 输入字符和用 putchar 输出字符

C 语言还提供了两个函数用于字符的输入和输出。

getchar 函数是接收一个从标准输入输出设备上输入的字符。一般的标准输入设备是键盘。 该函数没有参数,函数返回的数据类型为整型,返回值为字符的 ASCII 码值。

调用的方法一般是:

字符变量= getchar();

例如:

```
char a;
a=getchar();
```

从键盘上接收的字符既可以是可打印字符,也可以是非打印字符,如回车换行等。从键盘上无法输入的字符除外(如响铃)。

putchar 函数是向标准输入输出设备上输出一个字符,一般的标准输出设备是屏幕终端。

putchar 函数与 getchar 函数不同,需要把输出字符作为函数的参数,放在括号里,括号里的内容是不能省略的。

调用的方法一般是:

putchar(字符变量或字符常量);

例如:

```
putchar('H');
```

putchar 函数返回的数据类型为整型,返回值为字符的 ASCII 码值。

若想输出字符 a,可以有多种方式:

```
int c;
c='a';
putchar(c);
```

以及

```
putchar('a');
```

和

```
putchar(97);
```

对于不可打印的字符,输出方式有两种:

```
putchar(007) ;
```

和

```
putchar('\007');
```

注意使用 getchar 和 putchar 这两个函数时一定要在程序首部加上♯include "stdio. h"。

例 2.11 修改例 2.10 编写程序从键盘输入若干个小写字母,输出这些字符的大写字母(使用 getchar 和 putchar 函数)。

```
/* -----------接收小写字母输出大写字母-------------------------- */
#include "stdio.h"
int main()
{
    char a,b,c,d,i;                    /* 定义 5 个字符型变量 */
    printf("请输入 4 个小写字母:\n");    /* 提示用户输入 4 个小写字母 */
    a=getchar();                       /* 接收用户输入的 4 个字母 */
```

```
        b=getchar();
        c=getchar();
        d=getchar();
        i='a'-'A';                              /* i 取字母'a'和'A'的 ASCII 值的差 */
        printf("对应的 4 个大写字母:");
        putchar(a-i);                           /* 输出大写字母 */
        putchar(b-i);
        putchar(c-i);
        putchar(d-i);
        putchar('\n');                          /* 输出换行 */
        return 0;
}
```

程序的运行情况:

请输入 4 个小写字母:
girl↙
对应的 4 个大写字母:GIRL

这里,需要解释一个概念:"系统的仿效返回"。用户在输入数据时,系统会马上显示出相应的字符,这个字符不是程序的输出,而是系统的仿效返回。一般要在按一次回车键之后,再次显示的字符才是程序所做的。尽管 getchar 函数只接收一个字符,但实际上,用户在按回车键以后,系统才开始接收字符。因此,运行例 2.12 时,输入 girl↙ 和输入 girls↙,输出结果是一样的。

练习 2.13 有以下程序

```
#include "stdio.h"
int main()
{   char c1,c2;
    c1='A'+'8'-'4';
    c2='A'+'8'-'5';
    printf("%c,%d\n",c1,c2);
    return 0;
}
```

已知字母 A 的 ASCII 码为 65,程序执行后的输出结果是(　　)。

A. E,68　　　　　　B. D,69　　　　　　C. E,D　　　　　　D. 输出不定值

答案是 A 选项。前面介绍过字符是以 ASCII 值存储的,程序中 c1 的计算结果是'A'+4,使用%c 显示的是 E('A'后面第 4 个字符),c2 的计算结果是'A'+3,但是使用%d 显示,显示的是 68(等于 65+3)。

2.8.5　字符串常量

用双引号括起来的字符序列是字符串常量。例如:"how are you","1234.5"。在 Visual C++ 6.0 环境下,还可以使用中文作为字符串的内容,一个中文占两个字节。例如,"你好"是一个字符串常量。

字符串的存储与字符不同。C 编译程序在存储字符串常量时自动采用\0 作为字符串结束标志。所以"how"实际上所占的字节数是 4,而不是 3,其存储图如下:

h	o	w	\0

"你好"在内存中占 5 个字节。

注意:"a"与'a'是完全不同的,前者是字符串常量,占的字节数是 2,后者是字符常量,占的字节数是 1。

字符串常量的输出有两种方法,一种是直接输出:"printf("how are you");",另一种是使用%s 转换说明:"printf("%s","how are you")"。

C 语言没有专门的字符串变量,可以用数组实现,在后续的相关章节讨论。

习　题

【2-1】　在 C 语言中,标识符的构成规则是什么?

【2-2】　什么是关键字、特定字和用户定义字?

【2-3】　对变量进行"先定义后使用"的原因是什么?

【2-4】　字符常量和字符串常量有什么区别?

【2-5】　什么是自动转换和强制转换?

【2-6】　多项选择题(下列各题中每道题有 A、B、C、D 4 个选项,正确答案超过一个,请选择正确答案)。

(1) 可以作为 C 语言的用户定义字的是(　　)。

　　A. 4a　　　　　　　　　　B. value_

　　C. _m66　　　　　　　　　D. ok?

(2) 不能作为 C 语言的用户定义字的是(　　)。

　　A. age　　　　　　　　　 B. int

　　C. a+c　　　　　　　　　 D. did

(3) 不能作为 C 语言的用户定义字的是(　　)。

　　A. a * b　　　　　　　　　B. mail

　　C. do　　　　　　　　　　D. _x

(4) 下列常量中,在 C 语言中合法的整数是(　　)。

　　A. 4567　　　　　　　　　B. 0877

　　C. 09　　　　　　　　　　D. -10

(5) 下列常量中,在 C 语言中不合法的整数是(　　)。

　　A. 2f　　　　　　　　　　B. 0x400l

　　C. 08　　　　　　　　　　D. 0x12ed

(6) 下列常量中,十进制数值为 23 的是(　　)。

　　A. 027　　　　　　　　　 B. 0x17

　　C. '\007'　　　　　　　　 D. '\027'

【2-7】 请修改下列程序,使其能够通过编译,并正确运行。

(1)

```
#include {stdio.h}
Int Main
{   int a=10;b=20;c;
    c=a * b;
    printf(' %d',c);
    return 0;
}
```

(2)

```
#include "stdio.h"
int main();
{   char c
    getchar(c);
    printf("%s",c);
    return 0;
}
```

(3)

```
#include "stdio.h" int main()
{   double f=7.12;
    char c="c";
    printf("%d\n",int(f%3));
    printf("%c",c);
    return 0;
}
```

(4)

```
#include "stdio.h"
int main()
{
    integer I;
    long j;
    printf("Enter an integer:);
    scanf("%d",&i);
    j=I * I;
    printf("I=%d   j=%d\n,j);
    return 0;
}
```

【2-8】 判断下列程序的运行结果。

(1)

```
#include "stdio.h"
```

```
int main()
{   int i=0x12,j=012;
    printf("\ni=%o,j=%o",i,j);
    return 0;
}
```

(2)

```
#include "stdio.h"
int main()
{   int i=22,j=33
    printf("\noct   i=%o,j=%o",i,j);
    printf("\nhex   i=%x,j=%x",i,j);
    return 0;
}
```

(3)

```
#include "stdio.h"
int main()
{   char a,b,c,d;
    a='\x86';
    b='\160';
    c='\x6e';
    d='d';
    printf("\n%c %c %c %c",a,b,c,d);
    return 0;
}
```

提示：本题需要参照 ASCII 表。

【2-9】 按照下列要求编写程序。

(1) 编写程序用%c 输出字符变量的方法输出下面的图案。

```
aaaaaaa
 bbbbbbb
  ccccccc
   ddddddd
```

(2) 编写程序输入三个数,求它们的平均值并输出,用浮点数据处理。

(3) 编写程序将输入的英里转换到千米。每英里等于 5280 英尺,每英尺等于 12 英寸,每英寸等于 2.54cm,每千米等于 100 000cm。

(4) 假设港币与人民币的汇率是 1 港币兑换 1.0607 元人民币,编写程序输入人民币的钱数,输出能兑换的港币金额。

(5) 编写程序输入年利率 I(例如 2.5%),存款总数 S(例如 30 000 元),计算一年后的本息合计并输出。

第3章　选择结构程序设计

在第1章和第2章讨论的大部分程序都是顺序结构的程序。顺序结构就是一组逐条执行的可执行语句。按照书写顺序,自上而下执行。本章讨论选择结构(或者称为分支结构)。

选择结构是一种先对给定条件进行判断,并根据判断的结果执行相应命令的结构。

例如,下面的程序段对用户输入的半径进行判断,输入正确才能计算,否则告诉用户不能计算。对用户输入的数据进行正确性判断是一个非常好的习惯。

```
if(r>=0)
    printf("面积=%lf\n",PI * r * r);              /* 输出圆的面积 */
else
    printf("半径输入错误!");                      /* 提示用户输入错误 */
```

3.1　含有 if 的选择结构

3.1.1　选择结构程序设计的案例

目前,在国内的大学中,为了教学管理的需要,课程被分为三类:选修课、考查课和考试课。对于选修课,记录在学生档案中的总评成绩只有"及格"一档,成绩不及格不做记录;对于考查课,记录在学生档案中的总评成绩分为"及格"和"不及格"两档;对于考试课,记录在学生档案中的总评成绩分为"优"、"良"、"中"、"及格"、"不及格"(或者是直接记录百分制的分数)。

在实际工作中,一般要根据学生的平时成绩、实验成绩和考试成绩(甚至更多的成绩)计算出来一个百分制的成绩,然后再按照规则将其转换成登记在学生档案中的总评成绩,如何将百分制的成绩转换成总评成绩,就是这里要提出的问题。

对于选修课,只要百分制成绩大于等于 60 分,就可以得到"及格"的总评成绩。

例 3.1　编写程序,输入一个选修课成绩的分数,输出应登记到学生档案中的总评成绩。

```
/* -------------------选修课成绩处理------------------- */
#include "stdio.h"
int main()
{
    int score;                      /* 定义整型变量记录分数 */
    printf("请输入分数 (0<=分数<=100): ");
    scanf("%d",&score);             /* 接收分数 */
    if(score>=60)                   /* 判断分数是否大于等于 60 */
        printf("及格\n");           /* 如果是,输出"及格" */
    return 0;
}
```

本例使用的是 if 形式的选择结构。

注意：本例并没有解决分数的所有问题。继续来看下面的例子。

对于考查课，如果百分制成绩大于等于 60 分，总评成绩为"及格"；否则，总评成绩为"不及格"。

例 3.2 编写程序，输入一个考查课成绩的分数，输出应登记到学生档案中的总评成绩。

```
/ * -------------------考查课成绩处理------------------- * /
#include "stdio.h"
int main()
{
    int score;                              / * 定义整型变量记录分数 * /
    printf("请输入分数 (0<=分数<=100): ");
    scanf("%d",&score) ;                    / * 接收分数 * /
    if(score>=60)                           / * 判断分数是否大于等于 60 * /
        printf("及格\n");                    / * 输出"及格" * /
    else
        printf("不及格\n ");                 / * 否则输出"不及格" * /
    return 0;
}
```

本例使用的是 if else 形式的选择结构。

对于考试课，如果百分制成绩小于 60 分，总评成绩为"不及格"；如果分数小于 70 分，但是大于等于 60 分，总评成绩为"及格"；如果分数小于 80 分，但是大于等于 70 分，总评成绩为"中"；如果分数小于 90 分，但是大于等于 80 分，总评成绩为"良"；如果分数小于等于 100分，但是大于等于 90 分，总评成绩为"优"。当然，实际工作中，考试课可能不需要做这种转换，但是，可能需要老师统计不同分数段的学生的人数，这与成绩转换是非常相似的操作。

例 3.3 编写程序，输入一个考试课成绩的分数，输出应登记到学生档案中的总评成绩。

```
/ * -------------------考试课成绩处理------------------- * /
#include "stdio.h"
int main()
{
    int score;                              / * 定义整型变量记录分数 * /
    printf("请输入分数 (0<=分数<=100): ");
    scanf("%d",&score);                     / * 接收分数 * /
    if(score<60)
        printf("不及格\n");                  / * 分数小于 60 分输出"不及格" * /
    else if(score <70)
        printf("及格\n");                    / * 否则分数小于 70 分输出"及格" * /
    else if(score <80)
        printf("中等\n");                    / * 否则分数小于 80 分输出"中等" * /
    else if(score <90)
        printf("良好\n");                    / * 否则分数小于 90 分输出"良好" * /
    else
        printf("优秀\n ");                   / * 否则分数小于等于 100 分输出"优秀" * /
```

```
    return 0;
}
```

本例使用的是 if else if 形式的选择结构。

注意：在例 3.1、例 3.2 和例 3.3 中都有信息提示，要求用户输入一个正确的百分制的分数，这样才能保证程序的正确执行，如果用户输入的不是百分制的分数，这三个程序是不能正确处理的。这个问题将在后面解决。

3.1.2 选择结构流程图的画法

结构化程序设计的三种结构可以用流程图来表示，直观形象，易于理解。流程图的画法有很多种，本书介绍最常见的两种，一种是传统的流程图，另一种是 N-S 结构图，专门为结构化程序设计而设计，又称"盒图"。用于顺序结构的流程图比较简单，所以没有在第 2 章中介绍，下面给出的是求解矩形面积的流程图和对应的程序。

```
#include "stdio.h"
int main()
{
    int length,width;                      /* 定义变量 length,width */
    printf("请输入矩形的长和宽：");          /* 提示用户输入矩形的长和宽 */
    scanf("%d%d",&length, &width);          /* 接收用户的输入 */
    printf("面积=%d\n", length * width);    /* 输出矩形的面积 */
    return 0;
}
```

求矩形面积的程序命令是顺序执行的，不论是传统流程图还是 N-S 结构图都很容易理解。请参见图 3.1。

图 3.2 的两个图是例 3.1 的流程图，表示的是分支结构。

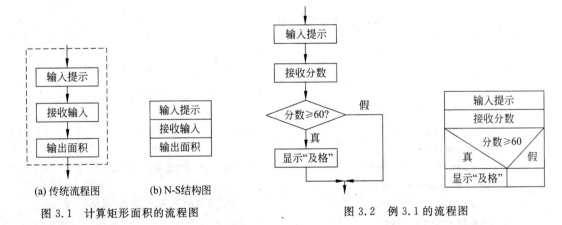

(a) 传统流程图　　(b) N-S 结构图

图 3.1　计算矩形面积的流程图

图 3.2　例 3.1 的流程图

描述的程序流程是：

(1) 输入提示

(2) 接收分数

(3) 如果分数大于等于 60 则

显示"及格"

　　注意：传统流程图和 N-S 结构图对选择结构的画法略有不同。传统流程图使用菱形框表示条件判断，而 N-S 结构图是在一个矩形框中画出两条线来表示条件。

　　图 3.3 的两个图是例 3.2 的流程图。

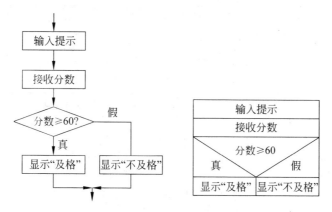

图 3.3　例 3.2 的流程图

例 3.2 的流程是：

(1) 输入提示
(2) 接收分数
(3) 如果分数大于等于 60 则
　　　　显示"及格"
　　否则
　　　　显示"不及格"

例 3.3 的流程是：

(1) 输入提示
(2) 接收分数
(3) 如果分数小于 60 则
　　　　显示"不及格"
　　否则如果分数小于 70
　　　　显示"及格"
　　否则如果分数小于 80
　　　　显示"中等"
　　否则如果分数小于 90
　　　　显示"良好"
　　否则
　　　　显示"优秀"

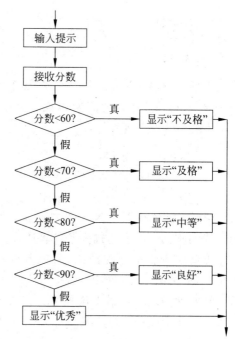

图 3.4　例 3.3 的传统流程图

图 3.4 和图 3.5 是例 3.3 的流程图。

　　在 C 语言中，能实现选择结构程序设计的语句有 if 条件语句和 switch 多分支语句，而 switch 语句实际上可以用 if 语句来替代。

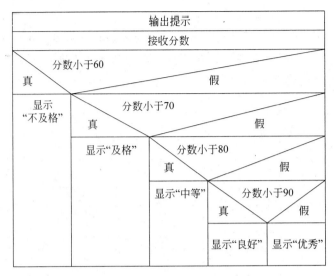

图 3.5 例 3.3 的 N-S 流程图

C 语言中的 if 条件语句有三种形式：if 形式、if else 形式和 if else if 形式。例 3.1 使用的是 if 形式，例 3.2 使用的是 if else 形式，例 3.3 使用的是 if else if 形式。下面按照这三种不同形式进一步讲解。

3.1.3 if 形式

if 形式是最简单的条件语句。

if 形式的语法格式为：

if(表达式)
    语句 1；
下一条语句；

if 形式的功能为：检测表达式，如果表达式的值为非 0(真)，则执行语句 1，然后执行下一条语句；如果表达式的值为 0(假)，直接执行下一条语句。

if 语句的程序流程是：

(1) 如果表达式成立则
    执行语句 1；
(2) 执行下一条语句

if 形式的流程图和 N-S 图如图 3.6 所示。我们称其中的表达式为条件表达式。

if 形式属于单分支结构，只能判断一种情况，如果满足这种情况，就执行语句 1。

选修课的成绩就属于这种情况，"成绩大于等于 60"的条件成立，输出"及格"。当然，前提是此时的成绩一定是一个百分制的分数。

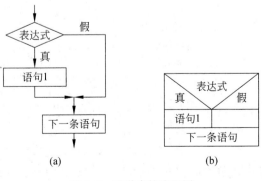

(a)   (b)

图 3.6 if 形式的流程图

现在,有必要简单讨论一下关系表达式。

if(score>=60)语句中的 score>=60 就属于关系表达式,>=是关系运算符,所谓关系运算,实际上就是比较两个数值的大小。比较两个数值的大小的运算符就是关系运算符。C语言中,关系运算符有 6 个:>、>=、<、<=、==和!=,其含义分别是大于、大于等于、小于、小于等于、等于和不等于。由关系运算符连接起来的表达式就是**关系表达式**。

在 C 语言中,关系表达式表示的关系成立时,表达式的解为整数 1;关系表达式表示的关系不成立时,表达式的解为整数 0。

例 3.4 使用 if 形式编写程序:输入 x,求出并输出 x 的绝对值(程序 1)。

程序流程是:

(1) 输入 x
(2) 如果 x 小于 0 则
   -x=>x(x 的值取负并覆盖 x)
(3) 输出 x

C 源程序是:

```
/* -------------------求 abs(x)----------------------------- */
#include "stdio.h"
int main()
{
    int x;                          /* 定义一个整型变量 */
    printf("请输入一个整型数:");      /* 提示用户输入一个整型数 */
    scanf("%d",&x);                 /* 接收提示用户的一个整型数 */
    if(x<0)                         /* 如果 x 小于 0 */
        x=-x;                       /* x 取负 */
    printf("|x|=%d\n",x);           /* 输出结果 */
    return 0;
}
```

运行情况一:

```
-3↙
|x|=3
```

运行情况二:

```
3↙
|x|=3
```

本程序尽管满足了题目的要求,但是破坏了 x 原来的值。有没有办法保留 x 的值呢?只要将 x 的值赋值给另一个变量 y,对 y 求绝对值就行了。

例 3.5 使用 if 形式编写程序:输入 x,求出并输出 x 的绝对值(程序 2)。

```
#include "stdio.h"
/* -------------------abs(x)----------------------------- */
int main()
```

```
{
    int x,y;                          /*定义两个整型变量*/
    printf("请输入一个整型数:");        /*提示用户输入一个整型数*/
    scanf("%d",&x);                   /*接收用户输入的一个整型数*/
    y=x;                              /*x的值先赋值给变量y*/
    if(x<0)                           /*如果x小于0*/
        y=-x;                         /*x取负*/
    printf("|x|=%d\n",y);             /*输出结果y*/
    return 0;
}
```

下面的例子说明如何使用 if 形式的复合语句。所谓**复合语句**就是用大括号括起来的语句。

例 3.6 使用 if 形式编写程序：若 a>b,将两个数的位置调换;否则,保持不变。
程序流程是：

(1) 输入 a,b
(2) 如果 a 大于 b 则
        a 与 b 交换
(3) 输出 a,b

C 源程序是:

```
/*-----------------if(a>b) swap a and b----------------------*/
#include "stdio.h"
int main()
{   int a,b,temp;                     /*定义三个整型变量*/
    printf("请输入两个整型数:");        /*提示用户输入两个整型数*/
    scanf("%d%d",&a,&b);              /*接收用户输入的两个整型数*/
    if(a>b)                           /*如果a大于b*/
    {   temp=a;                       /*交换*/
        a=b;
        b=temp;
    }
    printf("%d,%d\n",a,b);            /*输出结果*/
    return 0;
}
```

运行情况:

请输入两个整型数:6 4↙
4,6

用大括号括起来的三条语句{temp＝a;a＝b;b＝temp;}就是复合语句,当然,主函数就是一个复合语句。

注意：大括号加不加是有很大区别的。超过一条语句就必须使用复合语句,即用花括号{}将一组带分号的语句括起来。

练习 3.1　下面的程序试图完成"输出 a 和 b 中较大的数",是否正确?

```
#include "stdio.h"
int main()
{
    int a=20,b=10,x;
    x=a;
    if(a<b)
    {   x=b;
        printf("%d\n",x);
    }
    return 0;
}
```

程序分析:如果 a<b 条件成立,b 的值覆盖 x,然后输出 x,程序是对的;但是,如果 a<b 条件不成立,将从 if 形式中跳出,什么也没做,也就是说,如果 a>=b,将不会输出任何结果,因为对输出函数的调用语句包含在 if 的复合语句中了。

正确的写法是:

```
x=a;
if(a<b)
    x=b;
printf("%d\n",x);
```

这段程序用了一个小技巧,先假定 a 大,将其存入 x,如果 b 大,再用 b 覆盖 x。

注意:在 if 语句中使用或者不使用复合语句的效果是不一样的,一定要考虑程序的具体要求,不能想当然地加或不加花括号,这对初学者尤其重要。

练习 3.2　下面的语句中错误的是( )。

A. if score>=60　flag=1;　　　　　　B. if(score>=60)　{flag=1;}

C. if(score>=60)　flag=1;　　　　　　D. if(60<= score)　flag=1;

正确选项是 A 选项。因为 score>=60 表达式没有用一对圆括号括起。其他的表达式都是正确的。

练习 3.3　设有定义:int a=1,b=2,c=3;,以下语句中的执行效果与其他三个不同的是( )。

A. if(a>b)c=a,a=b,b=c;　　　　　　B. if(a>b){c=a,a=b,b=c;}

C. if(a>b)c=a;a=b;b=c;　　　　　　D. if(a>b){c=a;a=b;b=c;}

除了要求读者掌握 if 语句的语法格式,还要求了解逗号运算符的使用。由于在前面的章节中并没有详细介绍逗号运算符的用法,因此有必要在此处讨论一下。

逗号可以将两个表达式分隔开,形成一个表达式。逗号运算符属于双目运算符。

其语法格式为:

表达式 1,表达式 2

逗号表达式的求值过程是:先求解表达式 1,再求解表达式 2,并将表达式 2 的解作为逗号表达式的解。

根据上述解释,语句"c=a,a=b,b=c;"的执行过程是:执行 c=a,再执行 a=b,最后执行 b=c,因此与语句"{c=a,a=b,b=c;}"的执行效果相同,也与"{c=a;a=b;b=c;}"的执行效果相同。使用排除法就能选定正确答案是 C 选项。而具体的原因是:由于 a>b 不成立,执行的语句是"a=b;b=c;"两句,而不是三句。

注意:逗号运算符一般用于循环 for 语句,不提倡使用在其他的表达式中。也就是说,本练习中逗号运算符的使用不是常规的用法。

练习 3.4 设有定义:int x=9;int y;

A. if(x>10) y=1; B. if(x<=10) y=2;

C. if(x=10) y=3; D. if(x==10) y=4;

执行哪条语句以后,x 的值发生了变化?(　　　)

答案是 C 选项。

注意:一定要区分赋值号=与关系运算符==。"if(x=10)"中的表达式 x=10 不但将 10 赋值给了 x 单元,同时该表达式的值是 10,也就是逻辑真,因此 x=10 作为条件表达式是一个永远为真的表达式。而对于"if(x==10)"中的表达式 x==10,要看当时 x 单元存储的值是不是 10,如果是 10 则表达式的值为真,否则表达式的值为假。

练习 3.5 设有定义:int x=1;int y=2;

A. if(x)y=1; B. if(x!=0)y=1;

C. if(x==1)y=1; D. if(!x)y=1;

执行哪条语句以后,y 的值仍然是 2?(　　　)

答案是 D 选项。

if 语句的条件表达式还可以是一般的表达式,甚至是一个常量或一个变量,只要表达式的值不等于 0,即为逻辑真,也就是条件成立。关于逻辑表达式的讲解请参见相应章节。

3.1.4 if else 形式

if 形式只允许在条件为真时指定要执行的语句,而 if else 形式还允许在条件表达式为假时指定要执行的语句。

if else 形式的语法是:

```
if   (表达式)
    语句1;
else
    语句2;
下一条语句;
```

if else 形式的功能为:检测表达式,如果值为非 0(真),则执行语句 1,然后执行下一条语句;如果值为 0(假),执行语句 2,再执行下一条语句。

if else 语句的程序流程是:

(1) 如果表达式成立则

　　　执行语句1;

(2) 否则

执行下一条语句;

if else 形式的流程图和 N-S 图如图 3.7 所示。

if else 形式属于双分支结构,能判断两种情况,条件要保证非此即彼,满足条件时,执行语句 1,不满足时执行语句 2。

例 3.7　编写程序:输入两个数,求两个数的商,要求除数不为零时输出商,除数为零时,提示用户输入有误。

程序流程是:

(1) 输入 a,b

(2) 如果 b==0

　　　　输出错误提示信息;

　　否则

　　　　输出商;

C 源程序是:

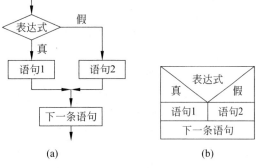

图 3.7　if else 形式的流程图

```
/*--------------------a divided by b------------------------*/
#include "stdio.h"
int main()
{    int a,b;                        /*定义两个整型变量*/
     printf("请输入两个整型数:");       /*提示用户输入两个整型数*/
     scanf("%d%d",&a,&b);            /*接收用户输入的两个整型数*/
     if(b==0)                        /*如果 b 为 0*/
         printf("除数不能是 0!\n");     /*提示用户输入有误*/
     else                           /*否则*/
         printf("%lf\n",1.0*a/b);    /*输出商*/
     return 0;
}
```

运行情况一:

请输入两个整型数:

6 3↙

2.000000

运行情况二:

请输入两个整型数:

6 0↙

除数不能是 0!

说明:本例有两个问题需要注意,一是必须用 1.0*a/b 或(double)a/b 等形式求两个整数的商,因为 a/b 是整除;二是千万不要将条件表达式(b==0)写为(b=0),为什么?请读者思考。

上例程序中,a 和 b 的数据类型是整数,如果 a 和 b 是实数,有时(与使用的编译程序有关)不能简单地判断 b==0，应该判断 b 的绝对值小于一个接近于 0 的小数(例如 10^{-6})。

程序应为：

```c
/* --------------------a divided by b--------------------- */
#include "stdio.h"
#include "math.h"
int main()
{
    float a,b;                              /* 定义两个浮点变量 */
    printf("请输入两个浮点数:");            /* 提示用户输入两个浮点数 */
    scanf("%f%f",&a,&b);                    /* 接收用户输入的两个浮点数 */
    if(fabs(b)<1e-6)                        /* 如果 b 小于 1e-6 */
        printf("除数不能是 0\n");           /* 提示用户输入有误 */
    else                                    /* 否则 */
        printf("%f",a/b);                   /* 输出商 */
    return 0;
}
```

说明：#include "math.h" 的作用是将 C 提供的数学函数包含进来，fabs(b) 调用 C 编译提供的数学函数求 b 的绝对值。

if else 形式的语句 1 和语句 2 都可以使用复合语句，用 { 和 } 括起，括号里的所有语句包括最后一个语句都要带分号。不加花括号，包含在 if else 语句中的语句只能是一句，初学者经常会忘记写花括号，切记不写花括号与写花括号的结果是不同的。

练习 3.6 请问下面的程序是否能够通过编译？为什么？

```c
#include "stdio.h"
  /* --------------------min--------------------- */
int main()
{   int x=30,y=20,min;
    if(x<y)
        min=x;
        printf("最小值是 %d.\n",min);
    else
        min=y;
        printf("最小值是 %d.\n",min);
    return 0;
}
```

错误提示是 illegal else without matching if，意思是由于 else 没有匹配 if 而出错。

这是一个表面上看似乎没有错误的程序，该程序试图利用缩进格式告诉编译器，x 小于 y 时，将 x 赋值给 min，否则，y 赋值给 min，但是，这个程序不能通过编译。因为，这个程序的 if 语句根本就是单分支结构，x 小于 y 时，执行"min=x;"，那么程序中的 else 的上面没有与之配对的 if 语句，也就是说，编译找不到与 else 配对的 if 语句。

正确的程序应该是：

```
#include "stdio.h"
/* ------------------------min------------------------ */
int main()
{
    int x=30,y=20,min;
    if(x<y)
    {   min=x;
        printf("最小值是 %d.\n",min);
    }
    else
    {
        min=y;
        printf("最小值是 %d.\n",min);
    }
    return 0;
}
```

在这个程序中,由于花括号的作用,

```
{   min=x;
    printf("最小值是 %d.\n",min);
}
```

被编译视为语句 1,而

```
{   min=y;
    printf("最小值是 %d.\n",min);
}
```

被编译视为语句 2,这样 else 与 if 就是配对的。
这个程序可以写得更简单,并且结构也更清晰。

```
#include "stdio.h"
int main()
{
    int x=30,y=20,min;
    if(x<y)
        min=x;                              /* x 小于 y 时, x 覆盖 min */
    else
        min=y;                              /* 否则, y 覆盖 min */
    printf("min is %d.\n",min);             /* 输出 min 单元的内容 */
    return 0;
}
```

3.1.5 if else if 形式

if 语句的最后一种形式是 if else if 形式,是一种可以判断多种情况的选择语句,又称为多分支结构。

if else if 形式的语法：

```
if(表达式 1)  语句 1;
    else if(表达式 2)  语句 2;
    [else if(表达式 3)  语句 3;]
              ⋮
    [else if(表达式 n)  语句 n;]
    [else  语句 n+1;]
    一条语句;
```

if else if 形式的功能为：按表达式的顺序进行判断,最先值为真的表达式将引起执行相应的语句 i,并且不再继续判断其他条件,跳转到下一条语句执行。若全部表达式为假,则执行语句 n+1。

if else if 语句的程序流程是：

如果表达式 1 成立则
　　执行语句 1;
否则表达式 2 成立则
　　执行语句 2;
否则表达式 3 成立则
　　执行语句 3;
　　　⋮
否则表达式 n 成立则
　　执行语句 n;
否则
　　执行语句 n+1;

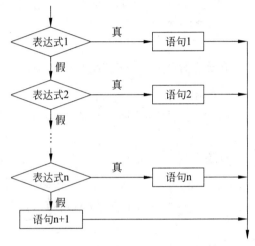

图 3.8 if else if 形式传统流程图

if else if 形式属于多分支结构。中括号 [和]是描述高级程序语言语法的一种方式,括号中的语句可以写也可以不写。

if else if 的传统流程图如图 3.8 所示。

考试课的成绩就属于这种情况,成绩一定是一个百分制的分数的前提成立时,小于 60 就是"不及格";否则,小于 70 就是"及格";再否则,小于 80 就是"中等"……

用如下程序段表示：

```
if(score<60)
    printf("不及格");                    /*分数小于 60 分输出"不及格"*/
else if(score<70)
    printf("及格");                      /*否则分数小于 70 分输出"及格"*/
else if(score<80)
    printf("中等");                      /*否则分数小于 80 分输出"中等"*/
else if(score<90)
    printf("良好");                      /*否则分数小于 90 分输出"良好"*/
else
    printf("优秀");                      /*否则输出"优秀"*/
```

注意：使用 if else if 形式编写程序时，一定要保证程序的逻辑是正确的，这也是本书一再强调由用户输入的 score 必须是一个正确的百分数的原因。如果用户输入的分数不是一个正确的百分数，例如输入的是 -60，那么，意味着条件 score<60 是成立的，程序将输出"不及格"，而输入的是 102，所有的条件都不成立，输出的结果将是"优秀"。显然，这两个输出都是不合理的。-60 和 102 都不是正确的百分数。

实际应用中，程序员不能要求使用者每次的输入都是正确的，因此，上面的程序是有缺陷的，如何解决这个问题。请参考后面章节的相关内容。

例 3.8 编写程序解决"猜数游戏"问题：产生一个 10 以内的随机数，请用户猜这个数是几，接收用户输入以后，告诉用户这个数比程序产生的数是大了、小了还是完全正确。

程序流程如下：

(1) 产生随机数 x，接收用户猜的数到 g 中。
(2) 如果 x 等于 g 成立则
　　　　显示"猜对了"；
　　否则如果 x 小于 g 成立则
　　　　显示"大了"；
　　否则
　　　　显示"小了"；

C 源程序如下：

```
/* --------------------guess  x----------------------------------- */
#include "stdlib.h"
#include "stdio.h"
#include "time.h"
int main()
{   int x,g;                              /* 定义变量 */
    srand((unsigned)time( NULL));         /* 初始化随机数生成器 */
    x=rand()%10;                          /* 生成一个 10 以内的随机数 */
    printf("请猜一个数:");                 /* 请用户猜一个数 */
    scanf("%d",&g);                       /* 接收用户输入的数 */
    if  (x==g)                            /* 如果 x 等于 g */
        printf("正确!\n");                /* 告诉用户猜对了 */
    else  if  (x<g)                       /* 否则,如果 x 等于 g */
        printf("大了!\n");                /* 告诉用户猜的数大了 */
    else                                  /* 否则 */
        printf("小了!\n");                /* 告诉用户猜的数小了 */
    return 0;
}
```

运行情况一：

请猜一个数：
5↙
大了！

运行情况二：

请猜一个数：

3↙

正确！

说明：在本例中为了产生随机数，首先调用了 srand 函数，它负责初始化随机数生成器，然后调用 rand 函数，并将结果模 10，则产生一个 10 以内的整数。使用这两个函数时，要分别将 time.h 和 stdlib.h 两个文件包含到源程序中。

例 3.9　假设停车场的收费标准为：小型车每小时 2 元、中型车每小时 3 元、大重型车每小时 4 元、重型车每小时 5 元。编写程序，首先在屏幕上显示一个列表如下：

$$1------小型车$$
$$2------中型车$$
$$3------大型车$$
$$4------重型车$$

然后请用户选择车型并输入停车时间，根据用户的选择输出应交的费用。

程序流程：

(1) 接收车型和停车时间
(2) 如果车型为 1 则
　　　　显示 2×停车时间
　　否则如果车型为 2 则
　　　　显示 3×停车时间
　　否则如果车型为 3 则
　　　　显示 4×停车时间
　　否则如果车型为 4 则
　　　　显示 5×停车时间
　　否则显示输入错误

C 源程序：

```
/*-------------------停车场交费------------------------*/
#include "stdio.h"
int main()
{   int x,y;                              /*定义变量*/
    printf("\n 1------小型车");            /*输出列表*/
    printf("\n 2------中型车");
    printf("\n 3------大型车");
    printf("\n 4------重型车");
    printf("\n 请选择车型：");
    scanf("%d",&x);                       /*接收用户输入的车型的类别*/
    printf("\n 请输入停车时间(按小时)：");
    scanf("%d",&y);
    if  (x==1)                            /*如果 x 等于 1*/
        printf("\n 费用是%d 元\n",2*y);
    else  if  (x==2)                      /*否则,如果 x 等于 2*/
```

```
        printf("\n 费用是%d 元\n",3 * y);
    else  if  (x==3)                          /* 否则,如果 x 等于 3 */
        printf("\n 费用是%d 元\n",4 * y);
    else  if  (x==4)                          /* 否则,如果 x 等于 4 */
        printf("\n 费用是%d 元\n",5 * y);
    else                                      /* 否则,用户输入有误 */
        printf("\n 输入错误!\n");
    return 0;
}
```

运行情况:

```
1------小型车
2------中型车
3------大型车
4------重型车
请选择车型: 2↙
请输入停车时间:5↙
费用是 15 元
```

说明:在本例中使用 if else if 形式对用户的输入值进行判断,如果用户输入的是 1~4 之间的整数,就输出对应车型的费用,如果用户输入的是其他的整数,程序将执行最后一个 else 后面一个语句,提示用户输入的数据有错误。

3.1.6 嵌套的分支语句

嵌套的分支语句是指 if 条件语句的三种形式的语句中又包含一个或多个 if 条件语句。

例 3.9 的程序是有错误的,如果用户输入的停车时间是一个负数,显然是错误输入,程序应该告诉用户他错在什么地方,当然如果学习了循环语句还要给用户重新输入的机会。因此需要在 if else if 语句外面再加一个 if else 语句,即嵌套。

例 3.10 修改例 3.9 中的错误。

```
/* -------------------停车场交费----------------------------- */
#include "stdio.h"
int main()
{   int x,y;                                  /* 定义变量 */
    printf("\n 1------小型车");               /* 输出列表 */
    printf("\n 2------中型车");
    printf("\n 3------大型车");
    printf("\n 4------重型车");
    printf("\n 请选择车型: ");
    scanf("%d",&x);                           /* 接收用户输入的车型的类别 */
    if(x>4||x<1)
        printf("\n 车型输入错误!\n");
    else
    {
        printf("\n 请输入停车时间(按小时): ");
```

```
        scanf("%d",&y);
        if(y>=0)
        {
            if  (x==1)                              /* 如果 x 等于 1 */
                printf("\n 费用是%d 元\n",2*y);
            else  if  (x==2)                        /* 否则,如果 x 等于 2 */
                printf("\n 费用是%d 元\n",3*y);
            else  if  (x==3)                        /* 否则,如果 x 等于 3 */
                printf("\n 费用是%d 元\n",4*y);
            else  if  (x==4)                        /* 否则,如果 x 等于 4 */
                printf("\n 费用是%d 元\n",5*y);
        }
        else
        printf("\n 停车时间小于 0!\n");
    }
        return 0;
}
```

程序运行情况一：

```
1------小型车
2------中型车
3------大型车
4------重型车
请选择车型：2↙
请输入停车时间:-10↙
停车时间输入错误!
```

程序运行情况二：

```
1------小型车
2------中型车
3------大型车
4------重型车
请选择车型：2↙
请输入停车时间:5↙
费用是 15 元
```

使用嵌套的分支语句时要注意防止程序在逻辑上出现二义性。那么,什么是二义性呢?首先来看一个例子。

练习 3.7 请分析下列程序的输出情况。

```
#include "stdio.h"
int main()
{
    int x,y,z;
    printf("Please input three integer:");
    scanf("%d%d %d",&x,&y,&z);
```

```
if(x>=y)
{   if  (y>=z)
        printf("x 最大!\n");
}
else
    printf("y 比 x 大。\n ");
return 0;
}
```

分析：分三次运行该程序,第一次输入 4、3 和 2,输出结果是"**x 最大**",第二次输入 4、5、2,输出结果是"**y 比 x 大**",第三次输入 4、3 和 5,**没有输出任何结果**。

按照程序的逻辑,当输入的数 x 比 y 大,并且 y 比 z 大,输出"x 最大";否则,就是"y 比 x 大";x 比 y 大,但是 y 不大于 z,是没有输出结果的。

现在,把练习 3.7 程序稍微修改一下:

```
#include "stdio.h"
int main()
{
    int x,y,z;
    printf("Please input three integer:");
    scanf("%d%d %d",&x,&y,&z);
    if(x>=y)
        if(y>=z)
            printf("x 最大!\n");
        else
            printf("y 比 x 大。\n ");
    return 0;
}
```

这是一个正确的程序吗? 由于没有使用一对花括号将嵌套的 if 语句括起来,这个程序中的 else 否定的是哪个 if 的条件就不明确,这就产生了所谓的"二义性"。

还是先来看看运行情况,同样分三次运行该程序,第一次输入 4、3 和 2,输出结果是"x 最大",第二次输入 4、5、2,没有输出任何结果,第三次输入 4、3 和 5,输出结果是"y 比 x 大"。很显然,通过程序的运行,得出的结论不对。程序是错误的。

C 语言规定：在没有用花括号明确地表明嵌套关系的情况下,else 与离它最近的 if 配对。修改后的程序段如下(注意要使用正确的缩进格式):

```
if(x>=y)
    if  (y>=z)
        printf("x 最大!\n");
    else
        printf("z 比 y 大。\n ");
    return 0;
```

if 语句的使用是非常灵活的,相同的逻辑可能有多种正确的写法,为了程序良好的可读性,应尽量使用花括号明确地描述嵌套关系。

练习 3.8 如果 $a=1,b=3,c=5,d=4$，执行下面一段程序段后 x 的值是（　　　）。

```
if(a<b)
    if(c<d) x=10;
        if(a<c)
            if(b<d) x=20;
            else x=30;
        else x=40;
    else x=50;
```

A. 10   B. 20   C. 40   D. 50

答案是 D 选项。

按照规则 else 否定的是与其最近的 if，(a＜b)成立，则判断(c＜d)，不成立，则执行"x＝50;"。

3.2　switch 语句

switch 语句属于多分支结构，用以判断多种情况。但是表示多种情况的条件表达式比较特殊，首先还是看一个案例。

例 3.11　使用 switch 语句完成停车场交费的程序设计要求。

```
/*-------------------停车场交费---------------------*/
#include "stdio.h"
int main()
{   int x,y;                                    /*定义变量*/
    printf("\n 1------小型车");                   /*输出列表*/
    printf("\n 2------中型车");
    printf("\n 3------大型车");
    printf("\n 4------重型车");
    printf("\n 请选择车型: ");
    scanf("%d",&x);                             /*接收用户输入的车型的类别*/
    if(x>4||x<1)
        printf("\n 车型输入错误!\n");
    else
    {
        printf("\n 请输入停车时间(按小时): ");
        scanf("%d",&y);
        if(y>0)
            switch(x)
            {   case 1: printf("费用是%d 元\n",2*y); break;    /*如果 x 等于 1*/
                case 2: printf("费用是%d 元\n",3*y); break;    /*如果 x 等于 2*/
                case 3: printf("费用是%d 元\n",4*y); break;    /*如果 x 等于 3*/
                case 4: printf("费用是%d 元\n",5*y); break;    /*如果 x 等于 4*/
            }
        else
```

```
        printf("停车时间小于 0!");
    }
    return 0;
}
```

说明：本程序的功能与例 3.9 完全相同，根据用户对车型的选择，计算出相应的费用。从程序中看出，使用 switch 语句编写程序可使程序的结构更加清晰，增强了可读性。

switch 的常用形式：

switch (表达式)
{
    case 常量表达式 1: 语句 1;break;
    case 常量表达式 2: 语句 2;break;
    case 常量表达式 3: 语句 3;break;
    …
    case 常量表达式 n: 语句 n;break;
    default 语句 n+ 1;break;
}

switch 语句的功能：首先计算表达式的值，然后找到与其相等的常量表达式的 case 分支去执行语句，然后退出 switch 语句，若没有与条件表达式相等的常量表达式，则执行 default 语句后面的语句 n+1。default 语句可省略。若语句 i 后不含 break，继续执行下一条语句 i+1，不用判断常量表达式。

表达式和常量表达式的数据类型应为整型或字符型，不能是浮点型。

switch 语句的程序流程是：

(1) 计算表达式
(2) 如果表达式等于常量表达式 1 成立则
      执行语句 1;跳出 switch 语句；
    如果表达式等于常量表达式 2 成立则
      执行语句 2;跳出 switch 语句；
    如果表达式等于常量表达式 3 成立则
      执行语句 3;跳出 switch 语句；
      …
    如果表达式等于常量表达式 n 成立则
      执行语句 n;跳出 switch 语句；
    如果表达式不满足其他的表达式则
      执行语句 n+1;跳出 switch 语句；
      执行语句 n+1;

switch 语句的传统流程图如图 3.9 所示。注意，图 3.9 的流程图中假设语句 i 后面都包括 break 语句。

从语法上看，任何一个 switch 语句表示的多分支结构都可以用 if else if 形式来替代，但并不是所有的用 if else if 形式表示的程序段都能用 switch 语句来替代。switch 语句对条件的写法要求更苛刻。紧跟着 switch 后面的表达式的数据类型应为整型或字符型数据，它与 case 后面的常量表达式的数据类型必须一致，并且常量表达式中不能包含变量。实际

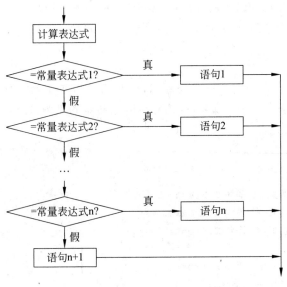

图 3.9　switch 语句的传统流程图

上,switch 语句的重点就在于如何设计 switch 后面的表达式,并让它的值正好能够匹配 n 个常量表达式的值。

例 3.12　编写程序,用 switch 语句完成操作。输入一个百分制的成绩,将对应的五分制成绩输出。(分数小于 60 分对应"2"分,分数大于等于 60 分小于 80 分对应"3"分,分数大于等于 80 分小于 90 分对应"4"分,分数大于等于 90 分小于 100 分对应"5"分)。

```c
/* --------------------exchange score-------------------- */
#include "stdio.h"
int main()
{
    int score,s; char  grade;                 /* 定义变量 */
    printf("请输入分数:");                     /* 提示输入分数 */
    scanf("%d",&score);                        /* 接收分数 */
    if(score>=0&&score<=100)                   /* 如果是一个正确的百分制的成绩 */
    {
        s=score/10;                            /* 成绩整除 10 */
        switch (s)
        {
            case 0:
            case 1:
            case 2:
            case 3:
            case 4:
            case 5: grade='2';break;           /* 60 分以下的转换为 2 分 */
            case 6:
            case 7: grade='3';break;           /* 80 分以下的转换为 3 分 */
            case 8: grade='4';break;           /* 90 分以下的转换为 4 分 */
```

```
            case 9:                                   /* 100 分以下和 100 分转换为 5 分 */
            case 10: grade='5';break;
        }
        printf("分数等级是 %c\n",grade);              /* 输出五分制成绩 */
    }
    else
        printf("错误数据!\n");
    return 0;
}
```

运行情况一：

请输入分数:88↙
分数等级是 4

运行情况二：

请输入分数:102↙
错误数据

说明：赋值语句 s＝score/10 的功能是将分数取整,取整以后的结果有 11 种情况：0,
1,…,9,10。

例 3.13 根据输入字符(0～F,用%c 接收)显示与该字符所表示的十六进制数相对应
的十进制数。(例如输入 A,输出 10;输入 0,输出 0。)

```
/* ------------------输出与十六进制数相对应的十进制数--------- */
#include "stdio.h"
int main()
{
    char i;                                  /* 定义变量 */
    printf("请输入 0~F :");                    /* 提示用户输入一个十六进制数 */
    scanf("%c",&i);                          /* 接收用户输入 */
    switch (i)                               /* 根据用户输入判断 */
    {
        case '0': case '1': case '2': case '3': case '4': case '5':
        case '6': case '7': case '8': case '9': printf("%d\n",i-'0');break;
                                             /* '0'到'9'之间的数直接输出 i-'0' */
        case 'A': case 'a':printf("%d\n",10);break;  /* 'A'输出 10 */
        case 'B': case 'b':printf("%d\n",11);break;  /* 'B'输出 11 */
        case 'C': case 'c':printf("%d\n",12);break;  /* 'C'输出 12 */
        case 'D': case 'd':printf("%d\n",13);break;  /* 'D'输出 13 */
        case 'E': case 'e':printf("%d\n",14);break;  /* 'E'输出 14 */
        case 'F': case 'f':printf("%d\n",15);break;  /* 'F'输出 15 */
        default:printf("错误数据!");                   /* 其他情况,则是错误数据 */
    }
    return 0;
}
```

运行情况一：

请输入 0~F : :A↙
10

运行情况二：

请输入 0~F : :G↙
错误数据！

说明：大小写都要考虑。输入 a 和 A，输出都为 10。

练习 3.9 请问下面的语句段能否正确地将分数分为 5 类？

```
switch (score)
{   case <60: printf("不及格"); break;        /*分数小于 60 分输出"不及格"*/
    case <70: printf("及格");break;           /*否则分数小于 70 分输出"及格"*/
    case <80: printf("中等"); break;          /*否则分数小于 80 分输出"中等"*/
    case <90: printf("良好");                 /*否则分数小于 90 分输出"良好"*/
    default:  printf("优秀");                 /*否则输出"优秀"*/
}
```

这是一段错误的语句！即便是写成"case　score<60:"也是不对的！case 后面必须是常量表达式。

练习 3.10 请问下面的语句段能否正确地比较两个数的大小？

```
#include "stdio.h"
int main()
{   int m=30,n=20;
    switch
    {   case  m>n: printf("大于");break;
        case  m<n: printf("小于");break;
        case  m==n: printf("等于");break;
    }
    return 0;
}
```

结论是不能！
正确程序是：

```
#include "stdio.h"
int main()
{
    int a,b,f1,f2;                              /*定义变量*/
    printf("请输入两个整数");                      /*提示用户输入数据*/
    scanf("%d%d",&a,&b);                        /*接收输入*/
    f1=(a>=b);
    f2=(a==b);
    switch (f1)                                 /*判断 a>=b*/
```

```
{   case 1:                                    / * a>=b 成立 * /
        switch(f2)                             / * 判断 a==b 成立 * /
        {   case 1:  printf("相等\n");break;    / * 输出 a==b * /
            case 0:  printf("A 大\n ");break;   / * 输出 a>b * /
        }  ;break;
        case 0:  printf("A 小\n ");break;       / *  a>=b 不成立 * /
    }
    return 0;
}
```

本题逻辑并不复杂,但是用 switch 语句编写,理解上有一定难度,或者说是不适应。因为使用了两条 switch 语句的嵌套。首先使用 f1 和 f2 分别取 a>=b 和 a==b 的值,a>=b 成立,则 f1 的值为 1,继续判断 f2,即 a==b,成立则说明 a 与 b 相等,否则 a 大于 b;a>=b 不成立,则 f1 的值为 0,此时 a 小于 b。

练习 3.11 请问下面的语句段能否正确地计算 a+b?

```
#include "stdio.h"
int main()
{
    int a=30,b=20,s='+';
    double result;
    switch (s)
    {   case '+': result=a+b;
        case '-' : result=a*b;
        case ' * ': result=a-b;
        case ' /': result=1.0*a/b;
    }
    printf("计算结果=%lf\n",result);
    return 0;
}
```

上面的程序是逻辑上有问题的程序,程序要解决的问题是对 a 和 b 进行四则运算中的一个,四则运算符由 s 指定。

但是,执行完"a=a+b;"以后并不能跳出 switch 语句,直到执行了"result=1.0 * a/b;",程序才能跳出 switch。因此,程序的执行结果是**除法的结果,当然是错误的**。

case 分支中的语句 i 后面的 break 语句一般情况下不要省略,因为没有 break 语句,程序不能跳出 switch 语句,而是执行下一条 case 分支后面的语句,直到遇到 break,或是到 switch 语句的结束,才能终止 switch 的执行。

正确的程序是:

```
#include "stdio.h"
int main()
{
    int a=30,b=20,s='+';
    double result;
    switch (s)
```

```
{    case '+': result=a+b; break;
     case '-' : result=a * b; break;
     case ' * ': result=a-b; break;
     case ' /': result=1.0 * a/b; break;
}
printf("计算结果=%lf\n",result);
return 0;
}
```

3.3　条件运算符

C语言中提供的唯一的一个三目运算符就是条件运算符"?:",它的运算对象有三个。

例 3.14　使用条件运算符输出两个整数中较大的数。

```
#include "stdio.h"
int main()
{
    int a,b;
    printf("请输入两个整数: ");
    scanf("%d%d",&a,&b);
    printf("大的是%d\n",a>=b?a:b);
    return 0;
}
```

运行情况:

请输入两个整数: 3　5↙
大的是 5

从案例中可以看出"a≥=b?a:b"可以计算出两个数的大小。这是因为使用了条件运算符。

条件运算符的语法格式是:

表达式 1?表达式 2:表达式 3

条件运算符是一种特殊的运算符,由条件运算符与操作数构成的表达式也可以称为条件表达式。

包括条件运算符的表达式的计算方法是:首先计算表达式 1 的值,若表达式 1 为真,条件表达式的解取表达式 2 的值,表达式 1 为假,整个表达式的解取表达式 3 的值。

语句"c=a>b?a:b;"是将 a 和 b 两个数中大的数存入 c 中,它与下面的 if 语句是等价的。

```
if(a>b)
    c=a;
else
    c=b;
```

将条件运算符用于程序中,会使程序看起来更简单、清晰。

又例如："printf("%s\n", x ? "true":"false");"的含义是如果 x 为真(非零),输出字符串 true;如果 x 为假(零),输出字符串 false。

例 3.15　用条件运算符求三个整数中的最大数。

```
/ * - - - - -用条件运算符求三个整数中的最大数- - - - - - - - - - - - - * /
#include "stdio.h"
int main()
{
    int a,b,c;                          / * 定义变量 * /
    printf("请输入三个整数:");           / * 提示用户输入三个整数 * /
    scanf("%d%d%d",&a,&b,&c);           / * 接收用户输入的三个整数 * /
    printf("最大的数是 %d\n",((a>b?a:b)>c)?(a>b?a:b):c);   / * 输出最大的数 * /
    return 0;
}
```

运行情况一:

请输入三个整数: 4 6 7↙
最大的数是 7

运行情况二:

请输入三个整数 6 8 7↙
最大的数是 8

练习 3.12　有定义 int a=1,b=2,c=3,d=4,z;表达式(a>b)?(z=c):(z=d) 的值为
( )。

A. 1　　　　　　B. 2　　　　　　C. 3　　　　　　D. 4
答案是 D 选项。因为 a>b 不成立,所以执行语句 z=d,即 z=4。

习　题

【3-1】　语句替换练习,替换后要保证程序段功能相同。

(1) 用 if else if 形式代替下面程序段中的 switch 语句。

```
switch (k)
{   case 2:
    case 9:  printf("Error!\n");break;
    case 3:
    case 10:  printf("Right!\n");break;
    default:  printf("Try again!\n");
}
```

(2) 用 switch 语句代替下面程序段中的 if else if 语句(k 为整数)。

```
if(k==0)
    printf("Error!\n");
```

```
else if(k>=1&&k<=3)
    printf("Right!\n");
else if(k==4||k==5)
    printf("Just OK!\n");
else
    printf("Try again!\n");
```

（3）用条件运算符代替下面程序段中的 if else 语句。

```
if(good)
    printf("Good!\n");
else
    printf("Bad!\n");
```

【3-2】 多项选择题（下列各题中每道题有 A、B、C、D 4 个选项，正确答案超过一个，请选择正确答案）。

（1）若 a,b,c1,c2,x,y 均是整型变量，并已经正确定义和赋值，错误的 switch 语句是（   ）。

A. switch (a+b);
  { case 1:y=a+b;break;
    case 0:y=a−b;break;
  }

B. switch (a∗a+b∗b);
  { case 3:
    case 0:y=a+b;break;
    case 3:y=a−b;break;
  }

C. switch (a)
  { case c1:y=a+b;break;
    case c2:y=a−b;break;
    default:x=a∗b;
  }

D. switch (a−b)
  { default:x=a∗b;break;
    case 3: case 4 : y=a+b;break;
    case 10:y=a−b;break;
  }

（2）设 int a=3,b=4,c=5,x;程序段执行后 x 的值为 5 的是（   ）。

A. if(c<a) x=3;
  else if(b<a) x=4;
  else x=5;

B. if(a<5) x=5;
  else if(a<4) x=4;
  else x=3;

C. if(a<5) x=5;
  if(a<4) x=2;
  if(a<3) x=1;

D. if(a<b) x=b;
  if(b<c) x=c;
  if(c<a) x=a;

【3-3】 请修改下列程序，使其能够通过编译，并正确运行。

（1）

```
#include "stdio.h"
void main()
{   char c;
    c=getchar()
```

```
    switch c
        case 0,1,2,3,4,5,6,7,8,9:  printf("%d",c-'0');break;
        default: putchar(c);
}
```

(2)

```
#include "stdio.h"
  void main()
  { int x,y,z,max;
    scanf("%d%d%d",&x,&y,&z);
    max=x;
    if(x>y>z)   màx=x;
    else (y>x>z) max=y;
    else max=z;
    printf("\nmax=%d ",max);
}
```

【3-4】 判断下面程序的运行结果,并说明原因。

(1)

```
#include "stdio.h"
int main()
{   int x=11,y=12,z=10,i=13;
    if(x<y)z=10;
    if(x<i)z=20;
    printf("z=%d\n",z);
    return 0;
}
```

(2)

```
#include "stdio.h"
int main()
{   int a=3,b=4,c=5,x;
    if(c<a) x=3;
    else if(b<a) x=4;
    else x=5;
    printf("x=%d\n",x);
    return 0;
}
```

(3)

```
#include "stdio.h"
int main()
{   int a=3,b=4,c=5,x;
    if(a<5) x=5;
    else if(b<4) x=4;
```

```
    else x=3;
    printf("x=%d\n",x);
    return 0;
}
```

(4)

```
#include "stdio.h"
int main()
{   int a=3,b=4,c=5,x;
    if(a<b) x=b;
    if(b<c) x=c;
    if(c<a) x=a;
    printf("x=%d\n",x);
    return 0;
}
```

(5)

```
#include "stdio.h"
int main()
{   char a='H';
    a=(a>='A'&&a<='Z')?(a-'A'+'a'):a;
    printf("%c\n",a);
    return 0;
}
```

【3-5】 按照下列要求编写程序。

(1) 信函的重量不超过 100g 时,每 20g 付邮资 80 分,即信函的重量不超过 20g 时,付邮资 80 分,信函的重量超过 20g,不超过 40g 时,付邮资 160 分,编写程序输入信函的重量,输出应付的邮资(注意,本题不使用分支结构,使用顺序结构)。

(2) 用条件运算符求三个整数中的最大数。

(3) 编写程序,从键盘接收一个简单的表示四则运算的表达式,计算结果并输出。例如,输入"20+32",输出"=52"。要求分别用 switch 语句和 if else if 形式编写程序。

(4) 编写程序,求二元一次方程 $ax^2+bx+c=0$ 的根。

第4章 基础知识深化

在前三章中,讲解了一些C语言程序设计的基础知识,还包括顺序和选择语句程序的使用。通过这些基础知识的学习,读者已经可以编写一些小程序了,但是,由于本书的内容安排,还有一些基础知识在本章进行讲解。

4.1 语句与分程序

将以下列程序为例。

(例3.4)使用if形式编写程序:输入x,求出并输出x的绝对值(程序1)。

```
/*-------------------求 abs(x)---------------------------*/
#include "stdio.h"
int main()
{
    int x;                                    /*定义一个整型变量*/
    printf("请输入一个整型数: ");              /*提示用户输入一个整型数*/
    scanf("%d",&x);                           /*接收提示用户的一个整型数*/
    if(x<0)                                   /*如果 x 小于 0*/
        x=-x;                                 /*x 取负*/
    printf("|x|=%d\n",x);                     /*输出结果*/
    return 0;
}
```

C程序的执行部分由执行语句构成,执行语句的种类主要有表达式语句:"x=−x;"、函数调用语句"printf("请输入一个整型数:");"和"printf("|x|=%d\n",x);"、控制语句"if(x<0)"、复合语句(或称分程序)"{ }"之间的程序、空语句等。

1. 表达式语句

表达式语句是最简单的可执行语句,只要在表达式后面加上分号就可以了。

有效的表达式语句一般都要有赋值运算,否则,不做任何赋值运算的表达式语句是无意义的。例如,"x+2;"将x内容加2,但计算结果没有存放到任何存储单元中,这是无意义的。"x=x+2;"才是有意义的语句。

2. 函数调用语句

函数调用语句由函数名、实际参数以及分号构成。

例如:"scanf("%d",&x);"中scanf是函数名,"%d"和&x是两个实际参数。函数名既可以是C语言提供的库函数名,例如"scanf",也可以是自己定义的函数名。自定义函数将在后面的章节讲解。

3. 控制语句

控制语句是用于控制程序流程的语句,控制语句一般指那些改变了顺序结构的语句。"if(x<0)"是选择控制语句。

C语言的控制语句包括分支语句(if 和 switch)、循环语句(while、do-while、for)、转向语句(break、goto、continue、return)。

熟练掌握控制语句是学会程序设计的基础。

4. 复合语句和分程序结构

复合语句是用"{"和"}"把数据说明语句和若干个有序的执行语句组合在一起而构成。其一般格式为

```
{
    [数据说明];
    [语句];
}
```

例如

```
{
    int x;                              /*定义一个整型变量*/
    printf("请输入一个整型数:");          /*提示用户输入一个整型数*/
    scanf("%d",&x);                     /*接收提示用户的一个整型数*/
    if(x<0)                             /*如果x小于0*/
        x=-x;                          /*x取负*/
    printf("|x|=%d\n",x);              /*输出结果*/
    return 0;
}
```

是一个复合语句。

复合语句在语法上相当于一个简单语句,在程序中可以作为一个独立语句来看待,因此又称为分程序。复合语句的执行按在其中的语句顺序执行。每个简单语句都可以用复合语句来代替,而复合语句的每个执行语句又可以是控制语句或简单语句,这样,C语言的语句就形成了一种层次结构,原则上可以不断地扩大这种层次。复合语句中的每个说明语句和执行语句都必须带分号,而在花括号的后面不用加分号。

用复合语句代替多个简单语句是C语言的特征之一。其优点是:使用灵活,并可以在分程序中说明局部变量。

5. 空语句

C语言中有一个很特殊的语句,即空语句。空语句,顾名思义,就是什么也不存在的语句,只有一个分号:

```
;
```

尽管空语句不会有任何命令执行,但仍然是一个有用的语句。常用于循环语句中,使循环体为空。如果没有空语句,当循环体内没有语句时,就无法表示了。

例如,第5章中将讲解循环语句,语句"for(sum=0,i=0;i<=9;i++,sum=sum+i);"的循环体是空的,做循环的是 for 语句的表达式3,即"i++,sum=sum+i"。

4.2 算术运算符与赋值运算符

在前面的许多例子中,已经使用了"+"、"−"两个算术运算符,也同时使用了赋值运算符"="。

算术运算符和赋值运算符在 C 语言中是最常用的也是最容易理解的运算符。需要注意的是:赋值运算与数学等号是有区别的,而算术运算与数学符号类似。

在程序设计中,赋值运算符应该说是最重要的运算符了。赋值的概念也尤其重要。所谓赋值是将一个数据值存储到一个变量中,注意,赋值的对象只能是变量。而这个数据值既可以是常量,也可以是变量,还可以是有确定值的表达式。

4.2.1 算术运算符的种类及运算

C 语言的算术运算符如表 4.1 所示。

表 4.1 算术运算符

算术运算符	+	−	*	/	%
说　　明	加法	减法	乘法	除法	取模

例 4.1 使用四则运算编写程序。

```c
#include "stdio.h"
int main()
{
    double a,b;
    char s;
    double result;
    printf("请输入表达式:");
    scanf("%lf%c%lf",&a, &s, &b);
    switch (s)
    {   case '+': result=a+b; break;
        case '-' : result=a-b; break;
        case '*': result=a*b; break;
        case '/': result=a/b; break;
    }
    printf("计算结果=%lf\n",result);
    return 0;
}
```

除了用星号"*"代替乘号,C 语言的算术运算符与数学的数值运算很相似,但是也有一定的区别。

练习 4.1 "printf("%d　%d　%d",7/4, 9/3,12/34);"显示的结果是(　　)。

答案是:

1　3　0

注意：两个整数相除，结果仍为整数，商向下取整。这与数学的除法运算规则完全不同，实际上是整除运算。

练习4.2 "printf("%f %f %f",7/4.0,7.0/4,7.0/4.0);"显示的结果是( )。

答案是：

1.75 1.75 1.75

注意：若除数和被除数中有一个为浮点数，则除法运算与数学的除法运算规则完全相同。所以本练习中三个表达式的结果是一样的。

练习4.3 "printf("%d %d %d",7%4,4%4,12%34);"显示的结果是( )。

答案是：

3 0 12

取模运算符%实际上是数学运算的求余数运算，其两个操作对象都必须是整数。结果的符号与%左边的操作数相同。取模运算符在数据加解密方面有广泛应用。

4.2.2 算术表达式及算术运算符的优先级

算术表达式就是用算术运算符和圆括号将操作数连接起来的式子。算术表达式的解就是经过算术运算得到的表达式的值。

算术运算符的优先级与数学基本相同，即先乘除，后加减。取模运算的优先级与乘除相同。函数和圆括号的优先级最高。算术表达式应能正确地表达数学公式。

练习4.4 假设 x 和 a 是浮点数，与数学表达式 $\dfrac{3+x}{2a}$ 对应的 C 语言表达式是( )。

A. 3+x/2*a   B. (3+x)/2*a   C. (3+x)/(2*a)   D. 3+x/2a

对于初学者来说，有时候很难正确写出 C 语言表达式，其实有一个很简单的方法，就是加圆括号。所以，答案是 C 选项。如果数学不好，代两个数计算表达式就行了。将 a=5 和 x=17 代入表达式 $\dfrac{3+x}{2a}$，结果是 2。只有选项 C 的结果也是 2，而选项 D 根本不是一个正确的 C 语言表达式。

表达式(3+x)/2/a 在 x 是浮点数的情况下也是正确的。请读者自己分析原因。

例4.2 验证超过表示范围的数。算术表达式的结果应该不超过其所能表示的数的范围。例如，在 Visual C++ 6.0 中，最大的短整型数是 32 767，那么，在 32 767 上＋3 就不会是正确的结果。可以用下面的程序验证一下。

```
#include "stdio.h"
int main()
{   short int a=32767;              /＊定义短整型变量 a,并赋值(短整型最大的数)＊/
    short int b=3;                  /＊定义短整型变量 b,并赋值＊/
    a=a+b;                          /＊求和＊/
    printf("%d\n",a);               /＊输出结果＊/
    return 0;
}
```

运行结果为：

-32766

由于 a 中最初的赋值 32 767 已经是短整型所能表示的最大的数,再加上 3 就无法用短整型表示了。至于结果为什么是－32 766,对补码了解得比较透彻的读者可以试着计算一下。不知道原因也无关紧要。只要牢记,自己在编写程序时要考虑到结果不要超范围,若有超范围的可能性,就要使用位数更多的数据类型来定义变量。将上面程序做如下的修改就能得到正确的结果。

```
#include "stdio.h"
int main()
{    long int a=32767;              /* 定义长整型变量 a,并赋值 */
     long int b=3;                  /* 定义长整型变量 b,并赋值 */
     a=a+b;                         /* 求和 */
     printf("%d\n",a);              /* 输出结果 */
     return 0;
}
```

运行结果为:

32770

4.2.3 算术运算符的结合性

“a＝b＝10”是一个正确的表达式吗? 回答是肯定的。因为赋值号的结合性是自右至左。也就是变量 b 左边和右边的两个运算符的优先级相同,先与右边的操作数结合,即先做 b＝10,然后与左边的操作数结合,再做 a＝b。

下面给出定义:运算符的结合性是指如果一个操作数左边和右边的两个运算符的优先级相同,应该优先运算的是右边的操作符还是左边的操作符。如果先运算的是右边的操作符,称运算符的结合性是自右至左,反之,则是自左至右。

再以表达式“a＋b－c”为例,操作数 b 左右的运算符＋和－的优先级相同,那么,是先计算 b－c,还是先计算 a＋b 呢? C 语言规定双目算术运算符的结合性是自左至右,也就是 b 先与左边 a 结合,再与右边 c 结合。所以是先计算 a＋b,然后用 a＋b 的结果减 c。

双目运算符的结合性与数学运算并无不同。

4.2.4 普通赋值运算符与复合赋值运算符

初学程序设计的人,会搞不清楚赋值运算符的含义。本书中已经使用了很多次了,希望读者已经明白。不妨再举例如下:

```
a=1;
b=a;
c=3 * b;
```

执行上述赋值语句以后,a 内存单元的值为 1,b 内存单元的值为 1,而 c 单元的值是 3。

请特别注意,赋值号不是数学上的等号“＝”。如果将 x＝x＋1 中的“＝”号看成数学上的等号,这个式子是不成立的;但是如果将 x＝x＋1 中的“＝”号看成是 C 语言的赋值号,则表示将 x 单元存储的数据值加上 1 以后再存储到 x 中。假设 x 中原来的值是 10,则赋值语句 x＝x＋1 执行以后，x 中的值变为 11。

"a＝b＊(c＝2)；"是一条能够通过编译的语句，该语句在圆括号中使用了赋值表达式，这一条语句实际等价于两条语句"c＝2；和 a＝b＊c；"，本书提倡两条语句的写法，不要为了节省语句，使程序的可读性降低。

注意：

赋值运算符的优先级小于算术运算符。

赋值运算符的结合性是自右至左。

以"a＝b＝2"为例，b 的左／右赋值号优先级是相等的，那么，b 与谁结合，就要看赋值号的结合性了，由于赋值号的结合性是自右至左，所以运算时应该是先将 2 赋值给 b，再将 b 的值(此时已经为 2)赋值给 a。

4.2.5 复合赋值运算符

把赋值运算符与算术、位逻辑、移位运算符放在一起，就构成复合赋值运算符。本节只讨论复合算术赋值运算符：＋＝、－＝、＊＝、／＝、％＝。语句"x＋＝2；"中使用了复合赋值运算符，它与"x＝x＋2；"是等价的。

复合赋值运算符的使用规则是：Xop＝Y 与 X＝XopY 等价。所以，语句"a＊＝b－2；"等价于"a＝a＊(b－2)；"，而不等价于"a＝a＊b－2"。

练习 4.5 已知各变量的类型说明如下

```
int k,a,b;
unsigned long w=5;
double x=1.42;
```

则以下不符合 C 语言语法的表达式是(   )。

A．x％(－3)   B．w＋＝－2

C．k＝(a＝2，b＝3，a＋b)   D．a＋＝a－＝(b＝4)＊(a＝3)

答案是 A 选项。因为取模运算％的两个运算对象都必须是整数，而 x 不是整数。"w＋＝－2"的含义是 w＝w＋(－2)(即 w＝w－2)，正确；k＝(a＝2，b＝3，a＋b)中使用了逗号运算符，也是正确的；a＋＝a－＝(b＝4)＊(a＝3)也使用了复合赋值运算符，是正确的。

4.3　关系运算符与逻辑运算符

如果要求判断一个分数是否在 0～100 之间，正确的表达式是什么呢？

是语句"if(score＞＝0＆＆score＜＝100)"中的表达式，其中的"＞＝"和"＜＝"就是关系运算符，"＆＆"是逻辑运算符。

4.3.1 关系运算符

关系运算符在前面已经介绍过。比较两个数值的大小就是关系运算。比较两个数值的大小的运算符就是关系运算符。由关系运算符连接起来的表达式就是**关系表达式**。

在 C 语言中，关系运算符有 6 个：＞、＞＝、＜、＜＝、＝＝ 和！＝，其含义分别是大于、大于等于、小于、小于等于、等于和不等于。

关系表达式的值是很重要的概念。

例如,"10＜20"是一个关系表达式,其值是 1,因为 10 小于 20 这件事在数学上是成立的,也就是"真的";而"10＞20"的值是 0,即"假的"。就是前面讲过的,关系表达式表示的关系成立时,表达式的解为整数 1;关系表达式表示的关系不成立时,表达式的解为整数 0。

6 个关系运算符中的"!＝"和"＝＝"的优先级小于其余 4 个运算符。

关系运算符的优先级小于算术运算符,大于赋值运算符。关系运算符的结合性均为自左至右。

当多种运算符在一个表达式中混合使用时,要注意运算符的优先级,防止记错运算符优先级的最好方法是加圆括号。

练习 4.6 如果希望 a 为奇数时,表达式的值为"真",a 为偶数时,表达式的值为"假",则不能满足要求的表达式是(　　)。

A. a％2＝＝1 　　　　　　　　　　B. a％2＝＝0

C. !(a％2)＝＝0 　　　　　　　　D. a％2

答案是 C 选项。假设 a 的值是 5,则"a％2＝＝1"是成立的,"a％2＝＝0"。不成立,"!(a％2)＝＝0"成立,"a％2"的值是 1;再假设 a 的值是 4,"a％2＝＝1"不成立,"a％2＝＝0"成立,"!(a％2)＝＝0"不成立,a％2 的值是 0。显然,a％2＝＝0 不能满足要求。

4.3.2 逻辑运算符

学习过计算机基础知识的读者一定理解二进制的"与、或、非"运算。称二进制的"与、或、非"运算是位逻辑运算,也就是"与、或、非"运算是按照二进制位进行计算的。如果将"与、或、非"运算应用于逻辑值(逻辑真和逻辑假)则称为逻辑运算。

C 语言中的逻辑运算符有三个:逻辑与 &&、逻辑或 || 和逻辑非!。其中,逻辑与和逻辑或是双目运算符,而逻辑非是单目运算符。

逻辑运算可以很简单,例如,!1 和!10 的结果就是 0。因为,1 和 10 都是逻辑真,!1、!10 就是假。

逻辑运算也可以很复杂,例如,表达式(a＝＝b&&c＝＝d||e＝＝f)表示的逻辑运算就复杂了一点。一般情况,要是能很好地运用逻辑运算符,必须学习数理逻辑,会进行逻辑推理。当然,作为初学程序设计,不要求大家会写很复杂的逻辑表达式。但是还是需要了解逻辑运算的结果。C 语言系统对任何非 0 值都认定为逻辑真,而将 0 认定为逻辑假。也就是说,如果一个表达式参与逻辑运算,只要这个表达式的解为非 0,则系统就认为这个表达式的结果是逻辑真。

逻辑运算的规则与二进制的位逻辑是相似的。

逻辑运算的规则见表 4.2。

表 4.2　逻辑运算规则

A	B	!A	!B	A&&B	A||B
逻辑真	逻辑真	逻辑假	逻辑假	逻辑真	逻辑真
逻辑真	逻辑假	逻辑假	逻辑真	逻辑假	逻辑真
逻辑假	逻辑真	逻辑真	逻辑假	逻辑假	逻辑真
逻辑假	逻辑假	逻辑真	逻辑真	逻辑假	逻辑假

逻辑运算符经常与关系运算符一起使用,例如,C语言表达式(x>=10)&&(x<=100)表示的数学含义是"x大于等于10并且小于等于100",其数学表达式是:$10 \leqslant x \leqslant 100$。

用逻辑运算符将关系表达式或逻辑量连接起来的式子叫**逻辑表达式**。(x>=10)&&(x<=100)和3&&2都是逻辑表达式。

注意:不能将一般的数学式子简单地写为C语言的关系表达式。例如,有的初学者将数学式子"$10 \leqslant x \leqslant 100$"直接写成C语言的关系表达式0<=x<=100是非常错误的。C语言表达式0<=x<=100有一个固定的值:1。原因是,不论x的值是几,0<=x作为C语言的关系表达式,结果不是1就是0,这个数一定是小于100的,0<=100和1<=100都是逻辑值为真(值为1)的表达式。

逻辑运算符中逻辑非!优先级最高,然后是逻辑与&&,最后是逻辑或||。与其他运算符相比,逻辑非!的优先级高于算术运算符(当然也高于关系运算符)和赋值运算符,而逻辑与&&和逻辑或||的优先级高于赋值运算符,但是低于算术运算符和关系运算符。

逻辑非!是单目运算符,其结合性是自右至左;逻辑与&&和逻辑或||的结合性是自左至右。

注意:书写复杂表达式时最好使用圆括号来明确地指定运算的先后顺序。

还有一个问题要**特别引起注意**的是:在C语言中,在进行逻辑运算时,可以不计算整个表达式就得出操作结果,称为惰性计算法。如果逻辑运算符的左操作数已经能够确定表达式的解,则系统不再计算右操作数的值。

例如,对于表达式"!1==1&&x==y",其实不会对x==y求值,因为!1==1为假,假与任何值进行与运算的结果都是假,不论x==y是否成立,故整个表达式为假;对于表达式"1==1&&x==y",会计算x==y的值,因为系统要判断x==y的值,x==y成立则整个表达式也成立,也就是说,实际上"1==1&&x==y",与表达式"x==y"是等价的。

那么,"!1==1||x==y"的值呢? 注意:两个表达式之间是或运算,尽管!1==1的值为假,并不能确定最终的结果就是假,要对x==y求值。如果x==y成立,则表达式为真,否则为假。

又例如,对于表达式x==1&&y==0:

若x此时不为1,在检测x==1以后,就不会再检测y==0。因为x==1的结果是逻辑假,逻辑假与任何数进行逻辑与操作结果都会是逻辑假。

因此一定要注意避免使用带有副作用的表达式。

例如,对于表达式x==y||x=0的计算,若x==y成立,则表达式的值为真,不需要继续做x=0了。但是,若x==y不成立,由于x=0是个赋值表达式,表达式的结果很可能是错误的。假设该表达式计算以前,x值为1,y的值为0,x==y的计算结果是0,这时需要执行赋值x=0,表达式的结果仍然是0,而实际上这时的x和y的值均为0,又满足了x==y,这不是产生了矛盾吗?

注意:不要在一般的表达式中夹杂赋值运算。

练习4.7 在下列程序段中,与语句k=a>b?(b>c?1:0):0功能相同的是( )。

A. if((a>b)&&(b>c))k=1;
    else k=0;

B. if((a>b)||(b>c))k=1;
    else k=0;

C. if(a<=b) k=0;　　　　　　　　　　D. if(a>b) k=1;

　　else if(b<=c)　k=1;　　　　　　　　　else if(b>c) k=1;

　　　　　　　　　　　　　　　　　　　　　　　else k=0;

本题是考查对 if 语句和三目运算符"?:"的掌握情况。当 a>b 和 b>c 同时成立时，k 赋值为 1；a>b 不成立时 k 赋值为 0；a>b 成立但是 b>c 不成立，k 赋值为 0。显然，这个含义与答案 A 是相符合的。答案 B 中 a>b 与 b>c 之间用的是"或"运算显然不对。答案 C 中表示的是：a>b 并且 b<=c 成立时，k 赋值为 1，也是不对的。答案 D 中，表示了 a<=b 并且 b>c 时 k 赋值为 1，也不是正确答案。

练习 4.8　以下程序的输出结果是(　　)。

```c
#include "stdio.h"
/*--------------------max--------------------------*/
int main()
{
    int x=20;
    printf("%d ",0<x<20);
    printf("%d ",0<x&&x<20);
    return 0;
}
```

本题的考点是关系运算符与逻辑运算符的使用方法。对于表达式 0<x<20 来说，无论 x 的值是几，整个表达式的值都是 1，因为"0<x"的计算结果不是 0 就是 1，显然比 20 小。而表达式 0<x&&x<20 的结果才取决于 x 的值，由于 x 的值是 20，不满足条件 x<20，因此结果为 0。

练习 4.9　初值：s=5;t=0;u=5;v=0;,计算表达式 v||s||u&&!t,标明使用惰性计算法可以跳过的部分。

由于 s 的值为 5，所以整个表达式的值为真，即 1。可以跳过的部分是 u&&!t。

4.4　增 1/减 1 运算符

最具 C 语言特色的运算符是运算符++和--,好像 C 程序中不包含++和--这两个运算符就不是 C 编写了似的。其实这个运算符除了简化，并没有太大的好处。而且使用时应该尽量单独使用，不要与其他的运算符混合使用，以免给自己带来麻烦。

表达式++i 和 i++都表示将 i 的内容在原来的基础上加 1，也就是等价于赋值表达式 i=i+1；表达式--i 和 i--表示将 i 的内容在原来的基础上减 1，也就是等价于赋值表达式 i=i-1。这两个运算符属于单目运算符，其功能分别是将变量自身的内容增 1 和减 1。

++i 和--i 是前缀表示法,i++和 i--是后缀表示法。如果直接在++i 和 i++的后面加上分号构成 C 的执行语句，"++i;"与"i++;"并无区别(减 1 符号也一样)。但是，将它们用在表达式中，前缀与后缀是有区别的。

其规则是：前缀表示法是先将 i 值增/减 1，再在表达式中使用；而后缀表示法是先在表达式中使用 i 的值，再将 i 值增/减 1。

练习 4.10 以下程序的输出结果是(   )。

```c
#include "stdio.h"
int main()
{
    int i=3,j,a=3,b;
    j=++i;
    b=a++;
    printf("i=%d j=%d ",i,j);
    printf("a=%d b=%d ",a,b);
    return 0;
}
```

注意：尽管这个程序经常被老师用来测试学生,但并不是一个好的程序。程序的运行结果是：i＝4 j＝3 a＝4 b＝3。

练习 4.11 以下程序的输出结果是(   )。

```c
#include "stdio.h"
int main()
{
    int i=1,a=0,b=0;
    switch(i)
    {   case 0:b++;
        case 1:a++;
        case 2:a++;b++;
    }
    printf("a=%d b=%d ",a,b);
    return 0;
}
```

A. a＝1 b＝2   B. a＝2 b＝1

C. a＝1 b＝1   D. a＝2 b＝2

答案是 B 选项。因为 case 1 后面没有 break 语句。

练习 4.12 以下表达式中合法的是(   )。

A. 2++   B. －－2   C. (x/y)++   D. －－x

答案是 D 选项。因为 C 语言语法规定＋＋(－－)运算符的运算对象是单个整型变量或字符型变量。不能是常量,更不能是个复杂的表达式。

关于增 1/减 1 运算符还要说明以下几点。

(1) 增 1/减 1 运算符的优先级高于算术运算符,与单目运算符－(取负)、!(逻辑非)的优先级相同,结合方向自右至左。例如,表达式－i＋＋实际等价于－(i＋＋)。

(2) 尽管增 1/减 1 运算符给程序员带来了方便,但也同时带来了副作用。例如,语句"printf("％d,％d",i,i＋＋);"在不同的编译环境下结果有可能不同。若 i 的值为 3,则结果可能是 3,3 也可能是 4,3。

(3) 尽量不要在一般的表达式中将增 1/减 1 运算符与其他运算符混合使用。多数情况下,增 1/减 1 运算符都是单独使用的。一个好的程序员编写的程序中,只能出现"＋＋i;"、"i＋＋;"、"－－i;"和"i－－;"这 4 条语句。不要使用类似于"i＋＋＋＋＋i"这种让其他人和程序员自己都看不懂的表达式。

注意:不要在一般的表达式中夹杂赋值运算。

4.5　不同数据类型数据间的混合运算

如果两个参与运算的数据属于不同的数据类型,需要进行数据类型的转换。

例如:

```
printf("%lf ",3＊5.6);
```

3 是整型数,5.6 是双精度浮点数,3＊5.6 是什么数据类型呢? 是双精度浮点型! 系统自动做了转换,转换的方法是将 3 转换成双精度浮点数后与 5.6 相乘,这种转换的方式称为自动转换,又称为隐式转换。

除了自动转换,C 语言还支持强制转换,又称为显式转换。自动转换是由系统提供的,强制转换则是由程序员编写程序时指定。

一个好的程序员在编写程序时应尽量避免在一个表达式中使用多种数据类型参与运算。如果必须在一个表达式中使用多种数据类型参与运算,应使用强制转换。

4.5.1　自动转换

所谓"自动转换"就是系统根据规则自动将两个不同数据类型的运算对象转换成同一种数据类型的过程。而且,对某些数据类型,即使是两个运算对象的数据类型完全相同,也要做转换,例如 char 和 short。

转换的原则是:为两个运算对象的计算结果尽可能提供多的存储空间。

Visual C++ 6.0 中的转换规则见图 4.1。不同的编译版本对规则的制定略有不同。

横向向右的箭头表示是必需的转换,也就是说,当遇到 char,short 时,系统一律将其转换为 int 参与运算。

而对于其他的数据类型,一定要两个运算对象的数据类型不同时,使用纵向箭头表示的方向由低向高做转换。若两个运算对象的数据类型相同,不做转换。

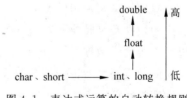

图 4.1　表达式运算的自动转换规则

例如,两个运算对象分别是 short 类型和 long 类型,则需要将 short 类型的数据转换为 long 类型的数据参与运算;而若两个运算对象都是 int 类型的数据,则仍以 int 类型参与运算。

注意:自动转换只针对两个运算对象,不能对表达式的所有运算符做一次性的自动转换。

例如,表达式 5/4＋3.2 的计算结果是 4.20,而表达式 5.0/4＋3.2 的结果计算是 4.45。原因是 5/4 按整型计算,并不因为 3.2 是浮点型,而将整个表达式按浮点型计算。

4.5.2　强制转换

在 C 语言中,允许程序员根据自己的意愿将一种数据类型强制转换成另一种数据类型。强制转换的格式为:

(数据类型名) 操作对象

例如,(long)a 表示将 a 转换成长整型参与运算,而(int)f 表示将 f 转换成整型参与运算。

注意:强制转换并不改变操作对象本身的数据类型和数值。(int)f 的确切含义是将 f 转换为整型值参与运算,而 f 本身的数据类型和数值都没有任何改变。

另外,强制转换经常用于对系统函数进行调用时的参数(称为实际参数),因为 C 语言的库函数对参数的数据类型有规定,如果实际参数不符合规定,则函数调用不能正确执行。

例如,

```
int i=10;
double f;
f=sqrt((double)i);
```

sqrt 是一个库函数,它要求双精度类型的实际参数,而 i 的数据类型是整型,用强制转换“(double)i”作为调用时的参数,i 本身则不会有任何的改变。

4.5.3　赋值表达式的类型转换

前面讨论的自动转换和强制转换都是针对一般表达式的,根据自动转换和强制转换的规则,可以知道一个表达式计算以后的数据类型,现在要讨论的问题是:表达式计算完以后要赋值给一个变量,如何进行数据类型的转换。

当赋值运算符左边的变量与赋值运算符右边的表达式的数据类型相同时,不需要进行数据类型的转换。

当赋值运算符左边的变量与赋值运算符右边的表达式的数据类型不相同时,系统负责将右边的数据类型转换成左边的数据类型。此时,会有两种情况产生,一种是安全的,即转换以后不会丢失数据,另一种则是不安全的,即转换以后可能丢失数据。这与赋值号两边的表达式的数据类型所占的字节数及数据的存储表示方式有关。

注意:编写程序时应该遵循的原则是尽量不要在不同的数据类型之间做转换,如果一定要做,可以在同种类的数据类型间做长度增加的转换,但是不要做长度减少的转换。

例如,两个整型数是同种类的,如果赋值号左边为长整型 long,右边为短整型 short int,相当于由短整型向长整型转换,由于整型所占字节数小于长整型,并且整数的表示方法相同,所以由整型向长整型转换时在高位补符号位即可,一点儿也不丢失数据。但是,如果反过来,赋值号左边为短整型,右边为长整型,相当于由长整型向短整型转换,还是由于短整型所占字节数小于长整型,则长整型的高 16 位不能复制到短整型数据中,因此可能丢失数据。

若赋值号的两边的数据类型是双精度 double 与单精度 float 浮点数,情况与上面类似。双精度向单精度转换会丢失数据,而单精度向双精度转换则不会。

如果赋值号的左边是整型或字符型,而右边是浮点型数据,这时两个数据属于不同种类的数据,由于整型数据与浮点数据的存储表示方式不同,即使是长度相同,转换结果仍可能是不安全的,可能是一个无法理解的值。这与计算机的硬件有一定的关系。

例 4.3　同种类但长度不同的数据类型数据之间的安全转换。

```
#include "stdio.h"
int main()
{    short int a=32767;                    /* 定义短整型变量 a,并赋初值 */
     int b;                                /* 定义普通整型变量 b */
     float c=123.4567;                     /* 定义单精度变量 c,并赋初值 */
     double d;                             /* 定义双精度变量 d */
     b=a;                                  /* 赋值 */
     b=b+3;
     d=c;                                  /* 赋值 */
     d=d*1.0e17;
     printf("b=%d\n",b);                   /* 输出结果 */
     printf("d=%le\n",d);
     return 0;
}
```

运行结果:

```
b=32770
d=1.23456e+019
```

注意:编译本程序时,Visual C++ 6.0 编译给出了警告信息"truncation from 'const double' to 'float'",提醒程序员程序中出现了"从 double 类型的常量到 float 的切断",这是因为 123.4567 是一个 double 类型的常量,该常量的值存储到单精度变量中可能引起数据的丢失,只不过,123.4567 明显是一个单精度变量能够正确存储的数据,所以本例的运行结果是正确的。在 Visual C++ 6.0 中运行结果是正确的,并不意味着在其他编译环境下的运行结果也是正确的,因为相同数据类型的数据在不同的编译环境中所占位数有可能不同。因此,为了程序有很好的移植性,应该尽量避免在不同的数据类型之间做赋值转换。

例 4.4　同种类但长度不同的数据类型数据之间的非安全转换。

```
#include "stdio.h"
int main()
{    short int a=32767;                    /* 定义短整型变量 a,并赋初值 */
     char b;                               /* 定义字符型变量 b */
     double c=1.234567e39;                 /* 定义双精度变量 c,并赋初值 */
     float d;                              /* 定义单精度变量 d */
     b=a;                                  /* 赋值 */
     d=c;                                  /* 赋值 */
     printf("b=%d\n",b);                   /* 输出结果 */
     printf("d=%le\n",d);
}
```

运行结果：

```
b=1
d=1.#INF00e+000
```

注意：编译本程序时，Visual C++ 6.0 编译给出了警告信息"conversion from 'short' to 'char', possible loss of data"和"conversion from 'double' to 'float', possible loss of data"，提醒程序员从 char 类型到 short 类型的转换和从 float 类型到 double 类型的转换有可能丢失数据。

程序在执行时也确实出现了丢失数据的情况。

4.6 实 例 进 阶

例 4.5 编写程序输入 x 的值，按下列公式计算并输出 y 的值。

$$y = \begin{cases} x & (x \leqslant 1) \\ 2x-1 & (1<x<10) \\ 3x-11 & (10 \leqslant x) \end{cases}$$

程序流程是：

(1) 输入提示
(2) 接收输入到 x 单元
(3) 如果 x 小于等于 1

      y 取 x；

   否则如果 x 在 1 到 10 之间

      y 取 2x-1

   否则

      y 取 3x-11

```
/* --------------------根据 x 的值计算并输出 y 的值-------------------- */
#include "stdio.h"
int main()
{   double x,y;                          /*定义变量*/
    printf("请输入 x 的值:");            /*提示用户输入 x 的值*/
    scanf("%lf",&x);                     /*接收 x 的值*/
    if(x<=1)                             /* x 小于等于 1*/
        y=x;                             /* y 取 x */
    else if(x>1&&x<10)                   /*x 在 1 到 10 之间*/
        y=2*x-1;                         /* y 取 2*x-1*/
    else
        y=3*x-11;                        /*否则 y 取 3x-11*/
    printf("计算结果:%lf ",y);
    return 0;
}
```

例 4.6 输入一个纳税人的个人月收入(已扣除三险一金)，计算应纳个人所得税。纳税是每个公民的义务。我国的个人所得税税率表——(工资、薪金适用)见表 4.3。

表 4.3　个人所得税税率表

级　数	全月应纳税所得额	税率/%	速算扣除数/元
1	不超过 1500 元的	3	0
2	超过 1500 元至 4500 元	10	105
3	超过 4500 元至 9000 元	20	555
4	超过 9000 元至 35 000 元	25	1005
5	超过 35 000 元至 55 000 元	30	2755
6	超过 55 000 元至 80 000 元	35	5505
7	超过 80 000	45	13 505

按照最新的规定,全月应纳税所得额＝月收入－3500。注意:月收入应该去除三险一金。
而应纳个人所得税税额的计算公式是:

$$应纳个人所得税税额＝应纳税所得额×适用税率－速算扣除数$$

例如,某人月收入(已扣除三险一金)9000,减去 3500 元,全月应纳税所得额为 5500 元,
应纳个人所得税税额＝5500×20％－555＝545 元。

程序流程是:

(1) 输入提示
(2) 接收收入
(3) 如果月收入大于 0 则
　　{　计算全月应纳税所得额 s;
　　　如果 s 小于等于 0 则
　　　　　税额为 0
　　　否则如果小于等于 1500
　　　　　税额为 s×0.03
　　　否则如果小于等于 4500
　　　　　税额为 s×0.1-105
　　　否则如果小于等于 9000
　　　　　税额为 s×0.20-555
　　　否则如果小于等于 35000
　　　　　税额为 s×0.25-1005
　　　否则如果小于等于 55000
　　　　　税额为 s×0.30-2755
　　　否则如果小于等于 80000
　　　　　税额为 s×0.35-5505
　　　否则
　　　　　税额为 s×0.45-13505
　　}
　　否则
　　　　错误数据

程序如下:

```
/*--------------------计算应纳个人所得税---------------------*/
#include "stdio.h"
```

```
int main()
{
    double salary,s,tax;                    /*定义变量*/
    printf("请输入月收入:");                 /*提示用户输入月收入*/
    scanf("%lf",&salary);                   /*接收用户输入的月收入*/
    if(salary>=0)                           /*月收入大于0,开始计算*/
    {
        s=salary-3500;                      /*计算全月应纳税所得额*/
        if(s<=0)
            tax=0;                          /*小于0,税额为0*/
        else if(s<=1500)                    /*否则小于等于1500,计算税额*/
            tax=s*0.03;
        else if(s<=4500)                    /*否则小于等于4500,计算税额*/
            tax=s*0.1-105;
        else if(s<=9000)                    /*否则小于等于9000,计算税额*/
            tax=s*0.20-555;
        else if(s<=35000)                   /*否则小于等于35000,计算税额*/
            tax=s*0.25-1005;
        else if(s<=55000)
            tax=s*0.30-2755;                /*否则小于等于55000,计算税额*/
        else if(s<=80000)                   /*否则小于等于80000,计算税额*/
            tax=s*0.35-5505;
        else
            tax=s*0.45-13505;
        printf("税额是 %10.2f\n",tax);        /*输出计算结果*/
    }
    else
        printf("错误数据!");
    return 0;
}
```

运行情况:

请输入月收入:9000✓
税额是 545.00

说明:本例要处理多种情况,最适合使用 if else if 形式。s 中存放的是应纳税所得额,根据应纳税所得额的值做不同的运算。

例 4.7 编写程序,输入一个用整数表示的年份,输出显示该年份是否是闰年。判定公历闰年遵循的一般规律为:四年一闰,百年不闰,四百年再闰。精确计算方法(按一回归年365 天 5 小时 48 分 45.5 秒):

编写程序时要考虑,该数满足两个条件之一是闰年:①能被 400 整除;②能被 4 整除,但不能被 100 整除。

编程中需要用到两个存储单元 year 和 flag,year 存放整数表示的年份,flag 是个标记,其值为 1 表示是闰年,其值为 0 表示不是闰年。

判断闰年用 if 形式嵌套 if else 形式,可编写程序如下。

程序流程是:

(1) 输入提示
(2) 接收 year
(3) 如果 year 合法
   如果 year%400 不为 0 则
    如果 year%4 为 0 则
     如果 year%100 为 0 则
      标记 flag=0
     否则
      标记 flag=1
    否则
     标记 flag=0
   否则
    标记 flag=1
  否则
   错误数据

程序如下:

```c
/*------------------------leap year------------------------*/
#include "stdio.h"
int  main()
{
    int year,flag=0;                        /*定义变量*/
    printf("请输入年份:");                   /*提示用户输入年份*/
    scanf("%d",&year);                       /*接收用户输入的年份*/
    if(year>=0)
    {   if(year%400!=0)                      /*做判断*/
        {   if(year%4==0)
            {   if(year%100==0)
                    flag=0;
                else
                    flag=1;
            }
            else  flag=0;
        }
        else
            flag=1;
        if(flag==1)                          /*输出结果*/
            printf("%d 是闰年\n",year);
        else
            printf("%d 不是闰年\n",year);
    }
    else
        printf("错误数据!\n");
    return 0;
}
```

运行情况一：

请输入年份:2012↙
2012 是闰年

运行情况二：

请输入年份:2013↙
2013 不是闰年

判断闰年用 if else if 和 if else 形式,请读者作为练习编写相关的程序。

习　题

【4-1】　单项选择题(下列各题中每道题有 A、B、C、D 4 个选项,正确答案只有一个,请选择正确答案)。

(1) 设 int i=2,j=3,k=4,a=4,b=5,c=3;,请问执行表达式 (a=i<j)&&(b=j>k)&&(c=i,j,k)后,c 值是(　　)。

  A. 0   B. 1   C. 2   D. 3

(2) 能正确表示逻辑关系"a≥0 并且 a≤10" 的 C 语言表达式是(　　)。

  A. a<=10 and a>=0   B. a>=0 & a<=10

  C. a<=10 && a>=0   D. a<=10 || a>=0

(3) 下列关系表达式中,结果为"假"的是(　　)。

  A. 3<=4||3   B. (3<4)==1   C. (3+4)>6   D. (3!=4)>2

【4-2】　判断下列程序的运行结果。

(1)

```c
#include "stdio.h"
int main()
{
    int i,j;
    i=3;
    j=5;
    printf("\n%d  %d ",(i/2)+4, (j%3) * i);
    printf("\n%d  %d",(i++)-(--j), j=(i+=2));
    printf("\ni=%d  j=%d\n",i,j);
    return 0;
}
```

(2)

```c
#include "stdio.h"
int main()
{   int x=1,a=0,b=0;
    switch (x) {
        case 0:  b++;
```

```
        case 1:  a++;
        case 2:  a++;b++;
    }
    printf("\na=%d ,b=%d",a,b);
    return 0;
}
```

(3)

```
#include "stdio.h"
int main()
{   int x=1,y=2,z=0,i=3;
    if(i<x) z=1;
    else if(i<y) z=2;
    else z=3;
    printf("z=%d",z);
    return 0;
}
```

(4)

```
#include "stdio.h"
int main()
{   int x=3,y=4,z=5,temp=99;
    if(x>y&&x<z) temp=x;x=y;y=temp;
    if(x<z&&y>z) temp=y;y=x;x=temp;
    printf("z=%d",z);
    return 0;
}
```

【4-3】 按照下列要求编写程序。

（1）编写程序,输入一个整数,将与该整数相对应的月份的英语名称输出。例如,输入 1,输出 January。

（2）假设摩天大楼的第一层从地面到天花板的距离是 3.6m,其他层从地面到天花板的距离是 2.4m,每层之间的地板厚度是 30cm。楼顶有一个 2.5m 的旗杆,旗杆上有一个红灯。编写程序输入建筑物的层数 N,计算并显示旗杆上的红灯离地面的高度(以 m 为单位)。要求对输入的 N 做正确性测试。

（3）某地的出租车按如下方法收费:3 公里以内 13 元,基本单价每公里 2.3 元,提前 4 小时以上预约费 6 元,提前 4 小时以内预约费 5 元。编写程序,输入公里数和预约时间,计算车费并输出。

（4）编写程序,输入一个整数,判断它能否被 3、5、7 整除,并根据情况输出下列信息。

① 能同时被 3、5、7 整除。

② 能同时被 3、5、7 中的两个数整除,并输出这两个数。

③ 只能被 3、5、7 中的一个数整除,输出这个数。

④ 不能被 3、5、7 中的任何一个数整除。

第 5 章　循环结构程序设计

本章讨论循环程序设计方法,对于初学程序设计的人来说,循环结构程序设计有一定难度,难点在于思想不在于语法。但是,循环程序设计也是最重要的,因为计算机的优势就在于它可以不厌其烦地重复工作,而且还不出错(只要程序是对的)。

例如,前面编写过如何求圆的面积的程序,但是,那个程序只能求一个圆的面积,可不可以编一个程序求多个圆的面积呢? 程序如何编写呢?

5.1　循环结构入门案例

例 5.1　编写程序,根据用户输入的半径,求圆的面积,要求可以求 10 个圆的面积(程序 1)。

```
#include "stdio.h"
#define PI 3.141596
int main()
{    int i,r;                              /*定义变量 i*/
     i=1;                                  /*设 i 的初值为 1*/
     while(i<=10)                          /*i 小于等于 10 时,做循环*/
     {    printf("请输入半径:");
          scanf("%d",&r);                  /*接收半径*/
          if(r>=0)
              printf("面积=%lf\n",PI*r*r); /*输出圆的面积*/
          else
              printf("半径输入错误!");      /*提示用户输入错误*/
          i++;                             /*i 的内容增值 1*/
     }
     return 0;
}
```

注意:本程序是运行一次,就可以求 10 个圆的面积,当然,也可以把第 3 章的程序运行 10 次,达到相同的目标,从中读者可以理解循环结构与顺序结构的不同。

本案例使用的循环语句是 while 语句,实现循环还可以使用 do-while 语句和 for 语句。

例 5.2　编写程序,根据用户输入的半径,求圆的面积,要求可以求 10 个圆的面积(程序 2)。

```
#include "stdio.h"
#define PI 3.141596
int main()
```

```
{   int i,r;                                    /*定义变量 i */
    i=1;                                        /*设 i 的初值为 1 */
    do
    {   printf("请输入半径:");
        scanf("%d",&r);                         /*接收半径 */
        if(r>=0)
            printf("面积=%lf\n",PI * r * r);     /*输出圆的面积 */
        else
            printf("半径输入错误!");             /*提示用户输入错误 */
        i++;                                    /*i 的内容增值 1 */
    } while(i<=10);                             /*i 小于等于 10 时,做循环 */
    return 0;
}
```

程序 2 使用的循环语句是 do-while 语句。

例 5.3 编写程序,根据用户输入的半径,求圆的面积,要求可以求 10 个圆的面积(程序 3)。

```
#include "stdio.h"
#define PI 3.141596
int main()
{   int i,r;                                    /*定义变量 i */
    for(i=1;i<=10;i++)                          /* i 内容每次增值 1,增加 10 次 */
    {   printf(请输入半径:");
        scanf("%d",&r);                         /*接收半径 */
        if(r>=0)
            printf("面积=%lf\n",PI * r * r);     /*输出圆的面积 */
        else
            printf("半径输入错误!");             /*提示用户输入错误 */
    }
    return 0;
}
```

程序 3 使用的循环语句是 for 语句。

5.2 结构化程序设计思想

前面已经讨论过顺序结构和选择结构,现在讨论的是循环结构,这三种结构实际是结构化程序设计思想的三种基本结构,从理论上说,任何一个程序都是由这三种基本结构组合而来的。

例 5.1 就包含这三种结构。

```
#include "stdio.h"
#define PI 3.141596
int main()
{   int i,r;
```

```
    i=1;                                    //顺序结构
    while(i<=10)                            //循环结构
    {    printf("请输入半径:");             //顺序结构
         scanf("%d",&r);                     //顺序结构
         if(r>=0)                            //选择结构
             printf("面积=%lf\n",PI * r * r);
         else
             printf("半径输入错误!");
         i++;                                //顺序结构
    }
    return 0;
}
```

5.2.1 结构化程序设计的三种基本结构

顺序结构、选择结构和循环结构是结构化程序设计的三种基本结构。前两种结构已经详细讨论过,在此一并总结一下。

1. 顺序结构

顺序结构就是一组逐条执行的可执行语句。按照书写顺序,自上而下地执行。

2. 选择结构(分支结构)

选择结构是一种先对给定条件进行判断,并根据判断的结果执行相应命令的结构。

3. 循环结构

循环结构是指多次重复执行同一组命令的结构。

具有循环结构的程序一般必须指定循环的终止条件,以便对程序的循环进行有效的控制,以免进入无限循环(或称死循环)的状态。

从程序流程来看,循环结构一般有两种,当型循环和直到型循环。

当型循环的例子是例 5.1 和例 5.3,直到型循环的例子是例 5.2。

5.2.2 程序流程的不同描述方式

本书介绍三种描述程序流程的方法:伪语言、传统流程图和 N-S 结构图。

用伪语言描述程序例 5.1:

(1) i 赋值 1
(2) 循环当 i 小于等于 10
        输入半径
        如果半径大于等于 0
            计算面积
        否则
            提示用户输入错误
        i 增值 1

用传统流程图描述例 5.1 程序,如图 5.1 所示。

用 N-S 结构图描述例 5.1 程序,如图 5.2 所示。

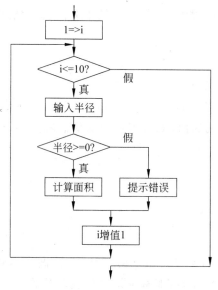

图 5.1 例 5.1 传统流程图

1=>i		
i <=10		
	接收半径计算面积	
	i增1	

图 5.2 程序的 N-S 结构图(简化)

5.3 循环语句的用法

5.3.1 三种循环语句的语法

while 语句的语法是:

while (表达式)
  语句;

while 语句的功能:首先计算表达式的值,如果表达式的值非零(真),执行"语句",并再次计算表达式的值,此过程重复执行,直到表达式的值为零(假),循环结束。

重复执行的语句被称为循环体,表达式被称为循环表达式。

伪语言描述:

循环当表达式成立
  执行语句

最常见的循环语句是通过计数控制循环的执行次数。

通过计数控制循环时,while 语句的常规用法是:

```
i=1;                    /*循环前的初始赋值*/
while(i<=20)            /*i小于等于 20 时,做循环*/
                       /* i<=20 是循环表达式*/

{
    printf("%d ",i);   /*循环体开始,输出当前 i 的值*/
    i++;               /*i 的内容增值 1,循环体中循环变量的更新*/
                       /*循环体结束*/
}
```

循环体中的语句超过一句时,要使用分程序结构,即用"{"和"}"将循环体中的语句括起来。

do-while 语句的语法是:

```
do
{   语句;
}while(表达式);
```

do-while 语句功能:执行"语句",计算表达式的值,如果表达式的值非零(真),继续执行"语句",直到表达式的值为零(假),循环结束。

伪语言描述:

循环
　　　　执行语句
当表达式成立

do-while 与 while 语句的区别是:do-while 总是要先做一遍循环体,再做表达式的判断,因此循环体中的语句肯定要做一次。在设计程序时,如果不知道重复执行的次数,而且第一次必须执行时,常采用 do-while 语句。

使用计数循环时,do-while 循环语句的常规用法是:

```
i=1;                          /*循环前的初始赋值*/
do
{                             /*循环体开始*/
    printf("%d ",i);          /*输出当前 i 的值*/
    i++;                      /*i 的内容增值 1,循环变量的更新*/
}while(i<=20)                 /*i 小于等于 20 时,循环继续*/
/*循环表达式*/
```

使用 do-while 语句,进入循环时不对循环表达式做任何判断,直接做一遍循环体中的语句,然后对循环表达式做判断。

for 语句的语法是:

```
for(表达式1;表达式2;表达式3)
    语句;
```

伪语言描述:

(1) 计算**表达式 1**
(2) **循环当表达式 2** 成立
　　　　执行语句
　　　　计算表达式 3

使用计数循环时,for 语句的常规用法是:

```
for(i=1;i<=20;i++)
    printf("%d ",i);
```

其中,"i=1;"是**循环前的初始赋值**,"i<=20;"是**循环表达式**,"i++"是**循环变量的更新**。

显然，for 语句用于计数循环是最简单方便的。

5.3.2 三种循环语句的使用特性

下面通过一些案例讨论三种循环语句的一些特性。

有的时候，我们并不清楚循环执行的次数，需要通过用户的输入来控制循环的次数。

例 5.4 编写程序解决"1+2+3+…+n"的问题，使用 while 语句。

程序流程的伪语言描述：

(1) 计数器 i 和累加器 sum 分别置初值 1 和 0
(2) 提示用户输入一个整数
(3) 接收用户输入的整数到 n 存储单元
(4) 循环当表达式 i<=n 成立
       累加器 sum 中加 i
       计数器 i 中加 1
(5) 输出结果

```
/*--------------sum of 1+2+3+…+n--------------*/
#include "stdio.h"
int main()
{   int i,sum,n;                     /*定义变量*/
    i=1;sum=0;                       /*赋初值*/
    printf("请输入一个整数：");      /*提示用户输入一个整数*/
    scanf("%d",&n);                  /*接收用户输入的整数到 n*/
    while(i<=n)
    {   sum=sum+i;                   /*累加*/
        i++;                         /*i 的内容增值 1*/
    }
    printf("和=%d\n",sum);           /*输出结果*/
    return 0;
}
```

运行情况一：

请输入一个整数：10↙
和=55

运行情况二：

请输入一个整数：0↙
和= 0

从运行情况看，当用户的输入为 55 和 0 时，程序的运行结果都是正确的。再来看下面的程序。

例 5.5 编写程序解决"1+2+3+…+n"的问题，使用 do-while 语句。**程序流程的伪语言描述：**

(1) 计数器 i 和累加器 sum 分别置初值 1 和 0
(2) 提示用户输入一个整数

(3) 接受用户输入的整数到 n 存储单元

(4) 循环

　　　累加器中 sum 加 i

　　　计数器 i 中加 1

　　当表达式 i<=n 成立

(5) 输出结果

```
/* -------------sum of 1+2+3+…+n------------- */
#include "stdio.h"
int main()
{   int i,sum,n;                                    /* 定义变量 */
    i=1;sum=0;                                       /* 赋初值 */
    printf("请输入一个整数：");                        /* 提示用户输入一个整数 */
    scanf("%d",&n);                                   /* 接收用户输入的整数到 n */
    do
    {   sum=sum+i;                                    /* 累加 */
        i++;                                          /* i 的内容增值 1 */
    } while(i<=n);
    printf("和=%d\n",sum);                            /* 输出结果 */
    return 0;
}
```

运行情况一：

请输入一个整数：10↙
和=55

运行情况二：

请输入一个整数：0↙
和=1

从运行情况看，当用户的输入为 55 时，程序的运行结果是正确的；当用户的输入为 0 时，程序的运行结果是错误的。为什么呢？因为，do-while 语句是先做循环体，再判断循环表达式。所以，不论 n 的值是 0 还是其他的数值，循环体必须做一遍。如何修改呢？很简单，要在接收输入的语句后面加判断语句，作为练习，请读者完成。

例 5.6　编写程序解决"1+2+3+…+n"的问题，使用 for 语句。

(1) 累加器 sum 置初值 0

(2) 提示用户输入一个整数

(3) 接受用户输入的整数到 n 存储单元

(4) 循环 i 从 1 到 n,i 每次加 1

　　　累加器中 sum 加 i

(5) 输出结果

```
/* -------------sum of 1+2+3+…+n------------- */
#include "stdio.h"
int main()
{   int i,sum,n;                                    /* 定义变量 */
```

```
    sum=0;                                        /* 赋初值 */
    printf("请输入一个整数：");                    /* 提示用户输入一个整数 */
    scanf("%d",&n);                               /* 接收用户输入的整数到 n */
    for(i=1; i<=n;i++)
    {    sum=sum+i;                               /* 累加 */
    }
    printf("和=%d\n",sum);                         /* 输出结果 */
    return 0;
}
```

运行情况一：

请输入一个整数：10✓
和=55

运行情况二：

请输入一个整数：0✓
和=0

还有一种常见的控制循环的方式，是根据用户输入的一个特殊值来结束循环。

例 5.7　编写程序，输入若干整数，以−1作为结束，求它们的和以及平均值(不包括−1)。

循环体的工作包括：读一个数并将值累加到累加器中，同时循环变量的值增1。在循环前，累加器 sum 和循环变量 i 要赋给正确的初值。每次累加的数是从键盘输入的，与循环控制变量无关。

程序 1 伪语言描述：

(1) 计数器 i 和累加器 sum 分别置初值 1 和 0
(2) 提示用户输入若干整数
(3) 接收用户输入的整数到 a 存储单元
(4) 循环当表达式 a!=−1 成立
　　　　累加器 sum 中加 a
　　　　计数器 i 中加 1
　　　　接收用户输入的整数到 a 存储单元(新的覆盖旧的)
(5) 输出结果

程序 1：

```
/*--------------------------求它们的和以及平均值------------------*/
#include "stdio.h"
int main()
{    int i,sum,a;                                 /* 定义变量 */
     sum=0;                                        /* 赋初值 */
     i=0;
     printf("请输入整数,以-1结束：");               /* 提示用户输入若干整数 */
     scanf("%d",&a);
     while(a!= -1)                                 /* a 不为-1,做循环 */
     {
```

```
        sum=sum+a;                               /*累加 a 的值到 sum*/
        i++;                                      /* i 增 1*/
        scanf("%d",&a);                           /*接收输入到 a*/
    }
    printf("和=%d 平均值=%lf\n",sum,1.0*sum/i);   /*输出平均值*/
    return 0;
}
```

程序 2 伪语言描述：

(1) 计数器 i 和累加器 sum 分别置初值 1 和 0
(2) 提示用户输入若干整数
(3) 循环当表达式 a!=-1 成立
        接收用户输入的整数到 a 存储单元(新的覆盖旧的)
        如果 a 中不为-1
            累加器 sum 中加 a
            计数器 i 中加 1
    当表达式 a!=-1 成立
(4) 输出结果

程序 2：

```
/*------------------------求它们的和以及平均值----------------*/
#include "stdio.h"
int main()
{   int i,sum,a;                                  /*定义变量*/
    sum=0;                                        /*赋初值*/
    i=0;
    printf("请输入整数,以-1结束: ");              /*提示用户输入若干整数*/
    do
    {   scanf("%d",&a);                           /*接收输入到 a*/
        if(a!=-1)
        {   sum=sum+a;                            /*累加 a 的值到 sum*/
            i++;                                  /* i 增 1*/
        }
    }
    while(a!=-1);                                 /* a 不为-1,做循环*/
    printf("和=%d 平均值=%lf\n",sum,1.0*sum/i);   /*输出平均值*/
    return 0;
}
```

    程序 1 使用的是 while 语句,程序 2 使用的则是 do-while 语句。这两个程序很好地诠释了两个语句的不同,需要很好的理解。

    while 语句的循环条件要先判别,判别为真才进入循环体执行。do-while 则是要先执行循环体,最后判断循环条件,所以,在没有判断之前,循环体就执行了,可以使用 if 语句弥补这一判断。

程序中使用−1作为可以使循环结束的标记,这种特殊值称为哨兵值。这种通过不断对输入的数据进行判断,直到遇到程序员事先指定的哨兵值时,循环才能终止的循环控制方法也称为哨兵循环。

练习 5.1 执行下列程序时,若输入为 wel ↙ come $ ↙,程序的执行结果是什么?

```c
/*--------------------------练习 5.1----------------- */
#include "stdio.h"
int main()
{   char c;                          /*定义变量 c*/
    printf("请输入一字符串,以$结束:\n");
                                     /*提示用户输入一串以$为终止标记的字符*/
    c=getchar();                     /*输入第一个字符到变量 c 中*/
    while(c!='$')                    /*如果输入的字符不是$*/
    {
        putchar(c);                  /*输出 c*/
        c=getchar();                 /*读一个字符到变量 c 中*/
    }
    putchar('\n');                   /*换行*/
    return 0;
}
```

执行结果:

请输入一字符串,以$结束:
wel ↙(回车)
wel
come$↙
come

说明:

本例的可执行程序与用户进行交流的字符是回车,所以只有输入回车符号,运行程序才开始接收输入,并输出。如果只输入 wel,不输入回车符,程序则不能开始接收字符,也就不能开始判断接收的字符是什么。

在本例中,'$'符号是不输出的。请读者分析如果将循环语句修改成

```c
while((c=getchar())!='$') putchar(c);
```

执行结果如何?为什么?再将循环语句修改成:

```c
while(putchar(getchar())!='$');
```

执行结果又如何?原因呢?

练习 5.2 执行下列程序时,若输入为 wel ↙ come $ ↙,程序的执行结果是什么?

```c
#include "stdio.h"
int main()
{
    char c;
```

```
    printf("请输入一字符串,以$结束:");
    do
    {    c=getchar();
        putchar(c);
    } while(c!='$');
    return 0;
}
```

执行结果：

请输入一字符串,以$结束:
wel↙
wel
come$↙
come$

说明：本例最能说明 while 和 do-while 的区别,使用 while 语句时,循环语句的外面必须先使用 c=getchar()接收一个用户输入的字符,才能判断 c 是不是'$',因为有可能用户输入的第一个字符就是'$'。通过这个例子可以看出,do-while 语句实际上是可以由 while 语句代替的。注意,本程序的运行结果包括字符'$',因为'$'输出以后,才会判断 c 是不是'$'。

练习5.3 执行下列程序时,若输入为 wel↙ come$↙,程序的执行结果是什么?

```
#include "stdio.h"
int main()
{
    char c;
    printf("请输入一个字符串:");
    for(c=getchar();c!='$ ';c=getchar() )
        putchar(c);
    putchar('\n');
    return 0;
}
```

执行结果：

请输入一个字符串:
wel↙
wel
come$ ↙
come

练习5.4 循环次数的控制和循环体的**错误程序**。

```
#include "stdio.h"
int main()
{    /*将20个输入的数累加*/
    int i=1,sum=0;
    while(i<20)                              /* i 小于 20 时,做循环*/
```

```
        scanf("%d",&a);                    /* 接收输入到 a */
        sum=sum+a;                         /* 累加 a 的值到 sum */
        i++;                               /* i 增 1 */
    return 0;
}
```

请判断程序是否能完成将 20 个输入的数进行累加的任务。

显然程序是错误的。第一,先来看循环控制的逻辑,由于循环体中只有一句"scanf("%d",&a);",而另外两句貌似在循环体内的语句,实际在循环体外,程序的逻辑肯定是错误的,将构成无限循环,所以,如果循环体包含一个以上的语句时,一定要用花括号括起来,否则,可能与程序要求不符。第二,程序的循环次数并不符合题目的要求,题目的要求是将 20 个输入的数进行累加,而该程序即使是加了一对大括号,也不完全正确,循环次数是 19 次,而不是 20 次!那么使用循环变量控制循环次数时,要保证控制的准确性。从 1 到 20 是 20 次,从 0 到 19 也是 20 次。

练习 5.5 do-while 的**错误程序**。

```
#include "stdio.h"
int main()
{
    int i;
    i=0;
    do
        i++;
        printf("%d ",i);
    while(i<20);
    printf("\n");
    return 0;
}
```

请判断程序是否能完成将 20 个输入的数进行累加的任务?

为了避免编译系统把 do-while 的 while 当做 while 语句的开始,do-while 循环体中的语句即使只有一句,也需要用分程序结构(用花括号括起),因此,本程序的语法是错误的。要在 do 和 while 之间加一对大括号。

练习 5.6 请判断下面三个程序段是否完全等价。

程序段一:

```
for(j=sum=0; j<5;j++)
    sum=sum+j;
```

程序段二:

```
j=sum=0;
for( ; j<5;j++)
    sum=sum+j;
```

程序段三:

```
j=sum=0;
for( ; j<5;)
{   sum=sum+j;
    j++;
}
```

结论：下面三个程序段是完全等价的。因为 for 语句写起来很灵活，表达式 1，表达式 2，表达式 3 都可以省略，但是注意是三个表达式都省略了，两个";"也不可省略。

练习 5.7 循环体可以为空吗？请举例。

可以！

```
for(j=sum=0; j<5;j++,sum=sum+j);
```

就是与练习 5.6 等价的语句，并且循环体为空。

注意，最后一个分号不能省略。

下面也是一个空循环体的程序。

```
#include "stdio.h"
int main()
{
    char c;
    printf("请输入一个字符串:");
    for(;(c=getchar())!='$';putchar(c));
    return 0;
}
```

练习 5.8 有以下程序

```
#include "stdio.h"
int main()
{   int n=2,k=0;
    while(k++&&n++>2)
        printf("%d  %d\n",k,n);
    return 0;
}
```

程序运行后的输出结果是(   )。

A. 0 2   B. 1 3   C. 5 7   D. 1 2

正确答案是 D 选项。原因是 C 语言的惰性计算方法，对于循环条件（k++&&n++> 2），首先计算 k，由于 k 的初值为 0，k++是后做，因此 k++在参与比较的时候值是 0(假)，比较以后 k 值增 1(变为 1)，这时，系统不会再计算 && 后面的表达式了(即所谓的惰性计算方法)，所以，n++>2 没有参与运算。也就是说，循环语句执行之后，k 的值是 1，n 的值是 2。

练习 5.9 有以下程序

```
#include "stdio.h"
int main()
{   int c=0,k;
```

```
for(k=1;k<3;k++)
    switch(k)
    {   default: c+=k;
        case 2:c++;break;
        case 4:c+=2;break;
    }
printf("%d\n",c);
return 0;
}
```

程序运行后的输出结果是(   )。

A. 3   B. 5   C. 7   D. 9

答案是 A 选项。循环体执行了两次,第一次 k 为 1,switch 语句执行的是 default 子句后面的 c＋＝k,c 的值由 0 变为 1,接下来,由于没有 break 子句,程序继续执行语句 c＋＋,c 的值又变为 2;循环体执行第二次 k 为 2,执行语句 c＋＋,c 的值由 2 变为 3,因此结果是 3。

练习 5.10 以下程序运行后的输出结果是(   )。

```
#include "stdio.h"
int main()
{   int a=1,b=7;
    do
    {   b=b/2;a+=b;
    } while(b>1);
    printf("%d \n",a);
    return 0;
}
```

正确答案是 5。a 的初值是 1,第一次循环,b＝7/2＝3,a＝1＋3＝4;第二次循环,b＝3/2＝1,a＝4＋1＝5,因此输出结果是 5。

5.4 多 重 循 环

多重循环也叫循环的嵌套,就是在一个循环体内包含另一个循环。

例如,需要在屏幕上显示如下内容:

abcdefghijklmnopqrstuvwxyz
abcdefghijklmnopqrstuvwxyz
abcdefghijklmnopqrstuvwxyz
abcdefghijklmnopqrstuvwxyz
abcdefghijklmnopqrstuvwxyz

如何实现呢?

其基本思想是:将输出一行的工作做 5 遍。

输出一行的伪语言描述是:

```
(1) j='a';
```

(2) 循环
    输出字符 j
    j 中加 1
  当 (j<='z')成立

输出一行的工作做 5 遍:

循环 i 从 1 到 5,每次 i 加 1

① j='a';

② 循环
    输出字符 j
    j 中加 1
  当(j<='z')成立

例 5.8 编写程序在一行内输出 a~z,并连续输出 5 行。

```
/*------------输出 5 行 a 到 z-------------------------------------*/
#include "stdio.h"
int main()
{
    int i,j;                          /*定义变量 i*/
    for(i=1;i<=5;i++)
    {   j='a';
        do
        {
            printf("%c",j);           /*输出一个字符*/
            j++;
        } while(j<='z') ;             /*循环 26 次*/
        printf("\n");
    }
    return 0;
}
```

程序的运行结果是:

abcdefghijklmnopqrstuvwxyz

abcdefghijklmnopqrstuvwxyz

abcdefghijklmnopqrstuvwxyz

abcdefghijklmnopqrstuvwxyz

abcdefghijklmnopqrstuvwxyz

在语法上,内层循环和外层循环可以使用 for、while 和 do-while 三个中的任何一个。

例 5.9 编写程序输出下列图形:

1

22

333

4444

55555

666666

```
7777777
88888888
999999999
```

题目分析：共输出 9 行，第一行输出 1 个数，输出的是 1；第二行输出两个数，输出的是 2，以此类推，第 i 行输出 i 个数，输出的是 i。

伪语言描述是：

(1) i=1
(2) 循环 i 从 1 到 9，每次 i 加 1
　　　　　第 i 行输出 i 个数，输出的是 i
　　　　输出换行
"第 i 行输出 i 个数，输出的是 i"细化为：
循环 j 从 1 到 i，每次 j 加 1
　　输出 i

```c
#include "stdio.h"
int main()
{
    int i,j;                    /*定义变量*/
    for(i=1;i<=9;i++)           /*外循环执行 9 次*/
    {
        for(j=1;j<=i;j++)       /*内循环执行 i 次*/
            printf("%d",i);     /*输出 i*/
        printf("\n");           /*输出换行*/
    }
    return 0;
}
```

例 5.10　编写程序输出下列图形：

```
              a
            b  b
          c  c  c
        d  d  d  d
      e  e  e  e  e
    f  f  f  f  f  f
  g  g  g  g  g  g  g
h  h  h  h  h  h  h  h
```

```c
#include "stdio.h"
int main()
{
    int i,j;                              /*定义变量*/
    for(i=1;i<=8;i++)                     /*外循环执行 8 次*/
    {   for(j=1;j<=8-i;j++)
            printf(" ");                  /*输出空格*/
        for(j=1;j<=i;j++)                 /*内循环执行 i 次*/
            printf("%c",'a'+i-1);         /*输出字母*/
```

```
        printf("\n");                              /*输出换行*/
    }
    return 0;
}
```

题目分析：共输出 8 行，第一行先输出 7 个空格，然后输出 1 个数，输出的是 a；第二行先输出 6 个空格，然后输出两个数，输出的是 b，以此类推，第 i 行输出 8−i 个空格，输出 i 个数，输出的是'a'+i−1。

5.5　break 语句在循环语句中的用法

break 语句不但可以用于 switch 语句，也可以用于循环语句。

break 语句的语法：

break;

break 语句用在循环体中的功能是：终止最内层循环。从包含它的最内层循环语句（while,do-while,for）中退出，执行包含它的循环语句的下面一条语句。

例 5.11　编写程序输入某门功课的若干个同学的成绩，以 −1 作为循环终止的哨兵值，计算平均成绩。−1 不计算在内。

```
/*---------------------------计算平均成绩------------------*/
#include "stdio.h"
int main()
{
    int sum,i,score;                              /*定义变量*/
    sum=0;
    i=0;
    printf("请输入分数以-1结束:");
    do                                            /*循环*/
    {   scanf("%d",&score);                       /*输入成绩*/
        if(score==-1) break;                      /*score 为-1时出循环*/
            sum=sum+score;                        /*累加*/
        i++;                                      /*i增值1*/
    } while(1);                                   /*不断循环*/
    if(i!=0)
        printf("平均成绩=%4.2lf\n",1.0*sum/i);    /*输出平均成绩*/
    else
        printf("无数据!");
    return 0;
}
```

运行情况一：

请输入分数以-1结束：
88 89 90 91 92 93 -1↙
平均成绩=90.50

运行情况二：

-1

无数据！

注意：读第一个百分数是在进入循环以后，如果不使用 break 语句，当读的第一个百分数是-1时，程序错误。

例 5.12 求 3～100 之间的所有素数。

题目分析：假设一个数是 m，判断它是素数的方法是：它不能被 2～m-1 的任何一个数整除。

伪语言描述：

循环 i 从 1 到 100，每次 i 加 1
    判断 i 是否是素数

"判断 i 是否是素数"细化为：
循环 j 从 2 到 i-1，每次 j 加 1
    如果 i 能被 j 整除，跳出内循环
    如果 i 与 j 相等（i 是素数）
        输出 i

```c
/* ------------------------ 求 3~100 之间的所有素数 --------------- */
#include "stdio.h"
int main()
{
    int i,j;                        /* 定义变量 */
    for(i=3;i<=100;i++)             /* i 从 3 到 100,对每个 i 进行判断 */
    {
        for(j=2;j<=i-1;j++)         /* j 从 2 到 i-1,步长为 1 */
            if(i%j==0)              /* 若 i 能被 j 整除 */
                break;              /* 从内循环跳出 */
            if(i==j)                /* i 与 j 相等,i 是素数 */
                printf("%4d",i);    /* 输出 i */
    }
    printf("\n");
    return 0;
}
```

运行结果：

```
3  5  7  11  13  17  19  23  29  31  37  41  43  47  53  59  61  67  71  73  79
83  89  97
```

说明：如果内层循环是从 break 语句中跳出的，此时的 j 必然小于 i，说明 i 能被 j 整除，则 i 不是素数；如果一直到内循环结束，都没有跳出，表明 i 不能被 2～i-1 的任何一个数整除，i 是素数。

练习 5.11 请问下面的双重循环能正确执行吗？请解释原因。

```c
#include "stdio.h"
```

```
int main()
{
    int i,j;                              /*定义变量*/
    for(i=1;i<=9;i++)                     /*外循环执行9次*/
    {
        for(j=1;j<=i;i++)                 /*内循环执行i次*/
            printf("%d",i);               /*输出i*/
        printf("\n");                     /*输出换行*/
    }
    return 0;
}
```

由于外循环的循环变量与内循环的循环变量是一个变量,本程序将构成死循环,不能正确执行。

5.6 continue 语句

5.6.1 continue 的用法

continue 语句的语法:

continue;

continue 语句的功能:使包含它的最内层循环立即开始下一轮循环(即本次循环体中continue 后面的部分不做)。continue 用在 while 和 do-while 中与用在 for 语句中略有不同。在 for 语句中终止本次循环体运行,但是要计算表达式 3。

例 5.13 输入 10 个整数,将正数累加。

```
#include "stdio.h"
int main()
{
    int i,j,s=0;                          /*定义变量*/
    printf("请输入10个整数:");            /*提示输入10个整数*/
    for(i=0;i<10;i++)                     /*循环10次*/
    {   scanf("%d",&j);                   /*读入j*/
        if(j<0)                           /*j小于0,继续循环*/
            continue;
        s=s+j;                            /*求和*/
    }
    printf("和=%d",s);                    /*输出结果*/
    return 0;
}
```

5.6.2 break 与 continue 的区别

break 与 continue 都可以用在循环体中,使用时要注意它们的区别。

（1）在循环语句中使用 break 是使内层循环立即停止循环，执行循环体外的第一条语句，而 continue 是使本次循环停止执行，执行下一次循环。

（2）break 语句可用在 switch 语句中，continue 语句则不行。

下面通过两个例子说明它们的不同。

在例 5.14 和例 5.15 中，表面上看 while 循环是执行了 10 次，循环变量 i 从 0 变到 9，但是实际上例 5.14 中的循环体中有 break 语句，当 i 为 5 时就跳出了循环，因此只输出了 1、2、3、4；而例 5.15 中的循环体中有 continue 语句，当 i 为 5 时本次循环不做，接着做下一次循环，从而输出了 1、2、3、4、6、7、8、9、10。

例 5.14　循环体中使用 break 语句。

```c
#include"stdio.h"
int main()
{   int i=0;
    while(i<=9)
    {   i++;
        if(i==5)
            break;
        printf("% d\n",i);
    }
    return 1;
}
```

运行结果：

```
1
2
3
4
```

例 5.15　循环体中使用 continue 语句。

```c
#include "stdio.h"
int main()
{   int i=0;
    while(i<=9)
    {   i++;
        if(i==5)
            continue;
        printf("% d\n",i);
    }
    return 1;
}
```

运行结果：

```
1
2
3
```

```
4
6
7
8
9
10
```

5.7　实 例 进 阶

下面通过一些实例来进一步说明循环语句在解决实际问题时的用法。用循环结构解决实际问题的方法大致可以分为这样几类：求和(积)、迭代、穷举等。

例 5.16　请编写程序列出所有的个位数是 9，且能被 7 整除的两位数。

这是比较简单需要使用穷举法编程的题目。

方法一：

两位的十进制数是从 10 到 99，从这些数中找出个位数是 9 的，且能被 7 整除的数，就是对 10 到 99 每个数都要做一个判断，一个也不能少，这就是所谓穷举了。

伪语言描述：

```
循环 i 从 10 到 99,每次 i 加 1
    如果 i 的个位数是 9 并能被 7 整除成立
        则输出 i
#include "stdio.h"
int main()
{   int i;                                    /*定义变量*/
    for( i=10;i<=99; i++)                      /*i 从 10 开始到 99 结束,步长为 1*/
        if(i%10==9&&i%7==0)  printf("%3d\n",i); /*值符合要求输出*/
    return 0;
}
```

表达式 $(i\%10==9\&\&i\%7==0)$ 为真的意义是：i 的个位数是 9，且 i 能被 7 整除。

方法二：

个位数为 9，十位数是从 1 到 9 做穷举，使用公式：(十位数)×10+9 形成一个两位的十进制数，从这些数中找出能被 7 整除的数。

伪语言描述：

```
循环 i 从 1 到 9,每次 i 加 1
    如果 (i*10+9)能被 7 整除成立
        则输出 i*10+9
#include "stdio.h"
int main()
{   int i;                                    /*定义变量*/
    for( i=1;i<=9; i++)                        /*i 从 1 开始到 9 结束,步长为 1*/
        if((i*10+9)%7==0)  printf("%3d\n",i*10+9);
                                              /*值符合要求输出*/
```

```
      return 0;
}
```

运行结果：

49

显然，方法二的执行效率要高于方法一，因为方法二循环语句执行的次数是 9 次，而方法二循环语句执行的次数是 90 次。

例 5.17 计算 $1-\dfrac{1}{2^3}+\dfrac{1}{3^3}-\dfrac{1}{4^3}+\cdots-\dfrac{1}{100^3}$。

这道题与 $1+2+\cdots+100$ 很相似，只是累加的数是 $1/i^3$，同时，数的符号是正负正……可以考虑用一个变量 flag 记录符号的变化。求和或求积是循环结构程序设计中最常用的。解决这种问题的关键是要寻找循环体中求和(或求积)的公式以及正确地控制循环变量。例如，$1+2+\cdots+100$ 使用的求和公式是 sum＝sum+i，i 从 1 变化到 100，增量是 1；而 $1+3+5+\cdots+99$ 的求和公式可以是 sum＝sum+i，i 从 1 变化到 99，增量是 2；对于 $1+3+5+\cdots+99$，求和公式还可以是 sum＝sum+ $2\times i-1$，i 从 1 变化到 50，增量是 1。

方法一：

伪语言描述：

(1) sum 和 flag 的初值分别设置为 0 和 1
(2) 循环 i 从 1 到 100，每次 i 加 1，并且每次将 flag 求负
　　　sum=sum+flag＊1.0/(i＊i＊i)

程序：

```
/* ------------ sum of 1-1/2³+1/3³-1/4³+…-1/100³ ------------ */
#include "stdio.h"
int main()
{   int i,flag;                                        /*定义变量*/
    float sum;
    for( i=1,sum=0,flag=1;i<=100; flag=flag,i++)    /*循环 i 从 1 到 100,步长 1*/
        sum=sum+flag＊1.0/(i＊i＊i);                    /*求和*/
    printf("sum=%f\n",sum);                            /*输出结果*/
    return 0;
}
```

方法二：

程序流程的伪语言描述：

(1) sum 和 flag 的初值分别设置为 0 和 1
(2) 循环 i 从 1 到 100，每次 i 加 2
　　　sum=sum+1.0/(i＊i＊i)
(3) 循环 i 从 2 到 100，每次 i 加 2
　　　sum=sum-1.0/(i＊i＊i)

程序：

```
#include "stdio.h"
int main()
{   int i,flag;                                    /* 定义变量 */
    float sum;
    for( i=1,sum=0; i<=100; i=i+2)                 /* 循环 i 从 1 到 100,步长 2 */
        sum=sum+1.0/(i*i*i);                       /* 求和 */
    for( i=2; i<=100;   i=i+2)                      /* 循环 i 从 1 到 100,步长 2 */
        sum=sum-1.0/(i*i*i);                       /* 求差 */
    printf("sum=%f\n",sum);                        /* 输出结果 */
    return 0;
}
```

运行结果：

```
sum=0.901542
```

从表面上看,方法二中用了两个循环,但由于两个循环是并列的,因此两个算法的执行效率是一样的。

例 5.18　恺撒密码作为一种最为古老的对称加密体制,在古罗马的时候很流行,其基本思想是：通过把字母移动一定的位数来实现加密和解密。明文中的所有字母都在字母表上向后(或向前)按照一个固定数目进行偏移后被替换成密文。例如,当偏移量是 5 的时候,字母 A 将被替换成 F,B 变成 G,以此类推,X 将变成 C,Y 变成 D,Z 变成 E。编写程序,输入若干字符(以回车结束),输出对应的密文。

方法一：
程序流程的伪语言描述：

(1) 设置 key
(2) 循环接收字符当接收字符不是回车符
　　　　如果是小写或大写字母
　　　　　　加密钥形成密文
　　　　　　如果加密后的字母超出字母范围
　　　　　　　　减去 26 得到密文
　　　　　　输出密文
　　　　否则
　　　　　　提示输入错误

```
#include <stdio.h>
int main()
{
    char c;                                        /* 定义变量 */
    int key=5;
    printf("请输入明文: ");
    while((c=getchar())!='\n')                     /* 从键盘接收字符直到回车符 */
    {
        if((c>='a'&&c<='z') || (c>='A'&&c<='Z'))   /* 若 c 是小写或大写字母 */
        {   c=c+key;                               /* c 加密钥形成密文 */
            if((c>'Z' && c<=('Z'+key) ) || (c>'z')&& c<=('z'+key))
```

```
                                                    /*若c超出字母范围*/
        {    c=c-26;                                /*减去26得到密文*/
        }
        printf("%c",c);                             /*输出密文*/
    }
    else
        printf("输入错误,输入必须是26个字母!");
    }
    putchar('\n');
    return 0;
}
```

方法二:

(1) 设置 key
(2) 循环接收字符当接收字符不是回车符
    如果是小写字母
        计算密文(通过模运算)
    否则如果是大写字母
        计算密文(通过模运算)
    否则
        提示输入错误

```
#include <stdio.h>
int main()
{
    char c;                                    /*定义变量*/
    int key=5;
    printf("请输入明文: ");
    while((c=getchar())!='\n')                 /*从键盘接收字符直到回车符*/
    {
        if(c>='a'&&c<='z')                     /*若c是小写字母*/
        {    c='a'+(c-'a'+key)%26; printf("%c",c);}   /*计算密文*/
        else if(c>='A'&&c<='Z')                /*若c是大写字母*/
        {    c='A'+(c-'A'+key)%26; printf("%c",c);}   /*计算密文*/
        else printf("输入错误,输入必须是26个字母!");
    }
    putchar('\n');
    return 0;
}
```

运行情况:

请输入明文: abcd
fghi

例 5.19 编写程序解决下列问题:用1分、2分和5分硬币组合成1元钱,请问分别需要几个1分硬币、几个2分硬币以及几个5分硬币,列出所有的组合情况。

这是一个典型的使用穷举法的题目。

根据题意,可以列出一个方程,假设 x,y,z 分别代表 1 分,2 分,5 分的硬币个数,则 $x+2y+5z=100$,x、y 和 z 将有很多组解。x 的取值范围是 $0\sim100$(100 个 2 分硬币是 1 元钱),y 的取值范围是 $0\sim50$(50 个 2 分硬币是 1 元钱),z 的取值范围是 $0\sim20$(20 个 5 分硬币是 1 元钱)。也就是说,x、y 和 z 分别是 $0\sim100$、$0\sim50$ 和 $0\sim20$ 中的任何一个数,这三个数满足 $x+2y+5z=100$ 就是题目的一组解。所谓"任何一个数"就是所有取值范围内的数。因此必须用循环列出所有的可能。

程序流程的伪语言描述:

(1) 循环 i 从 0 到 100,每次 i 加 1
      循环 j 从 0 到 50,每次 j 加 1
           循环 k 从 0 到 20,每次 k 加 1
                如果 (i+2×j+5×k==100) 成立
                    输出 i,j,k

(2) 结束

方法一:

```
/* ----------------------------硬币问题----------------- */
#include "stdio.h"
int main()
{   int i,j,k;                          /* 定义变量 */
    for( i=0;i<=100; i++)               /* 对一分钱的个数进行穷举 */
        for( j=0;j<=50; j++)            /* 对两分钱的个数进行穷举 */
            for( k=0;k<=20; k++)        /* 对五分钱的个数进行穷举 */
                if(i+2*j+5*k==100) printf("%3d%3d%3d\n",i,j,k);
                                        /* 输出满足条件的组合 */
    return 0;
}
```

本程序是三重循环。可以将其优化为双重循环的程序。

程序流程的伪语言描述:

(1) 循环 j 从 0 到 50,每次 i 加 1
      循环 k 从 0 到 20,每次 j 加 1
          如果 2*j+5*k<=100 成立
          输出 100-2*j-5*k,j,k

(2) 结束

方法二:

```
/* ----------------------------硬币问题----------------- */
#include "stdio.h"
int main()
{   int i,j,k;                          /* 定义变量 */
    for( j=0;j<=50; j++)                /* 对一分钱的个数进行穷举 */
        for( k=0;k<=20; k++)            /* 对两分钱的个数进行穷举 */
```

```
        if(2*j+5*k<=100)  printf("%3d%3d%3d\n",100-2*j-5*k,j,k);
                                        /*输出满足条件的组合*/
    return 0;
}
```

$100-2*j-5*k$ 表示 1 分的硬币个数。

由于方法二使用的是两重循环,执行效率要高于方法一。

例 5.20 编写程序列出斐波那契(Fibonacci)数列的前 20 项。斐波那契数列源自一个有趣的问题:一对小兔,一个月后长成中兔,第三个月长成大兔,长成大兔以后每个月生一对小兔。第 20 个月有多少对兔子?

斐波那契数列的规律是:每个数等于前两个数之和。

斐波那契数列可以用数学上的递推公式来表示:

$$F_1=1$$
$$F_2=1$$
$$F_n=F_{n-1}+F_{n-2} \quad (n\geqslant3)$$

解决数学上的递推问题,在程序设计时一般要使用迭代思想。

解决斐波那契数列问题的程序并不复杂,关键是迭代思想。迭代就是不断用新值覆盖旧值。

方法一:

使用 f、a 和 b 三个变量,a 和 b 的初值均为 1,在循环中,f 不断用 a+b 覆盖,而 a 和 b 不断用新的 b 和新的 f 覆盖。那么,f 是每次循环求出的新的斐波那契数列的数;a 和 b 是当前所求 f 的前两个数,因此,数列中的当前数求出以后,a 已经没用了,此时的 b 和 f 为数列中下一个数的前两个数,因此要用 b 覆盖 a,f 覆盖 b。

程序流程的伪语言描述:

(1) 1=>a
    1=>b
(2) 循环 j 从 3 到 20,每次 i 加 1
    a+b=>f
    b=>a
    f=>b
    输出 f
    如果 j 能整除 5
        换行
(3) 结束

方法一程序:

```
/*-------------------------斐波那契数列程序1----------------*/
#include "stdio.h"
int main()
{   int a,b,j,f;                              /*定义变量*/
    a=1;b=1;                                  /*输出数列的前两个值*/
    printf("%10d%10d",a,b);
```

```
    for( j=3;j<=20; j++)                        /*循环从 3~20*/
    {
        f=a+b;                                  /*求最新的数列值覆盖 f*/
        a=b;                                    /*b 覆盖 a*/
        b=f;                                    /*f 覆盖 b*/
        printf("%10d",f);                       /*输出 f*/
        if(j%4==0) printf("\n");                /*每输出 5 个换行*/
    }
    return 0;
}
```

运行结果：

1	1	2	3	5
8	13	21	34	55
89	144	233	377	610
987	1597	2584	4181	6765

方法二：

使用 a 和 b 两个变量，a 和 b 的初值均为 1，在循环中，新的 a 不断用 a+b 覆盖，新的 b 不断用刚刚更新的 a 加上原来的 b 覆盖。那么，新的 a 是每次循环求出的新的斐波那契数列的第一个数；新的 b 是每次循环求出的新的斐波那契数列的第二个数。循环一次求出两个数。

(1) 1=>a
    1=>b

(2) 循环 j 从 2 到 20，每次 i 加 2
    a+b=>a
    a+b=>b
    输出 a,b
    如果 j 能整除 4
        换行

(3) 结束

方法二程序：

```
/*-------------------------斐波那契数列程序 2-----------------*/
#include "stdio.h"
int main()
{   int a,b,j;                                  /*定义变量*/
    a=1;b=1;                                    /*输出数列的前两个值*/
    printf("\n%10d%10d",a,b);
    for( j=2;j<=10; j++)                        /*循环从 3~20*/
    {   a=a+b;                                  /*求最新的数列值覆盖 a*/
        b=a+b;                                  /*求第二新的数列值覆盖 b*/
        printf("%10d%10d",a,b);                 /*输出 a 和 b*/
```

```
        if(j%2==0) printf("\n");               /*每输出 4 个换行*/
    }
    return 0;
}
```

运行结果：

```
    1      1      2      3
    5      8     13     21
   34     55     89    144
  233    377    610    987
 1597   2584   4181   6765
```

方法二的执行效率要略高于方法一,因为循环次数要少于方法一。笔者认为,方法一的可读性更好一些。

例 5.21　编写程序求解两个整数的最大公约数。

方法一：使用辗转相除法

以 24 和 10 为例,讲解辗转相除法。第一次除法,24 除以 10,商 2,余数为 4;第二次除法,用前一次的除数 10 作为新的被除数,前一次的余数 4 作为新的除数,即 10 除以 4,商 2,余数为 2;以此类推,直到余数为 0;最后的除数 2 为最大公约数。

用数学算式可以这样表示：

$$24=2\times10+4$$
$$10=2\times4+2$$
$$4=2\times2+0$$

很显然,"用前一次的除数 10 作为新的被除数,前一次的余数 4 作为新的除数"描述的就是用新的值覆盖旧的值,迭代法非常适合本题。

程序流程的伪语言描述：

(1) 读入 a 和 b
(2) 输出"gcd(a,b)="字样
(3) r 取 a 除以 b 的余数
(4) 循环当 r!=0
        b=>a
        r=>b
        r 取 a 除以 b 的余数
(5) 输出 b
(6) 结束

程序如下：

```
/*---------------------------------最大公约数辗转相除----------------*/
#include "stdio.h"
int main()
{   int a,b,r;                              /*定义变量*/
```

```c
    printf("请输入两个整数:");
    scanf("%d%d",&a,&b);                    /*接收输入两个整数*/
    printf("\ngcd{%d,%d}=",a,b);            /*输出 a 和 b*/
    r=a%b;                                   /* r 取 a 除以 b 的余数*/
    while(r!=0)                              /*当 r 不等于 0,循环*/
    {   a=b;                                 /*b 赋值给 a*/
        b=r;                                 /*r 赋值给 b*/
        r=a%b;                               /*r 取 a 除以 b 的余数*/
    }
    printf("%d",b);                          /*输出最大公约数*/
    return 0;
}
```

运行结果:

请输入两个整数: 60 36↙

gcd{60,36}=12

方法二:使用分解质因数(素因数)的方法。

分解质因数的实例:

$60 = 2 \times 2 \times 3 \times 5$

$36 = 2 \times 2 \times 3 \times 3$

由于 2、2、3 是 36 和 60 的共有质因数,因此最大公约数是 $2 \times 2 \times 3 = 12$。

手工算法演示:

```
2 | 60          2 | 36
  2 | 30          2 | 18
    3 | 15          3 | 9
        5               3
```

```c
/*--------------------------最大公约数分解质因数----------------*/
#include "stdio.h"
int main()
{   int min,a,b,i,j, r=1,flag;                /*定义变量*/
    printf("请输入两个整数: ");
    scanf("%d%d",&a,&b);                       /*接收输入两个整数*/
    printf("\ngcd{%d,%d}=",a,b);               /*输出 a 和 b*/
    min=a>b?b:a;                               /*min 取 a 与 b 中小的数*/
    for(i=2;i<min;i++)                         /*i 从 2 到 min,步长为 1*/
    {   flag=1;                                /*哨兵值设为 1*/
        for(j=2;(j<=i-1)&&(flag);j++)          /*计数器和哨兵同时控制循环的结束*/
            if(i%j==0)                         /*若 i 能被 j 整除*/
                flag=0;                        /*哨兵值改为 0*/
        if(flag==1)                            /*如果 i 为素数*/
            while(a%i==0&&b%i==0)              /*当 i 能同时整除 a 和 b,循环*/
                { r=r*i;                       /* r 重新赋值*/
```

· 110 ·

```
        a=a/i;b=b/i;}                      /* a/i 赋值给 a, b/i 赋值给 b */
    }
    printf("%d",r);                        /* 输出最大公约数 */
    return 0;
}
```

运行结果：

请输入两个整数：60 36↙

gcd{60,36}=12

练习 5.12 有以下程序，程序的执行结果是（   ）。

```
#include "stdio.h"
int main()
{   int f=0,f1=0,f2=1,i;
    printf("%d  %d  ",f1,f2);
    for(i=3;i<=5;i++)
    {   f=f1+f2; printf("%d ",f);
        f1=f2;f2=f;
    }
    return 0;
}
```

正确答案是 0   1   1   2   3

这是典型的求解 Fibnacci 序列的程序，只不过初值有些变化而已。

5.8 文 件 初 步

例 5.22 编写程序解决下列问题：用 1 分、2 分和 5 分硬币组合成 1 元钱，请问分别需要几个 1 分硬币、几个 2 分硬币以及几个 5 分硬币，将所有的组合情况存储到文件中。

```
#include "stdio.h"
#include "process.h"
int main()
{
    FILE * fp;                                  /* 定义文件指针 */
    int i,j,k;                                  /* 定义变量 */
    if((fp=fopen("c:\\TEST","w"))!=NULL)        /* 打开文件 TEST */
    {
        for( i=0;i<=100; i++)                   /* 对一分钱的个数进行穷举 */
            for( j=0;j<=50; j++)                /* 对两分钱的个数进行穷举 */
                for( k=0;k<=20; k++)            /* 对五分钱的个数进行穷举 */
                    if(i+2*j+5*k==100)
                    fprintf(fp,"%3d%3d%3d\n",i,j,k);   /* 满足条件的组合写入文件 */
        fclose(fp);                             /* 关闭文件 */
    }
```

```
    else
    {   printf("文件 TEST 不能打开!\n");
        exit(1);
    }
    return 0;
}
```

上述程序将硬币组合问题的结果存储到 C 盘根目录下的 TEST 文件中,如图 5.3 所示。

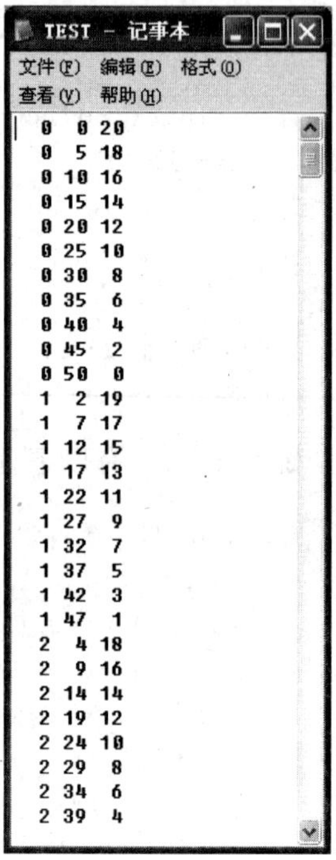

文件的概念很重要,当需要将计算结果存储到外存上,就必须使用文件。而将数据存储在外存上的最大好处就是其具备的"记忆性"。如果不想再次运行程序,只想查看以前的执行结果,可以将程序运行结果存于文件中。就像例 5.22 中计算的所有组合要存储在文件中,以后就可以从文件中读出。

例 5.23 编写程序将硬币问题的结果从文件中读入内存并显示。

图 5.3 TEST 文件部分内容

```
#include "stdio.h"
#include "process.h"
int main()
{
    FILE * fp;                                    /* 定义文件指针 */
    int i,j,k;
    if((fp=fopen("c:\\TEST","r+"))!=NULL)          /* 打开文件 TEST */
    {   while(feof(fp)==NULL)                       /* 文件未结束,循环 */
        {   fscanf(fp,"%3d%3d%3d\n",&i,&j,&k);      /* 一次读三个整数 */
            printf("%3d%3d%3d\n",i,j,k);            /* 显示在屏幕上 */
        }
        fclose(fp);                                /* 关闭文件 */
    }
    else
    {   printf("文件 TEST 不能打开!\n");
        exit(1);
    }
    return 0;
}
```

其实,文件操作并不复杂。

对磁盘文件操作的一般顺序是:打开文件→处理数据→关闭文件。并且在打开文件之前要定义一个文件指针,以便系统处理文件的各种有关信息;打开文件是使文件指针与磁盘文件建立联系,建立了联系以后,才能对它进行读/写等操作;关闭文件是断开指针与文件之间的联系,禁止再对该文件进行操作。因而,文件操作程序的编写分为下面几步。

第一步:定义文件指针。

例 5.22 中的语句是"FILE ＊ fp;"

第二步：打开文件,并判断是否成功打开,若打开文件失败,程序退出运行状态。

例 5.22 中的语句是：if((fp＝fopen("c:\\TEST","w"))!＝NULL)

第三步：对文件进行读写等操作。

例 5.22 中的语句是：fprintf(fp,"%3d%3d%3d\n",i,j,k);

此处是写操作。

第四步：关闭文件。

例 5.22 中的语句是：fclose(fp);

例 5.24 编写程序解决恺撒密码问题：将文件 A.dat 的内容加密以后存储于 B.dat 中。

```c
#include "stdio.h"
#include "process.h"
int main()
{
    FILE * fp, * fq;                              /*定义文件指针*/
    char c;
    int key=4;
    if((fp=fopen("c:\\A.dat","r"))==NULL)         /*打开文件*/
    {   printf("文件 A.dat 不能打开!\n");           /*打开失败,程序退出运行*/
        exit(1);
    }
    else
    {   if((fq=fopen("c:\\B.dat","w"))==NULL)      /*打开文件*/
        {   printf("文件 B.dat 不能打开!\n");       /*打开失败,程序退出运行*/
            exit(1);
        }
        else
        {
            for(c=fgetc(fp); c!=EOF; c=fgetc(fp))  /*循环从文件中读入字符*/
                if(c>='a'&&c<='z')                 /*若 c 是小写字母*/
                {   c='a'+(c-'a'+key)%26; fputc(c,fq);}
                                                   /*计算密文写入文件 B.dat*/
                else if(c>='A'&&c<='Z')            /*若 c 是大写字母*/
                {   c='A'+(c-'A'+key)%26; fputc(c,fq);}
                                                   /*计算密文写入文件 B.dat*/
            fclose(fp);
            fclose(fq);                            /*关闭文件*/
        }
    }
    return 0;
}
```

A.dat 和 B.dat 文件中的内容分别如图 5.4 和图 5.5 所示。

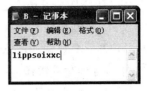

图 5.4　A.dat 文件内容　　　　图 5.5　B.dat 文件内容

文件操作的过程还是分为 4 步。

第一步：定义文件指针。

例 5.24 中的语句是"FILE ＊ fp,＊fq;"，定义了两个文件指针。

第二步：打开文件，并判断是否成功打开，若打开文件失败，程序退出运行状态。

例 5.24 中的语句是：if((fp＝fopen("c:\\A.dat","r"))＝＝NULL)。

第三步：对文件进行读写等操作。

例 5.24 中的语句是："c＝fgetc(fp);"读操作和"fputc(c,fq);"写操作。

第四步：关闭文件。

例 5.24 中的语句是："fclose(fp);"和"fclose(fq);"。

本章的文件操作只是让读者尽早地建立有关文件操作的基本思想，相关细节可详细学习第 10 章。

习　　题

【5-1】　单项选择题(下列各题中每道题有 A、B、C、D 4 个选项，正确答案只有一个，请选择正确答案)。

(1) 下列程序的运行结果是(　　　)。

```c
#include "stdio.h"
int main()
{   int i=23;
    do { --i;printf("%d",i); }
    while(!i);
    return 0;
}
```

　　A. 22　　　　　　　B. 23　　　　　　　C. 死循环　　　　　　　D. 无任何结果

(2) 下列程序的运行结果是(　　　)。

```c
#include "stdio.h"
int main()
{   int i=23;
    do { --i;}
    while(i);
    printf("%d",i);
    return 0;
}
```

A. 0   B. 22   C. 死循环   D. 无任何结果

（3）下列程序的运行结果是（   ）。

```c
#include "stdio.h"
int main()
{   int i=23;
    do { ++i;}
    while(i);
    printf("%d",i);
    return 0;
}
```

A. 23   B. 24   C. 死循环   D. 无任何结果

（4）下列程序段中 while 循环执行的次数是（   ）。

```c
int k=0;
while(k=1) k++;
```

A. 0 次   B. 1 次   C. 2 次   D. 无限次

（5）下列程序段中 while 循环执行的次数是（   ）。

```c
int k=0;
while(k==1) k++;
```

A. 0 次   B. 1 次   C. 2 次   D. 无限次

【5-2】 多项选择题（下列题目中有 A、B、C、D 4 个选项，正确答案超过一个，请选择正确答案）。

无限循环语句是（   ）。

A. for(;2&5;);   B. while(1,2,3);

C. while('\0');   D. for(;'0';);

【5-3】 请修改下列程序，使其能够通过编译，并正确运行。

```c
#include "stdio.h"
int main()
{   int score;
    do
        printf("\nPlease input your score :");
        scanf("%d",&score);
    while(score<0||score>100);
    printf("our score is %d!\n",score);
    return 0;
}
```

【5-4】 判断下面程序的运行结果，并说明原因。

（1）

```c
#include "stdio.h"
```

```c
int main()
{
    int i,j;
    i=0;
    j=2;
    while(i<=3)
    {   i++;
        j=j * 2;
    }
    printf("i=%d,j=%d\n ",i,j);
    return 0;
}
```

(2)

```c
#include "stdio.h"
int main()
{
    int i=2,j=1;
    while(i&&j)
    {   i++;
        j++;
    }
    printf("i=%d,j=%d\n ",i,j);
    return 0;
}
```

(3)

```c
#include "stdio.h"
int main()
{
    int i,j;
    for(i=j=1;j<=50;j++)
    {   if(i>=10) break;
            if(i%2)
            {   i+=5;
                continue;
            }
        i-=3;
    }
    printf("j=%d\n",j);
    return 0;
}
```

(4)

```c
#include "stdio.h"
```

```
int main()
{
    int i;
    for(i=1;i<=5;++i)
        switch (i)
        {
            case 1:printf("\ni=1");
                continue;
            case 2:i=1;
            case 3:printf("\ni=3");
                i+=2; continue;
            case 4:printf("\ni=%d",i);i++;
                break;
        }
    printf("\ni=%d",i);
    return 0;
}
```

【5-5】 按照下列要求编写程序。

(1) 编写程序计算如果每年按照年利率 I(例如 2%)投资 S(例如 50 000)元,在第 Y(例如 10)年得到的总钱数 M。公式:

$$M=S\times(1+I)^y$$

(2) 编写程序,输入一组字符(以♯号结尾),对该组字符做一个统计,统计字母、数字和其他字符的个数,输出统计结果。

(3) 编写程序通过计算 100 个矩形的面积得到函数 f(x)的数值积分。$f(x)=x^2+x$,其中 $0 \leqslant x \leqslant b$。

(4) 请为"百鸡问题"编写程序。百鸡问题:"鸡翁一,值钱五;鸡母一,值钱三;鸡雏三,值钱一。百钱买百鸡,问鸡翁、母、雏各几只。"

(5) 编写程序求 a+aa+aaa+…+aa…a,其中 a 是一个数字。例如:3+33+333+3333+33 333(此时 n 为 5)。要求 a 和 n 从键盘输入,输出格式为:3+33+333+3333+33 333=37 035。

(6) 假设数列中的每一项都比前一项大一个常量。假设数列第一项为 a,并且两个相邻项之间的差为 d。编写程序提示用户输入数列的前两项,以及需要计算的项数 k。利用循环语句输出数列的前 k 项,并计算前 k 项的和。

(7) 幼儿园有大、中、小三个班的小朋友。分西瓜时,大班 3 人 1 个,中班 4 人 1 个,小班 5 人 1 个,正好分掉 10 个西瓜;分苹果时,大班每人两个,中班每人 3 个,小班每人 4 个,正好分掉 100 个苹果。编写程序求幼儿园共有多少小朋友。

(8) 编写程序,输入一个正整数,计算并显示该整数的各位数字之和,例如,整数 1987 的各位数字之和是 1+9+8+7,等于 25。

(9) 在歌手大奖赛中有若干裁判为歌手打分,计算歌手最后得分的方法是:去掉一个最高分,去掉一个最低分,取剩余成绩的平均分。编写程序输入一个歌手的若干成绩,以 -1

作为输入结束标记,计算歌手的最后得分。

(10) 编写程序输入原始贷款总额、年利率和月偿还数,打印每月应还贷款的进度表。进度表的内容包括月份、利息、月偿还数和贷款余额 4 项。计算方法:首先计算月利率年利率的 1/12;对每个月先计算当前利息=月利率×贷款余额,新的贷款余额=当前利息+旧的贷款余额-月偿还数。每月输出一行,直到月偿还数大于贷款余额为止,最后一个月的偿还数为贷款余额数+利息,新的贷款余额数为 0。

若原始贷款总额、年利率和月偿还数分别为 1000、0.125 和 100,则输出数据见表 5.1。

表 5.1   应还贷款进度表

Month(月份)	Interest(利息)	Payment(月偿还数)	Balance(余额)
1	10.42	100.00	910.42
2	9.48	100.00	819.90
⋮	⋮	⋮	⋮
10	1.66	100.00	60.99
11	0.64	61.63	0.00

(11) 编写程序解决"猜数游戏"问题:产生一个 10 以内的随机数,请用户猜这个数是几,接收用户输入以后,如果用户猜错了,则告诉用户他猜的这个数比程序产生的数是大了还是小了,然后继续让用户猜,直到用户猜对程序结束。请用一个计数器记录用户猜的次数,当用户猜对时将他猜的次数输出。

【5-6】 程序填空。

(1) 下面程序的功能是:计算 1～100 之间所有奇数的和以及所有偶数之和,请填空:

```c
#include "stdio.h"
int main()
{    int s1=0,s2,i,j,t;
     _____
     for(i=1;i<=100;i+=2)
     {    s1=s1+i;
          _____
          s2=s2+t;
     }
     printf("奇数之和=%d , 偶数之和=%d\n",s1,s2);
     return 0;
}
```

(2) 下面程序的功能是:计算 100 以内能被 3 整除且个位数为 6 的所有正整数,请填空:

```c
#include "stdio.h"
int main()
{    int i,j;
     printf("\n");
     for(i=1;_____;i++)
```

```
    {    j=i * 10+6;
        if(_____)  continue;
            printf("%d ", j);
    }
    return 0;
}
```

（3）下面程序的功能是在屏幕上显示图形：

$$
\begin{array}{ccccc}
1 & & & & \\
2 & 1 & & & \\
3 & 2 & 1 & & \\
4 & 3 & 2 & 1 & \\
5 & 4 & 3 & 2 & 1 \\
\end{array}
$$

请填空：

```
#include "stdio.h"
int main()
{   int i,j;
    for(i=1;i<=5;i++)
    {   printf("\n");
        for(j=i;_____;j--)
            _____
    }
    return 0;
}
```

（4）下面程序的功能是：计算输入整数的各位数字之和。例如,整数 1987 各位数字之和是 1＋9＋8＋7,等于 25。

解：

```
#include "stdio.h"
int main()
{   long i,sum;
    int k;
    printf("\nEnter a integer:");
    scanf("%ld",&i);
    _____
    while(i!=0)
    {   _____
        sum=sum+k;
        i=i/10;
    }
    printf("\nsum is %d",sum);
    return 0;
}
```

第6章 函　　数

函数的概念是非常重要的。本章首先举个例子,说明使用函数的重要性。编写程序,求如图 6.1 所示的图形阴影部分的面积。该图有三个圆,所求面积是外圈的圆面积减去内圈的两个圆的面积。

当然可以这样来编写程序:

```c
#include "stdio.h"
#define PI 3.141596
int main()
{
    double r,Area;                          /*定义变量*/
    printf("请输入外圆的半径");
    scanf("%lf",&r);                         /*接收半径*/
    Area=PI*r*r-2.*(PI*(r/2.)*(r/2.));/*求面积*/
    printf("阴影部分面积是%lf", Area);        /*显示结果*/
    return 0;
}
```

但是,不知道读者有没有注意到,这个程序中使用了两次圆面积公式?

修改程序如下:

例 6.1　求图 6.1 阴影部分的面积。

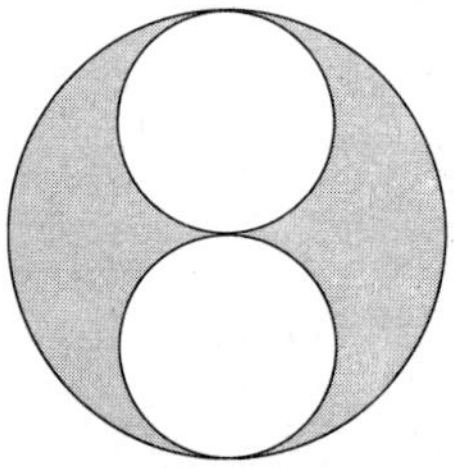

```c
#include "stdio.h"
#define PI 3.141596
double CircleArea(double r)
{
    return PI*r*r;
}
int main()
{
    double r,Area;                          /*定义变量*/
    printf("请输入外圆的半径");
    scanf("%lf",&r) ;                        /*接收半径*/
    Area=CircleArea(r)-2.* CircleArea(r/2.) ;  /*求面积*/
    printf("阴影部分面积是%lf", Area);        /*显示结果*/
    return 0;
}
```

图 6.1　求阴影部分的面积

在这个程序中,将求圆面积的工作交给一个函数 CircleArea,主函数负责调用两次函数就能完成任务了。

一般来说,使用函数的目的有三个,第一是为了方便地使用其他人编写的代码,就像调用系统提供的库函数一样;第二是为了在新的程序中使用自己编写过的代码,这样可以避免重复的脑力劳动;第三也是最重要的目的,是为了通过这种方式将一个大型程序分割成小块的程序,当程序员面临一个较大的、复杂的问题时,应该将问题分解,分成若干个较小的、功能简单的、相对独立但又相互关联的模块(通常称为子程序)来进行程序设计,这是模块化程序设计的基本思想。这些独立的部分可以单独进行编译和调试。这样设计出来的程序,逻辑关系明确,结构清晰,可读性好,便于查错和修改。

6.1 函 数 基 础

现在,例 6.1 程序中一个主函数能够实现的功能,要用主函数 main 和自定义函数 CircleArea 两个函数实现。这两个函数可以由不同的程序员来编写。尤其对于大型程序来说,由一个程序员来完成全部的任务几乎是不可能的。因此,需要将程序按照功能分解成不同的模块,由不同的程序员来完成。在 C 语言中,一个函数就是一个模块。

为了 main 函数能够正确调用自定义 CircleArea 函数,可以将这两个函数编辑到一个 C 源程序中,编辑时,CircleArea 函数的定义既可以放在主函数的前面也可以放在主函数的后面,但是,如果 prime 函数的定义放在主函数后面,则需要在主函数的最前面加函数说明语句:"double CircleArea(double r);"。

函数定义、函数调用和函数说明是程序员使用自定义函数的基础。

函数定义:

```
double CircleArea(double r)
{
    return PI * r * r;
}
```

函数调用:

```
Area=CircleArea(r)-2 * CircleArea(r/2);
```

函数说明:

```
double CircleArea(double r);
```

如果将函数定义的这几条语句放在主函数的后面,就需要函数说明语句了。这时候的完整程序是:

```
#include "stdio.h"
#define PI 3.141596
double CircleArea(double r) ;                      /* 函数说明 */
int main()
{
    double r,Area;                                 /* 定义变量 */
    printf("请输入外圆的半径 ");
    scanf("%lf",&r);                               /* 接收半径 */
```

```
    Area=CircleArea(r)-2*CircleArea(r/2);          /* 求面积,函数调用 */
    printf("阴影部分面积是%f", Area);                /* 显示结果 */
    return 0;
}
double CircleArea(double r)                          /* 函数定义 */
{
    return PI * r * r;
}
```

下面通过上面的程序讨论函数定义、函数说明、函数调用的职能。

函数定义负责定义函数的功能,未经定义的函数不能使用。CircleArea 定义的函数功能是求圆的面积。

在 C 语言中,从函数定义的角度看,函数可分为库函数和用户定义函数两种。

库函数的函数定义由 C 编译系统提供,不需要进行函数定义就可以使用。printf、scanf、getchar、putchar、gets、puts、strcat 等函数均属此类。

用户定义函数是由程序员按照逻辑功能自己编写的函数,例如对 CircleArea 的定义。

函数说明负责通知编译系统该函数已经定义过了。对于 C 编译提供的库函数一般不用明确地写出函数说明,只要在程序前用 ♯include 包含有该函数原型的头文件就行了。

对于用户自定义函数,一般要在调用以前对被调用函数进行函数说明,然后才能调用,尤其自定义函数的位置在调用它之后。

"double CircleArea(double r);"就是对函数的说明。

函数调用是执行一个函数,调用者调用被调用函数时,程序跳转到被调用函数的第一句开始执行,执行到被调用函数的最后一句,然后程序返回到调用该函数的地方。

"Area= CircleArea(r)-2 * CircleArea(r/2);"中包括两次对函数 CircleArea 的调用。

函数的最后一句肯定是返回语句 return,有些函数需要返回一个值给调用它的函数,就像例 6.1 中的"return PI * r * r;",有的函数则不需要返回值。不管是否带返回值,return语句的一个主要功能是使程序回到调用该函数的语句的下一句执行。如果程序员在函数定义中未明确使用 return 语句,系统自动隐含一个不带返回值的 return 语句。

形式参数是变量,需要在函数定义时对其进行定义。形式参数只能在 CircleArea 内部使用,在 CircleArea 的函数定义中定义了一个形式参数 r,其数据类型是 double。

实际参数是一个可以包含变量、常量和运算的表达式,函数调用时,实际参数的值传给被调用函数的形式参数。"Area=CircleArea(r)-2 * CircleArea(r/2);"中的 CircleArea(r) 和 CircleArea(r/2) 是对函数 CircleArea 的调用,r 和 r/2 是实际参数。

函数定义、函数调用和函数说明是使用模块化程序设计思想进行 C 程序设计时需要做的三件事,函数说明并不要求在任何情况下都必须写出,可以根据具体情况选择写或不写。

在 C 语言中,程序从主函数 main 开始执行,到 main 函数终止。其他函数由 main 函数或别的函数或自身进行调用后方能执行。再来看一个例子。

例 6.2 编写程序求 3~100 之间的所有素数。使用自定义函数求 i 是否为素数,如果 i 是素数,函数返回 1,否则返回 0。

```
/*-----------使用自定义函数求 i 是素数-----------*/
#include "stdio.h"
int prime(int i);                    /*对函数 prime 的说明*/
int main()
{   int i;                           /*定义变量*/
    for(i=3;i<=100;i++)              /*i 从 3 到 100,对每个 i 进行判断*/
    {   if(prime(i)==1)              /*对函数 prime 的调用,此时的 i 称为实际参数*/
                                     /*调用自定义函数 prime,若返回值是 1,说明 i 是素数*/
            printf("%4d",i);
    }
    printf("\n");
    return 0;
}
int prime(int i)    /*函数 prime 的定义,功能是求 i 是否是素数。此时的 i 称为形式参数*/
{   int j,flag;
    flag=1;                          /*哨兵值设为 1*/
    for(j=2;(j<=i-1)&&(flag);j++)    /*计数器和哨兵同时控制循环的结束*/
        if(i%j==0)                   /*若 i 能被 j 整除*/
            flag=0;                  /*哨兵值改为 0*/
    return flag;                     /*返回是否是素数的标记*/
}
```

6.2 函数的定义

6.2.1 函数的定义形式

首先来看这两种定义形式,第一种:

```
double CircleArea(double r)
{
    return PI * r * r;
}
```

这种定义方式的特征是将形参 i 的数据类型直接在圆括号中定义,此处 i 的数据类型是 int。这种定义方式是现代格式,是最新的 ANSI C 的标准格式。

第二种:

```
double CircleArea(r)
double r;
{
    return PI * r * r;
}
```

这种定义方式的特征是将形参 i 的数据类型在函数名与函数分程序之间定义,而在函数名后面的括号中是不写形参 i 的数据类型的。第二种方式是传统格式。

两种格式的语法格式总结如下。

第一种：

函数返回值的数据类型说明 函数名称（带有类型说明的参数表）
{   函数内部数据说明；
**   语句；**
}

第二种：

函数返回值的数据类型说明 函数名称（不带类型说明的参数表）
参数的类型说明；
{   函数内部数据说明；
**   语句；**
}

推荐使用现代格式。

注意：函数名必须是 C 语言的合法标识符，并且是用户定义字。函数定义用圆括号作标志，后面不带分号。

例 6.3 编写一个函数实现求 x^n。

使用现代格式：

```
double power(double x,int n)
{   double p;                      /* 定义变量 */
    if(n>0)                        /* 判断 n 的值 */
        for  (p=1.0;n>0;n--)       /* 循环求 x 的 n 次方 */
            p=p*x;
    else
        p=1.0;                     /* 如果 n 小于等于 0,p 取 0 */
    return(p);                     /* 返回值 */
}
```

使用传统格式：

```
double power1(x,n)
double x;
int n;
{   double p;                      /* 定义变量 */
    if(n>0)                        /* 判断 n 的值 */
        for  (p=1.0;n>0;n--)       /* 循环求 x 的 n 次方 */
            p=p*x;
    else
        p=1.0;                     /* 如果 n 小于等于 0,p 取 0 */
    return(p);                     /* 返回值 */
}
```

函数定义中的函数体是用花括号括起来的语句。在函数体中，数据说明要放在执行语句的前面。

函数体可以是空的，称为空函数。空函数并不是完全没有意义，可以起形式上的作用，这样的函数只是暂时没有代码,等待进一步的扩充。这样有利于模块化程序设计,防止遗漏某些功能。

有一点特别需要强调:函数定义中不能包含另一个函数的定义。也就是说,函数定义不能嵌套。在 C 语言中,函数定义是并列的关系,不能一个包含另一个。

练习 6.1 请指出下面程序的错误。

```
#include "stdio.h"
void print()
{
    putchar('*');
    void prnline()                    /*错误*/
    {
        putchar('\n');
    }
}
int main()
{   print();
    return 0;
}
```

这是一个函数定义位置错误的程序。prnline()函数的定义与 print()函数的定义是并列的,不允许嵌套。

正确的是:

```
void prnline()
{
    putchar('\n');
}
void print()
{
    putchar('*');
}
```

有的初学者特别是学过一些其他高级语言的人,很容易犯上述错误。在这里,要特别强调:**函数定义中不能包含另一个函数的定义**。也就是说,函数定义不能嵌套。在 C 语言中,函数定义是并列的关系,不能一个包含另一个。

练习 6.2 请指出下面程序的错误。

```
#include "stdio.h"
int function(x)                   /*错误的函数定义*/
{   int x,y;                      /*形式参数不能写在函数内部*/
    y=3*x*x+2*x+1;
    return(y);
}
```

这个例子中,x 是函数的形式参数,y 是函数内部使用的变量。但是,程序中将函数的形式参数的类型定义写在花括号里面,引起了错误。注意,也不能将函数内部使用的变量写在花括号外面。

下面的函数定义也是错误的。

```
int function(int x)                        /*错误的函数定义*/
int y;
{   y=3*x*x+2*x+1;
    return(y);
}
```

因为该函数定义将函数内部使用的变量,定义在圆括号的外面,也是不能通过编译的。

正确的函数定义是:

```
int function(int x)
{   int y;
    y=3*x*x+2*x+1;
    return(y);
}
```

6.2.2 函数的返回值

例 6.1 中 CircleArea()函数定义的第一行是"double CircleArea(double r)",其中,函数名前面的 double 所表示的就是该函数返回值的数据类型,而在该函数的定义中最后有一条显式的返回语句"return PI*r*r;"用于向调用者返回一个结果。

模块程序设计思想中的子程序一般分为两种,一种是带返回值的,称为函数;另一种是不带返回值的,称为过程。但是在 C 语言中并不区分子程序是函数还是过程,而是将函数分为带返回值的函数和不带返回值的函数两种。

如果一个函数带返回值,此类函数必须使用显式的返回语句向调用者返回一个结果,称为函数返回值。如果用户定义的函数需要返回函数值,必须在函数定义中明确指定返回值的数据类型。

如果一个函数无返回值,此类函数用于完成某项特定的处理任务,函数的任务完成后不向调用者返回结果,一般可以不写 return 语句。用户在定义此类函数时应指定它的返回值为"空类型",空类型的类型说明符为"void"。

例 6.4 编写一个函数输出九九表,并用主函数调用该函数。

```
/*------------------输出九九表的函数-------------------------*/
#include "stdio.h"
void nine()
{   int i,j;                            /*定义变量*/
    for(i=1;i<=9;i++)                   /*循环 i 从 1 到 9*/
    {
        for(j=1;j<=9;j++)               /*循环 j 从 1 到 9*/
            printf("%d*%d=%2d ",i,j,i*j);  /*输出一个乘法公式*/
        printf("\n");                   /*换行*/
    }
```

```
}
int main()
{   nine();                                    /* 函数调用 */
    return 0;
}
```

本程序中 nine 函数是不带返回值的,它的功能是输出一个九九表。其返回值类型是 void,即不带返回值。

在传统的 C 语言编译中,允许没有明确的返回类型的说明,系统认定这种情况为 int 型,现代的 C 语言(例如 C99)已经剔除了这个隐含规则。

关于返回值,还有以下一些规定需要读者注意。

(1)"return(表达式);"和"return 表达式;"都是正确的。

(2)带返回值的函数只能返回一个值。

(3)在函数定义时,允许使用多个 return 语句,但是应尽量在末尾使用一个 return 语句。

(4)return 语句中的表达式与函数的返回值类型不匹配时,以函数定义时的返回类型为准。

例如,实现求 x^n 的函数 power 的函数定义也可以写为:

```
double power(double x,int n)
{   double p;
    if(n>0)                          /* 判断 n 的值 */
    {   for   (p=1.0;n>0;n--)        /* 循环求 x 的 n 次方 */
            p=p*x;
        return(p);
    }
    else
        return 1.0;                  /* 如果 n 小于等于 0,返回 0 */
}
```

尽管本程序表面上看是写了两个 return 语句,但实际上执行的只能是其中的一个,因为是用 if 语句控制的,返回语句只能执行一个。

练习 6.3 找出下列程序的错误,并说明如何修改。

```
#include "stdio.h"
int function(x)                      /* 错误的函数定义 */
{   int x,y;                         /* 形式参数不能写在函数内部 */
    y=3*x*x+2*x+1;
    return(y);
}
int main()
{   int x;
    printf("请输入一个整数:");
    scanf("%d",&);
    printf("x=%d   f(x)=%d\n",x,function(x));
```

```
        return 0;
    }
```

这个例子中,x 是函数的形式参数,y 是函数内部使用的变量。但是,程序中将函数的形式参数的类型定义写在花括号里面,引起了错误。注意,也不能将函数内部使用的变量写在花括号外面。

下面的函数定义也是错误的。

```
int function(int x)                    /* 错误的函数定义 */
int y;
{   y=3 * x * x+2 * x+1;
    return(y);
}
```

因为该函数定义将函数内部使用的变量,定义在圆括号的外面,也是不能通过编译的。
正确的函数定义是:

```
int function(int x)
{
    int y;
    y=3 * x * x+2 * x+1;
    return(y);
}
```

6.3 函 数 调 用

6.3.1 函数的调用方式

首先,把例 6.1~例 6.4 的函数调用语句列出:

例 6.1 的函数调用语句是"Area= CircleArea(r)-2 * CircleArea(r/2) ;";

例 6.2 的函数调用语句是"if(prime(i)==1)";

例 6.3 的函数调用语句可以是"printf("%lf ", power(3.0,j))";

例 6.4 的函数调用语句是"nine();"。

其中调用例 6.3 的函数完整的主函数可以是:

```
#include "stdio.h"
double power(double x,int n);
int main()
{   int j=4;
    putchar('\n');
    printf("%lf ", power(3.0,j));   /* 函数调用 */
                        /* 对函数 power 的调用作为 printf 函数的实际参数 */
    putchar('\n');
    return 0;
}
```

下面对列出的调用方式做一个总结。

最简单的调用方法是对不带返回值的函数进行调用。这种情况,函数调用一般作为独立的语句出现,其函数调用方式是:

函数名(参数表);

例 6.4 中的"nine();"就属于这种调用。只不过,由于 nine 函数不带参数,参数表为空。注意,即使被调用函数是不带参数的函数,圆括号也不能省略。参数表是用逗号分隔的若干表达式,每个表达式都是函数的实际参数。表达式中可以包含常量和变量。注意,实际参数的表达式前不能加数据类型说明。

带返回值的函数调用方式有两种,一种是函数调用出现在表达式中,例 6.2 中对 prime 函数的调用是"if(prime(i)==1)",prime 函数的返回值作为表达式的一部分参与运算。另一种对带返回值的函数的调用方式是:函数调用作为另一个函数的实参出现"printf("%lf", power(3.0,j));"。

注意:函数调用时,不同的编译系统对参数表达式的计算顺序有可能不同,有的编译系统是从左到右计算参数表达式,而有的编译系统是从右到左计算参数表达式。为了保证程序的可移植性,不要使用类似于"power(n,n——)"这样的调用。因为,假设 n 的值为 6,从左到右计算参数表达式的编译系统将执行调用"power(6,6)",而从右到左计算参数表达式的编译系统将执行调用"power(5,6)"。

在函数调用时,实际参数的个数和数据类型必须与函数定义的形式参数的个数、数据类型匹配,若不匹配可能会出现预料不到的结果。

练习 6.4 找出下列程序的错误,并说明如何修改。

```
#include "stdio.h"
int f_value (int x)
{
    int y;
    y=4*x*+5*x*x+1;
    return(y);
}
int main()
{   int x;
    printf("请输入一个整数:");
    scanf("%d",&x);
    printf("x=%d   f(x)=%d\n",x, f_value (int x));
}
```

语句"printf("x=%d   f(x)=%d\n",x, f_value (**int x**));"对函数 function 的调用方式是错误的。因为,函数调用的时候,参数是不带数据类型的。

6.3.2 函数的嵌套调用

在 C 语言中,函数是并列的、独立的一个一个模块,通过调用与被调用相关联。在一个函数定义中不可以定义另一个函数,但是允许在一个函数中调用另一个函数,这就是所谓的函数定义不可以嵌套,但函数调用允许嵌套。

例 6.5 编写程序,不断地从键盘上接收一组整数,计算并输出它们的最大公约数,直到用户终止输入数据。

```
#include "stdio.h"
void gcd_a_b();                                    /* 函数说明 */
int gcd(int,int);                                  /* 函数说明 */
int main()
{   int c;                                         /* 定义变量 */
    printf("是否输入数据 (Y/N):");                 /* 询问用户是否输入数据 */
    c=getchar();getchar();
    while(c=='Y'|| c=='y')                         /* 用户需要输入数据则循环一直做 */
    {   gcd_a_b();                                 /* 调用函数 */
        getchar();                                 /* 跳过回车键 */
        printf("是否继续输入数据 (Y/N)");

                                                   /* 询问用户是否继续输入数据 */
        c=getchar();
        getchar();                                 /* 跳过回车键 */
    }
    return 0;
}
void gcd_a_b()
{   int a,b;                                       /* 定义变量 */
    printf("请输入两个整数:");
    scanf("%d%d",&a,&b);                           /* 接收输入两个整数 */
    printf("\ngcd{%d,%d}=%d",a,b,gcd(a,b));        /* 输出 a、b 及最大公约数 */
}
int gcd(int a,int b)
{   int r;
    r=a%b;                                         /* r 取 a 除以 b 的余数 */
    while(r!=0)                                    /* 当 r 不等于 0,循环 */
    {   a=b;                                       /* b 赋值给 a */
        b=r;                                       /* r 赋值给 b */
        r=a%b;                                     /* r 取 a 除以 b 的余数 */
    }
    return b;                                      /* 返回最大公约数 */
}
```

说明:本程序中除了主函数以外,还定义了两个自定义函数:gcd_a_b 和 gcd。

gcd_a_b 的功能是读入两个整数,然后通过调用 gcd 函数求它们的最大公约数;gcd 的功能是求两个整数的最大公约数。

三个函数的调用关系如图 6.2 所示。主函数在执行过程中,调用 gcd_a_b 函数,gcd_a_b 函数在执行过程中又调用了 gcd 函数。这就是嵌套调用,尽管是嵌套调用,在书写程序时,三个函数仍然是顺序排列,不能在一个函数定义中定义另一个函数。

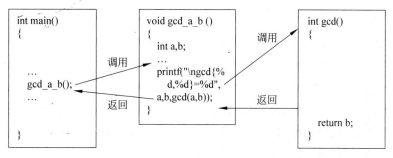

图 6.2　嵌套调用

6.4　函　数　说　明

在调用者调用被调用函数之前,应对该被调用函数进行说明,称为函数说明。这个道理就像使用变量之前要先进行变量说明一样。

函数说明的目的是使编译系统知道被调用函数返回值的类型以及参数的类型,从而可以在调用函数中按照相应的类型做一定的处理。

函数说明的一般形式为:

函数返回值的数据类型说明符 被调用函数名 (形参表);

括号内的形参表可以给出形参的数据类型名和形参名,也可以只给出形参的类型名。这便于编译系统进行检错,以防止可能出现的错误。

例 6.6　编写函数 fun,fun 的功能是:统计长整数 n 的各位上出现数字 x 的次数,例如,n=12311435L,x=1,结果为 3,同时编写主函数对 fun 进行调用。

```
#include "stdio.h"
int fun (long n,int x);                    /*函数说明*/
int main()
{
    long n;int x;                          /*定义变量*/
    printf("请输入一个长整型数和一个小于 10 的整数: ");
    scanf("%ld%d",&n,&x);                  /*接收输入*/
    printf("%ld 中包含%d 个%d ",n,fun(n,x),x); /*调用函数并输出*/
    return 0;
}
int fun (long n,int x)
{   int sum=0;                             /*累加器清 0*/
    while(n!=0)                            /*循环当 n!=0*/
    {
        if(n%10==x)                        /*如果十进制的个位数等于 x*/
            sum++;                         /*符合条件累加器加 1*/
        n=n/10;                            /*n 整除 10*/
    }
    return sum;
}
```

程序运行情况：

请输入一个长整型数和一个小于 10 的整数：
12311435　中包含 3 个 1

函数说明语句的位置应该在函数定义之前。函数说明语句既可以置于函数外，也可以置于函数内。函数说明语句如果置于函数外，则在说明语句之后的所有函数都可以调用所说明的函数；函数说明语句如果置于某函数内，则只有这个函数可以调用被说明的函数。

前例是将说明放在函数外，也可以放在主函数内。

```
int main()
{
    long n;int x;                              /*定义变量*/
    int fun (long n,int x);                    /*函数说明*/
    printf("请输入一个长整型数和一个小于 10 的整数：");
    scanf("%ld%d",&n,&x);                      /*接收输入*/
    printf("%ld 中包含%d 个%d ",n,fun(n,x),x); /*调用函数并输出*/
    return 0;
}
```

在 C 语言中，并不需要在任何情况下都必须对函数进行函数说明，在下列两种情况下，可以省略对被调用函数的函数说明。

(1) 被调用函数的函数定义出现在调用它的函数之前。

(2) 对 C 编译提供的库函数的调用不需要再作函数说明，但必须把该函数的头文件用 #include 命令包含在源程序的最前面。例如，像 putchar 这样的函数定义存放在"stdio.h"文件中，只要在程序首部加上 #include "stdio.h"。

例如：

```
#include "stdio.h"
int fun (long n,int x)
{   int sum=0;                                 /*累加器清 0*/
    while(n!=0)                                /*循环当 n!=0*/
    {
        if(n%10==x)                            /*如果十进制的个位数等于 x*/
            sum++;                             /*符合条件累加器加 1*/
        n=n/10;                                /*n 整除 10*/
    }
    return sum;
}
int main()
{
    long n;int x;                              /*定义变量*/
    printf("请输入一个长整型数和一个小于 10 的整数：");
    scanf("%ld%d",&n,&x);                      /*接收输入*/
    printf("%ld 中包含%d 个%d ",n,fun(n,x),x); /*调用函数并输出*/
    return 0;
}
```

此程序省略了函数说明,因为函数定义在调用之前。

6.5　参　数　传　递

模块化程序设计思想中,参数传递是既重要又复杂的概念,不了解参数传递,无法编写出正确的调用与被调用函数。

6.5.1　形参和实参

函数定义首部的参数是形参。

例 6.1 中

```
double CircleArea(double r)
{  …
}
```

r 是形参,数据类型为双精度浮点。

例 6.2 中

```
int prime(int i)
{
…
}
```

i 是形参,数据类型为整型。

例 6.3 中

```
double power(double x,int n)
{
…
}
```

x 和 n 是形参,x 的数据类型为双精度浮点,n 的数据类型为整型。

例 6.4

```
void nine()
{
…
}
```

无形参。

函数调用语句中的参数是实参。

例 6.1 的函数调用语句是"Area＝ CircleArea(r)－2 * CircleArea(r/2);",实参是 r 和 r/2,对函数进行了两次调用。

例 6.2 的函数调用语句是"if(prime(i)＝＝1)",实参是 i。

例 6.3 的函数调用语句是"printf("%lf",power(3.0,j))",实参是 3.0 和 j。

例 6.4 的函数调用语句是"nine();",无实参。

形参与实参的关系密切,函数调用时需要传递数据。调用函数要将实参的值传送给被调用函数的形参。

通过这些案例可以发现:

(1) 实际参数是表达式,例如 3.0 和 j,由于变量也构成一个表达式,实际参数既可以是变量也可以是普通的表达式,但形式参数只能是变量。当实际参数是变量时,该变量名可以与形参的名称相同,也可以不同,即使名称相同也不代表同一个变量。要强调的是,在函数定义内部应该使用形参的名称。

例 6.2 中形参和实参都使用的是 i,但是实际是占用不同的空间,但是它们是两个存储单元,不是同一个存储单元。如果做如下修改以后,程序的功能与修改之前并没有什么不同,只不过是程序员的习惯不同而已。

```
#include "stdio.h"
int prime(int i);                    /* 对函数 prime 的说明 */
int main()
{   int i;                           /* 定义变量 */
    for(i=3;i<=100;i++)              /* i 从 3 到 100,对每个 i 进行判断 */
    {   if(prime(i)==1)              /* 对函数 prime 的调用,此时的 i 称为实际参数 */
                                     /* 调用自定义函数 prime,若返回值是 1,说明 i 是素数 */
            printf("%4d",i);
    }
    printf("\n");
    return 0;
}
int prime(int x)      /* 函数 prime 的定义,功能是求 x 是否是素数。此时的 x 称为形参 */
{   int j,flag;
    flag=1;                          /* 哨兵值设为 1 */
    for(j=2;(j<=x-1)&&(flag);j++)    /* 计数器和哨兵同时控制循环的结束 */
        if(x%j==0)                   /* x 能被 j 整除 */
            flag=0;                  /* 哨兵值改为 0 */
    return flag;                     /* 返回是否是素数的标记 */
}
```

(2) 实际参数与形式参数的参数个数、数据类型和顺序都应该一致,如果数据类型不一致,系统将按照自动转换规则进行转换。

例 6.3 中函数定义的第一行是:

```
double power(double x,int n)
{
}
```

调用语句是:"printf("%lf",power(3.0,j))",参数的个数是两个,3.0 是 **double 类型**,j 是**整型**,如图 6.3 所示。

(3) 实际参数向形式参数传递的是值。这个值就是对代表实际参数的表达式进行计算的结果。可以是常量值、变量值、数组元素值、函数值等。

图 6.3 参数传递

（4）数据的传递是单向的，只能是从实参向形参传递。

6.5.2 形参的数据类型是基本数据类型

当形式参数的数据类型为基本数据类型 int、short、long、char、float 和 double 时，形式参数应该为单个变量。例如，函数定义的第一行是"int gcd(int a,int b)"，表示函数 gcd 有两个形参 a 和 b，数据类型为 int。在调用这类函数时，实参是一个表达式，表达式中可以包含常量、变量、数组元素值、函数值。函数调用时，系统先计算表达式的值，然后将值传递给形参。这种情况下的形参是标识了一个存储空间的变量名，这个存储空间是在函数被调用时由系统分配的，被调用函数执行完毕，则形参的空间将被系统释放掉。如果是多次调用，每次调用系统都会重新为形参分配空间。因此，形参所占的空间是没有"记忆"的。

鉴于上述原因，当实际参数是一个变量名时，被调用函数内的形参的值不论如何变化，都不会影响实参的变化。初学者往往容易将这种情况搞错，而如果实际参数不是变量名，而是常量、函数值等，则不容易让人认为实参会因为形参的变化而变化。请看例 6.7。

例 6.7 函数间的参数传递。

```
#include "stdio.h"
void swap_fail(int a,int b);
int main()
{   int i,j;                                  /*定义变量*/
    i=2;j=4;                                   /*变量赋值*/
    printf("调用前 i=%d,j=%d\n",i,j);          /*输出调用函数之前的值*/
    swap_fail (i,j);                           /*调用函数*/
    printf("调用后 i=%d,j=%d\n",i,j);          /*输出调用函数之后的值*/
    return 0;
}
void swap_fail (int x,int y)
{   int temp;
    printf(" 交换之前 x=%d,y=%d\n",x,y);       /*输出交换之前的值*/
    temp=x; x=y; y=temp;                       /*交换*/
    printf(" 交换之后 x=%d,y=%d\n",x,y);       /*输出交换之后的值*/
}
```

运行结果：

```
调用前 i=2,j=4
  交换之前 x=2,y=4
  交换之后 x=4,y=2
调用后 i=2,j=4
```

说明： 本程序中的函数 swap_fail 不能完成将两个数据进行交换的功能，因为 i 和 j 作为实参只是将自己的值传送给了形参 x 和 y，i 和 j 并没有因为形参的变化而变化，它们各自占有不同的存储空间。函数只是修改了形参的存储空间的内容，并不影响实参的值，如图 6.4 所示。

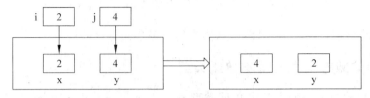

图 6.4 传变量的值

其实，传值的思想并不难理解，只要想一想，如果实际参数是一个常量，如何修改呢？对 swap_fail 函数的调用语句可以是"swap_fail(2,4);"，2 和 4 是改变不了的。

如果想利用函数有效地修改实参的数据，必须借助于指针或者数组，请参见相应的章节。

练习 6.5 有以下程序：

```c
#include "stdio.h"
void fun(int p)
{    int d=8;
     p=d+p;
     printf("%d\n",p);
}
int main()
{    int a=1;
     fun(a);
     printf("%d\n",a);
     return 0;
}
```

程序运行后的输出结果是：

9
1

fun 函数执行时，p 的结果是 9，但是无论 p 的值是什么，并不影响 a 的内容，a 的内容依然是 1。

6.6 递归调用

C 语言允许函数的递归调用。一个函数定义中使用调用形式间接或直接地调用自己就称为递归调用。递归调用与重复调用一个函数有相似的地方，常常使初学者感到迷惑。

例 6.8 递归调用示例，从 n 输出到 1。

```c
/* ------------------------递归调用示例，从 n 输出到 1 -------------- */
#include "stdio.h"
```

```
void f(int n)                        /* 递归函数的定义 */
{   if(n!=0)                         /* 如果 n!=0 */
    {   printf("%d",n);              /* 输出当前的 n */
        f(n-1);                      /* 递归调用自己 */
    }
    return;
}
int main()
{   f(3);                            /* 调用函数 f */
    printf("\n");
    return 0;
}
```
本例的输出结果是：321

下面通过图 6.5 来表示递归调用执行的过程。

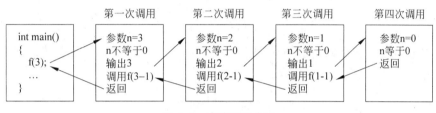

图 6.5 ·直接调用自己

通过本例看出，执行递归函数将反复调用其自身，每调用一次就进入新的一层。

从主函数开始执行，调用 f(3)，将 3 传值给 n，进入函数 f 执行，此时做判断 n 不为 0，输出 n 的当前值 3；再次进入函数 f 执行时，调用的是 f(3−1)，也就是将 2 传值给 n，进入函数 f 执行，n 仍然不为 0，输出 2；以此类推，第四次调用 0 传值给 n，n 为 0，递归终止，逐层返回。

从执行过程看出，由于 n 不断减小，最后一次调用才能够引起递归的终止。

如果 n 不发生变化，程序将无休止地调用其自身，不能停止，直到内存被占满。

进行递归函数的程序设计时，必须考虑如何使递归调用在有限的次数内终止。

递归方法可以把规模为 n 的问题用同样形式的规模为 m(m＜n 或 m＞n)的问题来描述得到简洁、可读性好的算法。

编写递归程序的关键是：

(1) 构造递归表达式。将 n 阶的问题转化为比 n 阶小的问题(当然也可以将 n 阶的问题转化为比 n 阶大的问题)，转化以后的问题与原来的问题的解法是相同的。

(2) 寻找一个明确的递归结束条件，称为递归出口。

从 n 输出到 1 的问题是这样来转化的：先输出 n，再输出 n−1～1，这样就把 n 阶的问题，转化成了 n−1 阶的问题。递归出口是 n=0。n 从大越变越小，总会结束的。

其实，从 n 输出到 1 的问题还可以这样来转化：先输出 1～n−1，再输出一个 n。因此，下面的程序功能与例 6.8 相同。

```
#include "stdio.h"
void f(int m,int n) ·                      /*递归函数的定义 */
```

```
{   if(n<=m)                                    /*如果 n<=m*/
    {   f(m,n+1);                               /*递归调用自己*/
        printf("%d",n);                         /*输出当前的 n*/
    }
    else                                        /*否则*/
        return;                                 /*返回*/
}
int main()
{   f(4,1);                                     /*调用函数,从 4 显示到 1*/
    putchar('\n');
    return 0;
}
```

例 6.9 用递归法计算 n!。

用递归法计算 n!可用下述公式表示:

$$f = \begin{cases} 1 & n=0 \text{ 或者 } n=1 \\ n \times (n-1)! & n>1 \end{cases}$$

可以将 n 阶问题转化成 n-1 的问题。f(n)=n×f(n-1),这就是递归表达式。

方法一:

```
/*-------------------------计算阶乘------------------*/
#include "stdio.h"
float fact(int n)
{
    if(n<0)  printf("n<0,data error!");        /*若 n 小于 0,参数错误*/
        else if((n==0)||n==1) return 1;        /*若 n 等于 1 或等于 0,返回 1*/
        else return (fact(n-1)*n);             /*否则递归调用*/
}
```

方法二:

```
float fact(int n)
{
    float f;
    if(n<0)  printf("n<0,data error!");        /*若 n 小于 0,参数错误*/
        else if((n==0)||n==1) f=1;             /*若 n 等于 1 或等于 0,f=1*/
        else f=(fact(n-1)*n);                  /*否则递归调用赋值给 f*/
    return f;                                   /*返回 f*/
}
```

说明:方法一和方法二并无根本的区别,需要注意的是不要把方法一中的"return (fact (n-1)*n);"一句误写成"(fact(n-1)*n);"。

主函数如下:

```
int main()
{
    int n;
```

```
    printf("Please input a int number:");
    scanf("%d",&n);
    printf("%d!=%f",n,fact(n));
    putchar('\n');
    return 0;
}
```

运行情况：

```
Please input a int number: 4↙
4!=24.000000
```

下面以图 6.6 来说明该程序的执行情况。

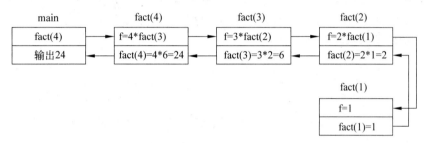

图 6.6 4!的计算过程

假设程序运行时输入为 4，即求 4!。

例 6.10 用递归法计算 Fibonacci 序列的前 20 项。

$$f=\begin{cases}1 & n=1 \text{ 或者 } n=2 \\ f(n-1)+f(n-2) & n>2\end{cases}$$

根据数学公式，很容易将 n 阶的问题转化成 n−1 阶和 n−2 阶的问题，即：f(n)=f(n−1)+f(n−2)，递归出口：n=1 或者 n=2。

```
/* ------------------------计算 Fibonacci 序列的前 20 项--------------- */
#include "stdio.h"
int fib(int n)
{
    if((n==1) || (n==2)) return 1;        /* 若 n 等于 1 或等于 2，返回 1 */
    else return (fib(n-1)+fib(n-2));      /* 否则返回递归调用的值 */
}
int main()
{
    int i;                                /* 定义变量 */
    for(i=1;i<=20;i++)                    /* 循环从 1 到 20 */
    {
        printf(" %12d",fib(i));          /* 输出第 i 个序列值 */
        if(i%5==0) printf("\n");          /* 输出换行 */
    }
    return 0;
```

}

运行结果：

1	1	2	3	5
8	13	21	34	55
89	144	233	377	610
987	1597	2584	4181	6765

例 6.11 Hanoi 塔问题。

一个塔内有三个座 A，B，C。A 座上套有 64 个大小不等的圆盘，大的在下，小的在上，如图 6.7 所示。要把这 64 个圆盘从 A 座移动到 C 座上，每次只能移动一个圆盘，可以借助 B 座移动圆盘。但是，要求在任何情况下，都要保证三个座上的圆盘大盘在下，小盘在上。编写程序显示移动的步骤。

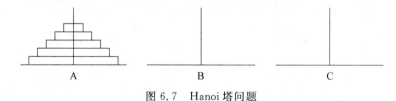

图 6.7　Hanoi 塔问题

将 n 阶问题转化成 n−1 阶的问题。

第一步：把 A 座上的 n−1 个圆盘借助于 C 座移到 B 座上。

第二步：把 A 座上剩下的一个圆盘移到 C 座上。

第三步：把 B 座上的 n−1 个圆盘借助于 A 座移到 C 座上。

其中第一步和第三步是类同的。

递归出口：n＝1，此时 A 座上只有一个盘子，直接将其移动到 C 座上即可。

```c
/* ---------------------------汉诺塔问题------------------ */
#include "stdio.h"
void move(int n,char x,char y,char z)
{
    if(n==1)                             /* 如 n 为 1 */
        printf("%c 移动到 %c\n",x,z);      /* 输出 x 移动到 z */
    else
    {
        move(n-1,x,z,y);                 /* x 上的 n-1 个圆盘借助于 z 移动到 y */
        printf("%c 移动到 %c\n",x,z);      /* 输出 x 移动到 z */
        move(n-1,y,x,z);                 /* y 上的 n-1 个圆盘借助于 x 移动到 z */
    }
}
int main()
{
    int n;
    printf("请输入盘子的个数:");          /* 提示用户输入盘子的个数 n */
```

```
    scanf("%d",&n);                        /*接收 n*/
    move(n,'a','b','c');                    /*调用递归函数*/
    return 0;
}
```

说明：move 函数是一个递归函数，它有 4 个形参 n、x、y 和 z。n 表示圆盘的个数，x、y 和 z 分别表示三个座。move 函数的功能是把 x 上的 n 个圆盘借助于 y 移动到 z 上。所以，"move(n−1,x,z,y);"是把 x 上的 n−1 个圆盘借助于 z 移动到 y 上；而"move(n−1,y,x, z);"是把 y 上的 n−1 个圆盘借助于 x 移动到 z 上，参数的顺序很重要。

运行情况：

请输入盘子的个数:3↙
a 移动到 c
a 移动到 b
c 移动到 b
a 移动到 c
b 移动到 a
b 移动到 c
a 移动到 c

练习 6.6 有以下程序

```
#include "stdio.h"
void fun(int x)
{   if(x/3>0) fun(x/3);
    printf("%d ",x);
}
void main()
{   fun(12);    printf("\n");
}
```

程序运行后的输出结果是(   )。
答案是：1 4 12
本题考查对递归函数执行过程的掌握情况。

fun 是递归函数，主函数调用时传递的参数是 12，进入 fun 函数后，由于 x/3>0 条件成立，继续调用 fun 函数，传递的参数是 4，x/3>0 依然成立，再次调用 fun 函数，传递的参数是 1，此时，x/3>0 条件不再成立，开始返回操作，第一次返回的是 1，输出 1，第二次返回的是 4，输出 4，最后返回的是 12，输出 12。

6.7 变量的存储类别

例 6.12 编写程序求三个数的最大数。

```
/*------------求三个数的最大数------------*/
#include "stdio.h"
int max;                               /*外部变量 max 的定义*/
```

```
void f(int x,int y)                                    /* 形式参数 x 和 y */
{
    max=x>y?x:y;
}
int main()
{   int i,j,k;                                         /* 内部变量 i,j,k 的定义 */
    printf("请输入三个整数:");
    scanf("%d%d %d",&i,&j,&k);
    f(i,j);
    f(max,k);
    printf("max=%d\n",max);

}
```

注意：本例不是最佳的解决最大值问题的方式，是为了讨论问题。在程序中变量 max 写在所有函数的外面，同时主函数和函数 f 都可以直接引用它，这种变量就是外部变量。而我们以前一贯使用变量的方式，就像这个程序中的 i,j 和 k，是内部变量。外部变量和内部变量(在 C 语言中也称为自动变量)是变量的两种存储类别，不同的存储类别可以确定一个变量的作用域和生存期。

变量的作用域是指变量的作用范围，在 C 语言中分为在全局有效、局部有效和复合语句内有效三种。

变量的生存期是指变量作用时间的长短，在 C 语言中分为程序期、函数期和复合语句期三种。

在 C 语言中变量有 4 种存储类别：自动变量(auto)、寄存器变量(register)、静态变量(static)和外部变量(extern)。例 6.12 中有形式参数 x 和 y(形式参数的存储类型类似自动变量，外部变量 max，自动变量 i,j 和 k。

变量的生存期与变量存储在内存的区域有关，用户存储空间一般分为三个部分：程序区、静态存储区和动态存储区。

静态存储区中的变量从程序开始执行到程序结束这段期间，始终拥有自己已经分配了的固定的存储空间。

动态存储区中的变量是在程序运行期间根据需要随时进行动态分配的存储空间。

外部变量和静态变量存放在静态存储区，在程序开始执行时分配固定的存储区，整个程序执行完毕才释放。外部变量 max 存放在静态存储区。

函数的形式参数和自动变量则存放在动态存储区。在函数开始调用时分配动态存储空间，函数结束时释放这些空间。例 6.12 中有形式参数 x 和 y 以及自动变量 i,j 和 k 存储在动态存储区。

6.7.1　自动变量与外部变量

1. 自动变量与外部变量的定义方式

自动变量在函数体内或分程序内的首部定义。自动变量 i,j 和 k 定义在 main 函数内。

外部变量在函数外部定义，外部变量也称全局变量。例 6.12 中 max 定义在函数外。

定义内部变量时可以在数据类型名前面加上关键字 auto。关键字 auto 也可以省略，所有未经说明的、在函数体和分程序内部定义的变量以及函数的形式参数都被视为自动类。

自动变量存储在动态存储区中,是被动态分配存储空间的。在函数开始执行时,系统会为函数中所有的自动变量分配存储空间,在函数调用结束时系统还会自动回收这些存储空间。

外部变量存储在静态存储区中。

2. 自动变量与外部变量的作用域

作用域是指可以有效存取该变量的区域,而不会引起编译错误,或者说在该区域内不会产生无效引用。

自动变量的作用域在定义它的分程序中,并且是在定义以后才能使用。可以说,自动变量是局部变量。例 6.12 中,自动变量 i,j 和 k 的作用域在主函数中,自动变量 x 和 y 的作用域在函数 f 中。

外部变量可以为各函数所共享,从定义的地方到该源程序的结束都有效。定义外部变量之后,在该定义语句的后面定义的函数都可以通过引用该变量名来直接存取它,因而作用域是全程的。所以函数之间交流数据可以使用外部变量。例 6.12 中的 max 变量就是由主函数 main 和函数 f 共享的。

函数之间的信息传递不但可以通过实参向形参单向传递,还可以使用外部变量做信息传递,而且传递是双向的,也就是说,各个函数对外部变量的操作都是有效的。

例 6.12 中的 max 变量在函数 f 中被赋值为 1,在主函数中被引用,这些操作都是有效的。

对自动变量需要说明以下几点。

(1) 各函数之间、各并列的分程序中的同名变量代表不同的变量,互不冲突。

(2) 如果嵌套的分程序中有同名变量,内层变量阻塞对外层变量的访问。内层变量与外层变量各自占一个存储单元。

(3) 自动变量将阻断对同名外部变量的访问。实际上,自动变量与同名的外部变量各占一个存储单元。

练习 6.7 判断下列程序的运行结果。

```c
#include "stdio.h"
int x=40;
void output();
int main()
{
    int x=30;
    {
        int x=20;
        {   int x=10;
            printf("%d\n",x);
        }
        printf("%d\n",x);
    }
    printf("%d\n",x);
```

```
    output();
    return 0;
}
void output()
{
    printf("%d\n",x);
}
```

运行结果是：

```
10
20
30
40
```

结果表明：内层的 x 阻塞对外层的 x 的访问。自动变量 x 也同时阻塞对外部变量 x 的访问。

3. 自动变量与外部变量的生存期

自动变量存储在动态存储区中，是被动态分配存储空间的。在函数开始执行时，系统会为函数中所有的自动变量分配存储空间，在函数调用结束时系统还会自动回收这些存储空间。因此，可以说自动变量是没有"记忆"的。

外部变量存放在静态存储区，在程序开始执行时分配固定的存储区，整个程序执行完毕才释放。外部变量的生存期属于程序期，即程序在内存中存在的整个期间，外部变量始终存在，可以说，外部变量是有记忆的。

练习 6.8 判断下列程序的运行结果。

```
#include "stdio.h"
int y=90;
int main()
{
    int i;
    void decr();
    for(i=1;i<=3;i++)
        decr();
    return 0;
}
void decr()
{   int x=100;
    x--;
    y--;
    printf("x=%d y=%d\n",x,y);
}
```

运行结果：

```
x=99 y=89
```

```
x=99 y=88
x=99 y=77
```

说明：decr 函数中的 x 是自动变量，main 函数中的调用语句每执行一次 x 被分配一次空间，decr 函数返回到调用者所在函数之前，x 空间被系统回收；而 y 的外部变量只分配一次空间，decr 函数对其的操作都被记忆。

4. 初始化

自动变量不能做初始化。因为自动变量是动态分配的空间，不能预先为内存空间设定一个值。例 6.12 中 i、j 和 k 初始化的值均为不定值。

外部变量均可在定义的时候初始化，初始化只能进行一次，不可多次初始化，若定义时未明确地初始化外部变量，该外部变量将由系统将其初始化为 0。例 6.12 中 max 初始化的值为 0。

5. 外部变量的说明

前面讲过，定义外部变量后，所有在定义语句之后的函数都可以有效地使用它们，如果想让在外部变量的定义语句之前定义的函数也能正确地使用它，需要对外部变量进行说明。

说明外部变量的语法是：

extern 数据类型 变量名；

数据类型要与定义外部变量时一致，也可以省略不写。

```
/*------------求三个数的最大数------------*/
#include "stdio.h"
extern    int max;
void f(int x,int y)                        /*形式参数 x 和 y*/
{
    max=x>y?x:y;
}
int max;                                   /*外部变量 max 的定义*/
int main()
{   int i,j,k;                             /*内部变量 i,j,k 的定义*/
    printf("请输入三个整数:");
    scanf("%d%d %d",&i,&j,&k);
    f(i,j);
    f(max,k);
    printf("max=%d\n",max);
}
```

以前，人们并不严格地区分变量的定义和说明，但是，对变量的定义和说明实际上是有区别的。变量说明是说明变量的特性（存储长度和类型等）；变量定义除了说明变量的特性，还要分配存储空间。因此，一个外部变量只能被定义一次，否则不能通过编译，而对同一个外部变量的说明可以进行多次。

尤其可以在不同的源文件中使用同一个外部变量。当源程序分布在几个源文件中，对外部变量也只能定义一次，其他文件若想使用它，应在那些文件中包含 extern 说明，一般把它写在文件的开始（各函数定义以前），从而使得该文件中的所有函数都能使用它。

6. 使用外部变量的原因

使用外部变量的第一个原因是初始化方便,自动变量在定义以后的值是不定值,系统不负责初始化,而对定义的外部变量会自动地初始化为 0。

第二个原因是方便函数间进行交流数据,各个函数共享外部变量,实际上解决了函数返回多个值的问题。

第三个原因是外部变量作用域广,"寿命"长,有记忆能力。

7. 使用外部变量的副作用

模块化程序设计思想并不赞成大量地使用外部变量,因为模块化程序设计思想强调了信息隐藏的概念,函数之间应尽量通过参数传递进行交流,而外部变量会增添许多数据间的联系,破坏了程序结构,给修改程序带来麻烦,使函数的通用性和可移植性降低。

其实,求三个数的最大数可以不用外部变量,编写程序如下:

```c
/*------------求三个数的最大数------------*/
#include "stdio.h"
int f(int x,int y)
{
    return x>y?x:y;
}
int main()
{   int i,j,k,max;
    printf("请输入三个整数:");
    scanf("%d%d %d",&i,&j,&k);
    max=f(i,j);
    max=f(max,k);
    printf("max=%d\n",max);
}
```

练习 6.9 有以下程序

```c
#include "stdio.h"
int a=5;
void fun(int b)
{   int a=10;
    a+=b;
    printf("%d ",a);
}
int main()
{   int c=20;
    fun(c);a+=c;
    printf("%d\n",a);
    return 0;
}
```

程序运行后的输出结果是(   )。

答案是:30   25。

本题的考点是对外部变量和内部变量性质的考核。

程序中有两个 a，一个是自动变量 a 在函数 f 中定义的，另一个是外部变量 a，初值为 5。执行主函数时，调用 f(20)，自动变量 a＝10＋20＝30，输出 30；返回以后，在主函数中外部变量 a＝a＋c＝5＋20＝25，所以运行结果为 25。

6.7.2 静态变量

静态变量可分为内部静态变量和外部静态变量。

1. 定义方式

内部静态变量在函数体内定义，外部静态变量在函数之外定义。定义的语法格式相同，都是在类型名前冠以关键字 static。

static 类型 变量名；

2. 作用域

内部静态变量的作用域仅在定义它的函数和分程序内有效，这点与自动变量相同。外部静态变量的作用域是在定义它的同一源文件中，同一源文件的各个函数可以共享该变量，其他源文件则不能访问它。外部静态变量与外部变量相比，具有一定的专用性。外部静态变量的名字与其他源文件内的同名变量无关，不产生矛盾。

3. 生存期

由于静态变量是存储在静态存储区的，因此无论是内部静态变量还是外部静态变量都是永久性存储。即使程序退出函数的执行，该函数的内部静态变量也仍然不被系统释放，静态变量"记忆"的数不会发生改变。

4. 初始化

内部静态变量和外部内部静态变量都可以进行初始化。定义时给出初始化值，编译程序用该值对静态变量进行一次性的初始化。若未在程序中进行初始化，系统以 0 对变量进行初始化。

练习 6.10 判断下列程序的运行结果。

```
#include "stdio.h"
static int y=90;
int main()
{
    int i;
    void decr();
    for(i=1;i<=3;i++)
        decr();
    return 0;
}
void decr()
{   static int x=100;
    x--;
    y--;
    printf("x=%d y=%d\n",x,y);
```

```
    }
```

运行结果：

```
x=99 y=89
x=98 y=88
x=97 y=87
```

说明：decr 函数中的 x 是内部静态变量,初始化以后,内容为 100,decr 函数每次被调用,x 的值减 1,从 decr 函数退出时,该空间也不释放,下一次进入 decr 函数时,原来的 x 值有效。但是,尽管 x 是有记忆的,但是作用域只限于 decr 函数内。

外部静态变量的使用可以有利于模块化程序设计中数据的隐藏,例如,对于一个大型软件系统来说,要由多个程序员编写程序,每个程序员可能有自己的习惯,如果有两个以上的程序员使用了相同名字的外部变量,而这个外部变量并不是整个系统公共的变量,则必定给程序联调带来困难,如果使用外部静态变量就不会出现这种问题。

下面举一个简单的例子,假设程序员 A 编写的函数 A_function 要计算一个公司所有员工的总收入,程序员 B 编写的函数 B_function 要计算一个公司所有员工交的个人所得税之和,两个人不约而同地使用 total 作为外部变量分别记录总收入及个人所得税之和。

程序员 A 编写的程序存储在 A.c 中：

```
int total;
void A_funciton()
{   …
    total=
    …
}
```

程序员 B 编写的程序存储在 B.c 中：

```
int total;
void B_funciton()
{   …
    total=
    …
}
```

由于名字相同,程序联调时两个函数操作的将会是同一个变量,这显然是不对的,如果将 total 定义为外部静态变量,问题就解决了。

A.c 中的程序改为：

```
static int total;
void A_funciton()
{   …
    total=
    …
}
```

B. c 中的程序改为：

```
static int total;
void B_funciton()
{   …
    total=
    …
}
```

当然，最好的解决方法还是使用参数传递和返回。

另外，也可以将函数本身定义为静态的函数，从而防止同名但功能不同的函数被调用时产生的冲突。

练习 6.11 有以下程序

```
#include "stdio.h"
int f(int n)
{   static int a=1;
    n+=a++;
    return n;
}
int main()
{   int a=3,s;
    s=f(a);s=s+f(a);
    printf("%d\n",s);
    return 0;
}
```

程序运行后的输出结果是(   )。
A. 7   B. 8   C. 9   D. 10
答案是 C 选项。

本题的考点是对内部静态变量性质的考核。

a 作为函数 f 的内部静态变量，初值是 1；而主函数中也有一个 a 是自动变量，初值为 3。主函数先执行"s=f(a);"，也就是 3 传递给函数 f，执行"n+=a++;"以后，n=3+1=4，并且内部静态变量 a 的值变为 2，但是返回的是 n 的值 4，也就是说"s=f(a);"执行以后 s 的值是 4；接着再执行"s=s+f(a);"；此时，s 的值是 4，f(a)调用以后的结果是 5，所以最终结果是 9。

6.7.3 寄存器变量

当一个变量需要被频繁使用时，可以考虑利用寄存器变量。因为寄存器变量使用的是 CPU 的寄存器，不需要访问内存，当然就加快了速度。一般情况下，可以将控制循环的变量定义为寄存器变量。但是要注意，寄存器变量不是强制性的，尽管使用 register 关键字去声明寄存器变量，但是编译器并不是一定会把它当作寄存器变量来使用的。因为寄存器的数量是有限的。

例 6.13 使用寄存器变量编写函数，求 1+2+3+…+n。

```
#include "stdio.h"
int f(int n)
{   int sum=0;
    register i;
    for(i=1;i<=n;i++)
      sum=sum+i;
    return sum;
}
int main()
{
    printf("%d\n",f(100));
    return 0;
}
```

1. 定义方式

在函数内部定义或作为函数的形式参数。

语法格式：

register 类型 变量名；

例如：

```
register  int x;
```

2. 作用域、生存期和初始化

寄存器变量的作用域、生存期和初始化与自动变量基本相同。

但是有以下的限制：

（1）寄存器变量的实现与硬件配置有关。只有很少的变量可以保存在寄存器中。

（2）register 说明只适用于自动变量和函数的形参。

例如，

```
void f(register int c,int n)
{   register int i;
    …
}
```

（3）不允许取寄存器变量的地址。下列程序段是错误的：

```
register int i;
scanf("%d",&i);                 /*错误/*
```

习 题

【6-1】 回答下列问题：

（1）在 C 语言中函数定义和函数说明分别指什么？

（2）在 C 语言中,函数是否允许嵌套定义？是否允许嵌套调用？

（3）自动变量与内部静态变量有何共同之处？有何区别？

（4）外部变量与外部静态变量有何共同之处？有何区别？

（5）使用外部变量是否可以代替函数的参数和返回值在函数间的传递？为什么？

【6-2】 单项选择题（下列题目中有 A、B、C、D 4 个选项，正确答案只有 1 个，请选择正确答案）。

有如下函数调用语句

```
fun(x,x * y,(x,y));
```

该函数的实参个数是（   ）。

A. 1   B. 2   C. 3   D. 4

【6-3】 多项选择题（下列各题中每道题有 A、B、C、D 4 个选项，正确答案超过一个，请选择正确答案）。

（1）下列函数定义中正确的是（   ）。

    A. int squre（int j)

       〔   return j * j；

       }

    B. int squre（j)

       int j；

       〔   return j * j；

       }

    C. int squre（j)

       int j；

       〔   int s；

          s＝j * j；

          return s；

       }

    D. int squre（j)

       〔   return j * j；

       }

（2）系统负责自动初始化的存储类包括（   ）。

    A. 自动变量   B. 内部静态变量

    C. 外部变量   D. 寄存器变量

（3）假设有函数定义：

```
int squre (int j)
{   return j * j；
}
```

正确的调用形式是（   ）。

    A. j＝squre(5)；   B. printf("%d",squre(5))；

C. j=squre(int 5);   D. printf("%d",squre);

【6-4】 请修改下列程序，使其能够通过编译，并正确运行。

(1)

```
void main()
{
    double x;
    for(x=1;x<2;x=x+0.1)
        printf("x=%.2lf  f(x)=%.2f\n",x,function(x));
}
double function(x);
{   double p;
    x*x+2*x+1;
    return(p);
}
```

(2)

```
#include "stdio.h"
void print()                                          /* 函数定义 */
{
    printf("\n\n~~~~~~~~~~~~~~~~~~~~~~~~");
}
void main()
{
    printf("\n###  Welcome you!  ###");
    print;                                            /* 函数调用 */
}
```

(3)

```
#include "stdio.h"
int main()
{   double r;
    printf("\nEnter radius of sphere:");
    scanf("%lf",&r);
    area=A_sphere(double r);
    printf("\n Area of sphere is %lf.", area);
    return 0;
}
double A_sphere()
double r;
{   double area;
    area=4*3.1415926*r*r;
    return;
}
```

【6-5】 判断下列程序的运行结果。

· 152 ·

(1)

```c
int test(int a)
{    int b=3;
     static int c=4;
     ++a;++b;c++;
     return a+b+c;
}
int main()
{
     int i;
     printf("\n");
     for(i=2;i<5;i++)
         printf("%4d",test(i));
     return 0;
}
```

(2)

```c
#include "stdio.h"
int f(int i);
int main()
{
     int i;
     printf("\n");
     for(i=3;i<5;i++)
         printf(" %d",f(i));
     return 0;
}
int f(int i)
{
     static int k=10;
     for(;i>0;i--)
         k++;
     return (k);
}
```

(3)

```c
#include "stdio.h"
int f(int n)
{
     if(n==1||n==0) return 1;
     else return 3*f(n-2)+2*f(n-1);
}
int main()
{
     printf("\n%4d",f(5));
     return 0;
```

```
}
```

(4)

```
#include "stdio.h"
#define function(x) x * x * +2 * x+1
int main()
{    int x=1;
     printf("\nf(x)=%d",function(x+1));
     return 0;
}
```

(5)

```
#include "stdio.h"
int fun(int a, int b)
{    return a>b?a:b;
}
int main()
{    int m=4,n=5,r=7;
     printf("\n%d",fun(fun(m,n),3 * r));
     return 0;
}
```

【6-6】 按照下列要求编写程序。

（1）定义函数返回两个数中较大的数,在主函数中通过调用该函数求三个数之中较大的数并输出。编写主函数调用该函数。

（2）定义两个函数,分别求两个整数的最大公约数和最小公倍数,并在主函数中输入两个整数以后调用该函数。编写主函数调用该函数。

（3）编写程序使用递归方法,求两个非负整数的最大公约数。编写主函数调用该函数。

（4）用递归方法输出整数 1~10。

（5）用递归方法计算 Fibonacci 序列的前 20 项。

（6）编写两个带参数的宏,分别求球的表面积和球的体积,在主函数中进行宏调用。

（7）编写一个不带返回值的函数,求球的表面积和球的体积,在主函数中调用该函数输出球的表面积和球的体积。

（8）定义带参数的宏,使两个参数的值互换。编写主函数进行宏调用。

（9）编写一个函数输出如下图案。用参数 n 控制输出的行数,参数值的取值范围是 1~9,若超过范围,函数不做任何输出,返回整数 0;否则,输出图案后返回整数 1。编写主函数调用该函数。

```
        1
       222
      33333
     4444444
    555555555
```

（10）编写一个函数 exchange，该函数有两个整型的形式参数 x 和 n，x 是十进制数，函数返回一个无符号的 n 进制整型数。例如，d＝exchange(10,2)的返回结果是 1010，因为十进制数 10 转换成二进制是 1010。编写主函数调用该函数。

（11）编写一个程序，连续出 10 道随机产生的 100 以内的简单算术题，算术题要包括加、减、乘、除和取模 5 种运算。请用户回答问题，根据用户回答的情况，统计用户共回答正确的题目数。

（12）假设有两种计算个人所得税的方法，分别已经用函数 func1 和 func2 实现，函数以月收入作为参数，以应缴个人所得税为返回值。请编写主函数利用条件编译控制使用第一种方法还是第二种方法。

例如，

```
#define way 1
```

使用第一种方法，

```
#define way 0
```

则使用第二种方法。

【6-7】 程序填空。

（1）下面程序的功能是调用函数计算 m＝1－2＋3－4＋…＋9－10。

```
#include "stdio.h"
int fun(int n)
{   int i,m ,f=1;
    _____;
    for(i=1; i <=n; i ++)
    {
        m+=i * f;
        _____;
    }
    return m;
}
void main()
{   printf("m=%d\n",_____);
}
```

（2）下面程序的功能是求二元一次方程 $ax^2＋bx＋c＝0$ 的根。程序中有三个函数分别负责输出 $b^2－4ac$ 大于 0、小于 0 和等于 0 时的方程根。

```
#include "stdio.h"
#include "math.h"
void f1(double a,double b);
void f2(double det,double a,double b);
void f3(double det,double a,double b);
void main()
{   double a,b,c,d,det,a_2,real,imag,x1,x2;
```

```c
        printf("\nEnter a b and c:");
        scanf("%lf%lf%lf",&a, &b, &c);
        if(a==0&&b==0) printf(" No root\n");
        else if(a==0) printf(" Line equation root is %lf\n",-c/b);
        else
        {   d=b*b-4*a*c;
            det=sqrt(fabs(d));
            if(d<0)

                _____

            else if(d==0)

                _____

            else

                _____

        }
}
void f1(double a,double b)
{   printf(" Single real root is %lf \n",-b/2*a );
}
void f2(double det,double a,double b)
{   _____
    a_2=2*a;
    x1=-b/(a_2)+det/a_2;
    x2=-b/(a_2)-det/a_2;
    printf(" The two real roots are %lf and %lf \n",x1,x2);
}
void f3(double det,double a,double b)
{   _____
    real=-b/2*a;
    imag=det/2*a;
    printf(" The two root are  %lf +%lf i\n",real,imag);
    printf(" and      %lf -%lf i\n",real,imag);
}
```

第7章　数　　组

如果现在提个问题要大家解决,大家可能头痛了。请计算字符串

"gfsgshggfsgsgshsgfssfgfgsgsgsgfsgaaaaaaa"

中每个字母出现的次数。字符串在前面曾经见过,其实"printf("welcome");"双引号括起的就是字符串了。字符串是由若干单个字符组成的。要解决刚才提出的问题,必须使用 26 个计数器,即每个字母一个计数器。因此,这个问题的解决要借助两个数组,一个数组要存放字符串,另一个数组要作为 26 个计数器的存储。

数组是一组具有相同数据类型的数据单元,字符数组就是一组字符型的数据,整型数组就是一组整型的数据,等等。

在本章中将学习数组的定义、引用和初始化。

7.1　数　组　案　例

例 7.1　编写程序输入 100 个学生的"C 程序设计"课程的成绩,将这 100 个分数从小到大输出。

```
/*--------100 个成绩输入与输出--------*/
#include "stdio.h"
int main()
{
    int data[100];              /*数组定义:定义一个存储 100 个学生成绩的数组*/
    int i;
    printf("输入 %d 整数:",100);
    for(i=0;i<100;i++)          /*循环 100 次*/
        scanf("%d",&data[i]);   /*数组的引用:输入某个学生的成绩*/
    /*排序*/
    printf("排序后:");
    for(i=0;i<100;i++)          /*循环 100 次*/
        printf("%5d",data[i]);  /*数组的引用:输出某个学生的成绩*/
    return 0;
}
```

要研究的第一个问题是一个排序问题,需要把 100 个成绩从小到大排列,因此必须把这 100 个成绩都记录下来,然后在 100 个数中找到最小的、次最小的、…、最大的,对这 100 个数进行重新排列。先不讨论排序的细节,单说这 100 个数如何存储,初学者可能会想象定义 100 个整型变量:"int a1,a2,a3,a4,a5,…,a100;",注意要写 100 个变量呢! 编译程序可是不认识省略号! 况且,如果需要处理的成绩更多,那又如何呢? 进一步想想如何对这 100 个成绩排序呢?

注意：这不是一个完整的程序，排序过程暂时未写出。

在本章开始提出的问题，对数组的使用是一个很有技巧的方法，也有一定的难度。

例 7.2 编写程序统计在一个字符串中'a'～'z' 26 个字母各自出现的次数并输出。

```
#include "stdio.h"
int main()
{   char aa[1000]="gfsgshggfsgsgshsgfssfgfgsgsgsgfsgaaaaaaaz";
    int bb[26]={0};                  /* 26 个计数器初值设为 0 */
    int i,j=0,k;
    while(aa[j]!='\0')               /* 从 aa 的第一个字符开始统计，直到字符串终止 */
    {   if(aa[j]<='z'&&aa[j]>='a')   /* 数组存储的字符是小写字母 */
            bb[aa[j]-'a']++;         /* 相应计数器加 1 */
        j++;                         /* j 指示下一个字符 */
    }
    for(k=0;k<=25;k++)               /* 输出字符和对应的个数 */
            printf("%c 的个数%d  \n", 'a'+k,bb[k]);
    return 0;
}
```

本程序中用了两个数组 aa 和 bb。aa 是存储字符串的，bb 则是存储 26 个计数器的。程序的细节有些复杂，读者暂时可以不关心，也就是 while 循环可以先跳过。

"char aa[1000] = "gfsgshggfsgsgshsgfssfgfgsgsgsgfsgaaaaaaaa";"定义了 1000 个字符空间，双引号中的字符串并没有占那么多单元，但是，可使用的存储空间是 1000 个。"int bb[26]={0};"定义了 26 个整型空间，并将初值设置为 0，这样作为计数器就可以直接使用了。for 循环负责将计数器的内容输出。

```
for(k=0;k<=25;k++)
    printf("%c 的个数%d  \n", 'a'+k,bb[k]);
```

上面这句输出 bb[k]的内容是典型的输出数组内容的方法，非常有用。

通过前面的介绍，我们知道，通过定义一些数据类型相同的数据可以解决一些实际的程序设计问题。下面详细讨论数组的使用方式。

7.2　一　维　数　组

7.2.1　一维数组的定义

前面的两个案例定义了三个数组：

```
int data[100];
char aa[1000]="gfsgshggfsgsgshsgfssfgfgsgsgsgfsgaaaaaaaa";
int bb[26]={0};
```

从概念上来说，数组是一组变量，这组变量应该满足下列三个条件。

（1）具有相同的名字；

（2）具有相同的数据类型；

（3）在存储器中连续存放。

所谓具有相同的名字是指一个数组中的所有单元的名字都一样，例如，data 数组中有 100 个元素，名字都是 data，不过，可以使用数组下标来区分数组中不同的元素，例如 data[0]、data[1]等。每个变量称为数组的一个"数组单元"，保存在其中的数据值称为"数组元素"，不论是数组单元，还是数组元素，在不引起混淆的情况下，可以简称为元素。数组对象的整体有一个名称，这个名称表示整个数组。

每个数组在使用之前都需要定义，这与普通变量是一样的。

定义数组的语法是：

数据类型说明符　数组名[数组长度]；

数据类型说明符是 C 语言提供的任何一种基本数据类型或构造数据类型。数组名是用户定义的标识符。方括号中的数组长度是一个常量表达式，它表示了数组单元的个数。数组的数据类型定义的是每个数组元素的取值类型。对于一个数组来说，所有数组元素的数据类型应该都是相同的。注意：数组长度只能是常量。数组的空间分配属于静态分配，长度不能在程序运行中发生变化。

例如：

int data[100]；　定义整型数组 data，有 100 个元素。

char aa[1000]；　定义字符型数组 aa，有 1000 个元素。

float b[10],c[20]；　定义单精度浮点型数组 b，有 10 个元素；单精度浮点型数组 c，有 20 个元素。

"int @data[100]；"是错误的，因为数组名@data 不符合用户定义字的书写规则，数组名要符合用户定义字的书写规则，也就是与普通变量一样。并且允许在同一个类型说明中，定义多个数组和多个变量。

例如，"int data[100],i,j,k；"是正确的，定义了一个整型数组和三个整型变量。但是，下面的程序段有错误，而且是初学者容易犯的错误。

```
#include "stdio.h"
int main()
{   int bb[26]={0};
    int bb;
    ...
}
```

bb 被定义为一个数组的同时又被定义为一个普通变量，这是错误的，在 C 语言的一个函数中，数组名不能与本函数的其他变量名同名。

再来看看下面的程序段，读者能看出问题吗？

```
#include "stdio.h"
int main()
{   int n=10;
    int bb[n];              /* 数组长度是变量，错误 */
```

```
    int a[5.5];              /*数组长度是浮点数,错误*/
    ...
}
```

上面这个程序段中有两个错误,方括号中的 n 表示的是数组长度,而数组长度不能是变量,也不能是包含变量的表达式,可以是常量或常量表达式,因此错误。另外,常量表达式表示的是数组的长度,长度必须是整型数,不能是浮点数,5.5 是浮点数,所以错误。

7.2.2　一维数组的引用

案例中对数组的引用是:

```
for(i=0;i<100;i++)                  /*循环 100 次*/
    scanf("%d",&data[i]);           /*数组的引用:输入某个学生的成绩*/
for(i=0;i<100;i++)                  /*循环 100 次*/
    printf("%5d",data[i]);          /*数组的引用:输出某个学生的成绩*/
```

data[i]就是对数组的引用,需要将它看成一个单个变量,i 是从 0 变化到 99,真正对数组的引用是 data[0]、data[1]直到 data[99]。因此一个数组单元的引用方法是:数组名加上用方括号括起来的整数表达式。用方括号括起来的整数表达式是数组下标,数组下标从0 开始,最大不能超过(数组长度−1)。

从语法上讲:

引用数组单元的一般形式为:

数组名[下标]

数组下标可以是整型变量或整型表达式,但不能是浮点型的变量或浮点型表达式;并且下标不能大于[数组长度−1],因为超过部分没有被定义过,是不能正确使用的。

通过定义"int data[100];"系统为 data 数组分配 100 个整型空间,这 100 个空间在内存中是连续的,如图 7.1 所示,假设起始地址是 1000。

data[0]表示一个数组单元,data[4]也表示一个数组单元。

数组单元可以看作是一个普通变量,对其的存取方式与普通变量没有区别。data [4]、data [i]和 data [i+j]等都是合法的引用方式,当然,i 和 j 都应该为整型数。

下面的循环是例 7.2 中对数组的引用。

```
j=0;
while(aa[j]!='\0')               /*从 aa 的第一个字符开始统计,直到字符串终止*/
{  if(aa[j]<='z'&&aa[j]>='a')    /*数组存储的字符是小写字母*/
    bb[aa[j]-'a']++;             /*相应计数器加 1*/
  j++;                           /*j 指示下一个字符*/
}
```

其中,aa 数组存储了待统计的字符串,bb 数组是 26 个计数器,bb[0]中存储的是字符'a'的个数,bb[1]中存储的是字符'b'的个数,bb[2]中存储的是字符'c'的个数,以此类推。

7.2.3　一维数组的初始化

像普通变量一样,如果只定义了数组"int data[100];",这 100 个单元的内容是不定值。

在图 7.1 中用"?"表示其值不定。可以使用赋值或输入函数为数组元素赋值的方式,这与使用普通变量没有区别。

例如,"data[1]=1;"和"scanf("%d",&data[i]);"都是正确的,前者是将 data[1]直接赋值 1,后者是从键盘接收用户输入。

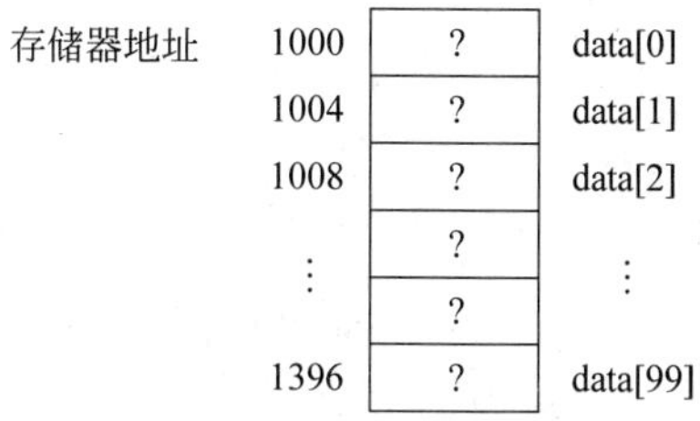

在此讨论的是在定义的时候为数组设置一些初值,称为对数组进行初始化。初始化是指在数组定义时给数组元素赋予初值。需要注意的是,数组初始化是在编译阶段进行的,而不是在程序开始运行以后,由可执行语句完成的,因此不能将初始化的"="与赋值号混淆。

存储器地址	1000	?	data[0]
	1004	?	data[1]
	1008	?	data[2]
	⋮	?	⋮
		?	
	1396	?	data[99]

图 7.1 数组 s 在内存中的表示

```
char aa[1000]="gfsgshggfsgsgshsgfssfgfgsgsgsgfsgaaaaaaa";
int bb[26]={0};
```

这两句说明就对数组进行了初始化。第一句的定义,使数组 aa 存储了一个字符串"gfsgshggfsgsgshsgfssfgfgsgsgsgfsgaaaaaaa",第二句的定义则使得整个数组的内容被初始化为 0,也就是 26 个空间的内容都是 0。

一维数组初始化的一般形式是:

数据类型说明符 数组名[数组长度]={数值,数值,…,数值};

再举两个例子。

```
"int data[5]={1,2};"
```

这个定义是定义了 5 个空间,前面两个空间的值分别是 1 和 2,而其他空间的值为 0。

注意:其余空间的内容已经不是不定值。

使用数组时,请注意以下几点。

(1)允许初始化一部分元素,而不是全部。当花括号中的数值的个数少于数组单元的个数时,编译系统只对前面的数组单元按照给定数值初始化,而其余项初始化为 0。

"int data[5]={1,2,3,4,5};"语句在定义 5 个空间的同时将它们分别初始化,还有一种定义方式是与之等价的。"int data[]={1,2,3,4,5};",这句虽然没有说明数组的长度,但是由于括号中只有 5 个数,编译认定这个数组的长度是 5。

(2)初始化数组时,允许省略数组的长度。

有的初学者使用"int data[5]=1;"来定义一个数组,注意,这是个错误的语句,这并不意味着把 data 数组的 5 个元素都初始化为 1 了。定义语句"int data[]={1,1,1,1,1};"才能将 5 个数据都设置为 1。

(3)初始化数组时,不能对整个数组初始化。

练习 7.1 请修改下列程序中的错误。

```
#include "stdio.h"
int main()
{   int i;
    float score[5]={98,100,99,67,100};
```

```
    int score;
    for(i=0;i<5;i++)
    {   if(score[i]==100)
            score++;
    }
    printf("100 分的有%d 个",score);
    return 0;
}
```

该程序有两个致命的错误。第一,"score"已经作为数组的名字,就不能再被命名为普通变量了;第二,计数器的初值必须设置为 0。

正确的程序是:

```
#include "stdio.h"
int main()
{   int i;
    float score[5]={98,100,99,67,100};
    int sum=0;
    for(i=0;i<5;i++)
    {   if(score[i]==100)
            sum++;
    }
    printf("100 分的有%d 个\n",sum);
    return 0;
}
```

练习 7.2 请修改下列程序中的错误。

```
#include "stdio.h"
int main()
{   int i,n=5;
    int a[5.5]={98,100,99,67,100};          /*错误*/
    int b[n];                               /*错误*/
    for(i=0;i<5;i++)
    {   b[i]=a[i];
    }
    for(i=0;i<5;i++)
    {   printf("%d ",b[i]);
    }
    return 0;
}
```

C 编译规定:在定义数组时,方括号中表示数组长度的表达式不能是变量,也不能是包含变量的表达式,可以是常量或常量表达式,而且常量表达式应该是整型数,不能是小数。

a 数组的长度是 5.5 显然是错误的。

另外,由于 n 是变量,n 中的值 5 是在程序的执行过程中才被赋值的,编译不能为数组 b 事先分配 5 个元素。

正确的程序是：

```c
#include "stdio.h"
#define n 5
int main()
{   int i;
    int a[]={98,100,99,67,100};
    int b[n];
    for(i=0;i<5;i++)
    {   b[i]=a[i];
    }
    for(i=0;i<5;i++)
    {   printf("%d ",b[i]);
    }
    return 0;
}
```

练习 7.3　请问下面程序的输出是什么？

```c
#include "stdio.h"
int main()
{
    int a[]={97,98,99,100,0};
    printf("%d ",a);
}
```

本程序是能够通过编译的，但是，程序并不能输出整型数组的每个元素值，而只是输出了数组的首地址。

7.2.4　实例进阶

例 7.3　用数组方式解决 Fibonacci 数列问题，求出 Fibonacci 数列的前 20 项存储在数组中，并将数组内容输出。

```c
/*-----用数组解决 Fibonacci 数列问题-----*/
#include "stdio.h"
int main()
{   int i,fib[20]={1,1};              /*初始化*/
    for(i=2;i<20;i++)                 /*循环 18 次*/
        fib[i]=fib[i-1]+fib[i-2];     /*产生数组的每个元素值*/
    for(i=1;i<=20;i++)                /*循环 20 次*/
    {   printf("%10d",fib[i-1]);      /*输出数组元素的内容*/
        if(i%5==0) printf("\n");      /*换行,每行输出 5 个*/
    }
    return 0;
}
```

说明：用数组解决 Fibonacci 数列问题更容易理解，因为不需要用迭代思想，直接利用

数学公式 $F_n = F_{n-1} + F_{n-2}$ 就可以解决了。

例7.4 解决冒泡排序问题。

冒泡排序的思想比较简单。假设未排序的 6 个数是：

33、45、26、77、11、66

第一趟：两两比较，不符合增序的，则交换它们的位置。

结果为：

33、26、45、11、66、77

第二趟：两两比较，不符合增序的，则交换它们的位置。但是，不包括 77，因为 77 的结果已经是最终结果了。

结果为：

26、33、11、45、66、77

第三趟：两两比较，不符合增序的，则交换它们的位置。但是，不包括 77 和 66。

依次进行，直到第 5 趟结束。

```c
/* --------冒泡排序-------- */
#include "stdio.h"
#define SIZE 100
int main()
{
    int i,j,data[SIZE],temp;                /* 定义变量和数组 */
    printf("请输入 %d 个整数:",SIZE);
    for(i=0;i<SIZE;i++)                      /* 循环读 SIZE 个数到数组中 */
        scanf("%d",&data[i]);
    for(i=0;i<SIZE;i++)
    {
        for(j=0;j<SIZE-i-1;j++)              /* 循环 j 从第 0 个元素到 SIZE-i-1 个 */
            if(data[j]>data[j+1])            /* 若第 j 个元素大于第 j+1 个元素 */
            {
                temp=data[j];                /* data[j] 与 data[j+1] 做交换 */
                data[j]=data[j+1];
                data[j+1]=temp;
            }
    }
    printf("排序后:");
    for(i=0;i<SIZE;i++)                      /* 输出排序以后的每个数组元素值 */
        printf("%5d",data[i]);
    putchar('\n');
}
```

例7.5 冒泡排序优化。

```c
/* --------冒泡排序优化-------- */
#include "stdio.h"
#define SIZE 100
```

```
int main()
{
    int i,j,data[SIZE],temp,flag=1;              /* 定义变量和数组 */
    printf("请输入 %d 个整数:",SIZE);
    for(i=0;i<SIZE;i++)                          /* 循环读 SIZE 个数到数组中 */
        scanf("%d",&data[i]);
    for(i=0;i<SIZE&&flag==1;i++)
    {   flag=0;
        for(j=0;j<SIZE-i-1;j++)                  /* 循环 j 从第 0 个元素到 SIZE-i-1 个 */
            if(data[j]>data[j+1])                /* 若第 j 个元素大于第 j+1 个元素 */
            {   flag=1;
                temp=data[j];                    /* data[j]与 data[j+1]做交换 */
                data[j]=data[j+1];
                data[j+1]=temp;
            }
    }
    printf("排序后:");
    for(i=0;i<SIZE;i++)                          /* 输出排序以后的每个数组元素值 */
        printf("%5d",data[i]);
    putchar('\n');
    return 0;
}
```

说明: 冒泡排序可以优化, 因为如果在某一趟的排序已经得出最终结果, 则不需要进一步的计算。举一个极端的例子, 待排序记录是: 1、3、5、7、9, 经过一趟排序后, 数据没有任何的变化, 如果继续下一趟, 数据还是不会有任何的变化, 就好像做了无用功。因此, 可以在每一趟排序之前设置一个标志 flag, 让其为 0, 倘若该趟排序数据发生了变化, 就修改该标志为 1, 并在循环条件中加上对 flag 的判断, 值为 1 可以进入下一轮循环, 否则, 不继续循环。

例 7.6 输入某年某月某日, 计算是该年的第几天。

```
/* --------计算该年的第几天-------- */
#include "stdio.h"
int main()
{
    int i,flag,year,month,day,dayth;
    int month_day[]={0,31,28,31,30,31,30,31,31,30,31,30,31};
    printf("请输入年/月/日:");
    scanf("%d/%d/%d",&year,&month,&day);
    dayth=day;
    flag=(year%400==0)||(year%4==0&&year%100!=0);    /* 判断闰年 */
    if(flag)
        month_day[2]=29;                             /* 是闰年,2 月份改为 29 天 */
    for(i=1;i<month;i++)
        dayth=dayth+month_day[i];                    /* 日期累加 */
    printf("%d/%d/%d 是第 %d 天 ",year,month,day,dayth);
```

```
        return 0;
}
```

运行结果：

请输入年/月/日：2013/8/18
2013/8/18 是第 230 天

说明：计算某年某月某日是当年的第几天的方法是将该月以前的各月的天数相加，再加上当月的日期，而要计算 3 月以后的某天时，要考虑 2 月份是 28 天还是 29 天。用一维数组 month_day 存储 12 个月的天数，该数组表示 2 月份是 28 天。通过判断代表年的数字，可确定是否是闰年，如果是闰年，将表示 2 月份天数的元素改为 29 天。

例 7.7　编写程序，从 n 个学生的成绩中统计出低于平均分的学生人数。例如，有如下分数，80,60,72,90,98,51,88,64，则低于平均分的学生人数为 4(平均分为：75.375)。

```
#include "stdio.h"
#define SIZE 20
int main()
{
    int s[SIZE],i, n,sum=0,count=0;              /* 数据定义 */
    double ave;
    printf("请输入人数：");
    scanf("%d", &n);                             /* 接收人数 */
    printf("请输入%d个分数:",n);                   /* 提示用户输入分数 */
    for(i=0; i<n; i++)
    {
        scanf("%d", &s[i]);                      /* 接收 n 个分数 */
        sum=sum+s[i];                            /* 同时求和 */
    }
    ave=1.0* sum/n;                              /* 求平均值 */
    for(i=0; i<n; i++)                           /* 循环 n 次 */
        if(s[i]<ave)                             /* 如果数组元素小于平均值 */
            count++;
    printf("低于平均分%lf的学生人数为%d\n", ave,count);
    return 0;
}
```

按照题目输入相关数据后的计算结果为：

低于平均分 75.375000 的学生人数为 4

7.3　数组作为函数的参数

现在将例 7.7 稍微修改一下，使用函数来求低于平均分的学生人数。

例 7.8　编写函数，从 n(作为参数)个学生的成绩(数组作为另一参数)中统计出低于平均分的学生人数作为函数的返回值。用主函数调用该函数。

```
#include "stdio.h"
#define SIZE 20
int fun(int s[], int n)                    /*定义函数求低于平均分的学生人数*/
{
    int sum=0,count=0;
    int i;                                 /*数据定义*/
    double ave;
    for(i=0; i<n; i++)                     /*求数组的和*/
      sum=sum+s[i];
    ave=1.0* sum/n;                        /*求平均值*/
    for(i=0; i<n; i++)                     /*循环 n 次*/
      if(s[i]<ave)                         /*如果数组元素小于平均值*/
        count++;                           /*人数加 1*/
    return count;

}
int main()
{
    int s[SIZE],i, n;                      /*数据定义*/
    printf("请输入人数：");
    scanf("%d", &n);                       /*接收人数*/
    printf("请输入%d个分数:",n);            /*提示用户输入分数*/
    for(i=0; i<n; i++)
      scanf("%d", &s[i]);                  /*接收 n 个分数*/
    printf("低于平均分的学生人数为%d\n",fun(s,n));    /*函数调用*/
    return 0;
}
```

注意：形参的定义方式与函数调用的不同。

形参的定义方式：

```
int fun(double s[], int n)
```

函数调用：

```
printf("%d",fun(s,n));
```

数组名实际上表示的是整个数组的首地址，因此，如果调用函数的实参是数组名，则被调用函数的形式参数也应该是数组类型。尤为重要的是，如果实参是数组名，形参是数组类型，调用函数与被调用函数存取的将是相同的一组空间，哪怕是实参数组名和形参的数组名不一样，原因是实参传给形参的是一组空间的首地址。

练习 7.4 请问下面程序的输出是什么？

```
#include "stdio.h"
void change(int b[],int i,int j)           /*函数定义，形参为数组 b*/
{   int temp;
    temp=b[i];                             /*第 i 个元素与第 j 个元素交换*/
```

```
        b[i]=b[j];
        b[j]=temp;
}
int main()
{   int i,a[8]={1,2,3,5,4,6,7,8};          /*定义初始化数组*/
    change(a,3,4);                         /*调用交换函数*/
    for(i=0;i<8;i++)                       /*输出结果*/
        printf("%d ",a[i]);
    printf("\n");
    return 0;
}
```

结果为：

```
1 2 3 4 5 6 7 8
```

说明：本例中利用函数将数组中的两个元素交换了位置，这表示实参传给形参的是一组空间的首地址，主函数与 change 函数共享数组空间。

如图 7.2 所示，假设 a 数组分配的空间从 1000 开始，则 a 本身存储的是 1000，函数调用时，将 1000 这个地址值传递给了 b，b 存储的内容也变成了 1000。因此，随后被调用函数对 b 的任何操作都是对 a 数组的操作。这样，自定义函数 change 和主函数操作的是同一组空间。

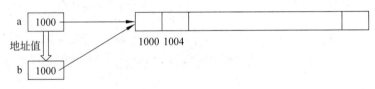

图 7.2　传地址值

还要说明的一点是：形参与实参中数组的名字也可以是相同的，这与普通变量是一样的。

```
void change(int a[],int i,int j)        /*函数定义,形参为数组 a*/
{   int temp;
    temp=a[i];                           /*第 i 个元素与第 j 个元素交换*/
    a[i]=a[j];
    a[j]=temp;
}
```

练习 7.5　有以下程序

```
#include "stdio.h"
int main()
{   char s[]={"0123xyz"};
    int i,n=0;
    for(i=0;s[i]!=0;i++)
        if(s[i]>='a'&&s[i]<='z')
```

```
        n++;
    printf("%d\n",n);
    return 0;
}
```

程序运行后的输出结果是(   )。

A. 0   B. 2   C. 3   D. 5

答案是 C 选项。

for 循环从字符串的第一个字符开始判断字符是否是小写字母。如果是小写字母,计数器 n 加 1。字符串 s 中有三个小写字母,结果输出 3。

练习 7.6 有以下程序

```
#include "stdio.h"
int main()
{   int a[]={2,3,5,4},i;
    for(i=0;i<4;i++)
        switch(i%2)
        {   case 0: switch(a[i]%2)
                    {   case 0: a[i]++;break;
                        case 1:a[i]--;
                    } break;
            case 1:a[i]=0;
        }
    for(i=0;i<4;i++)
        printf("%d ",a[i]);
    printf("\n");
    return 0;
}
```

程序运行后的输出结果是(   )。

A. 3 3 4 4   B. 2 0 5 0   C. 3 0 4 0   D. 0 3 0 4

答案是 C 选项。

本题目的考查重点是数组和 switch-case 语句。循环第 1 次 i＝0,外层的 switch 语句 i%2 的结果是 0,内层的 switch 语句计算 a[0]%2＝2%2＝0,执行 a[0]＋＋,则 a[0] 的结果变为 3;循环第 2 次 i＝1,外层的 switch 语句 i%2 的结果是 1,执行 a[i]＝0,也就是 a[1] 的结果变为 0;循环第 3 次 i＝2,外层的 switch 语句 i%2 的结果是 0,内层的 switch 语句计算 a[i]%2＝a[2] %2＝5%2＝1,a[2] 应该做－－,结果为 5－1 为 4;循环第 4 次 i＝3,外层的 switch 语句 i%2 的结果是 1,执行 a[i]＝0,也就是 a[3] 的结果变为 0。因此答案是 3 0 4 0。

例 7.9 输入 10 个学生的成绩,对这些成绩进行排序,输出排序之前和排序之后的结果。

```
/*--------函数学生成绩问题-------- */
#include "stdio.h"
#define SIZE 10
void accept_array(int a[],int size);          /*函数说明*/
```

```
void sort(int a[],int size);                      /* 函数说明 */
void show_array(int a[],int size);                /* 函数说明 */
int main()
{
    int score[SIZE];                              /* 定义一个数组 */
    accept_array(score,SIZE);                     /* 函数调用,读成绩 */
    printf("排序前:  ");
    show_array(score, SIZE);                       /* 函数调用,输出排序之前的成绩 */
    sort(score, SIZE);                            /* 函数调用,排序 */
    printf("排序后:  ");
    show_array(score,SIZE);                        /* 函数调用,输出排序之后的成绩 */
    return 0;
}
void accept_array(int a[],int size)               /* 读数组内容的函数定义 */
{
    int i;
    printf("请输入 %d 个分数:",size);              /* 提示用户输入 size 个成绩 */
    for(i=0;i<size;i++)                           /* 循环读每个成绩 */
        scanf("%d",&a[i]);
}
void show_array(int a[],int size)                 /* 显示数组内容的函数定义 */
{
    int i;
    for(i=0;i<size;i++)                           /* 循环显示每个成绩 */
        printf("%2d",a[i]);
    printf("\n");
}
void sort(int a[],int size)                       /* 排序的函数定义 */
{   int i,min_a,j,temp;
    for(i=0;i<size;i++)
    {
        min_a=i;
        for(j=i;j<size;j++)
            if(a[j]<a[min_a])
                min_a=j;
        temp=a[min_a];
        a[min_a]=a[i];
        a[i]=temp;
    }
}
```

程序运行情况:

请输入 10 个分数: 88 77 66 99 97 65 78 66 72 63↙

屏幕将显示:

排序前:	88	77	66	99	97	65	78	66	72	63
排序后:	63	65	66	66	72	77	78	88	97	99

说明：本例中有三个自定义函数，分别负责读成绩（accept_array）、排序（sort）和输出（show_array），其中前两个都会改变数组的内容，这三个函数在执行时都是操作的 score 数组。

7.4 字符串与字符串函数

字符串常量是最常用的。语句"printf("hello ");"中，用双引号括起来的就是字符串常量。字符串常量总是以'\0'作为字符串的结束符。"hello"存储时占 6 个字节，而不是 5 个，因为'\0'还占了一个空间。字符串变量也不例外，也需要'\0'作为字符串的结束符。

7.4.1 字符数组

字符数组就是类型是字符型的一维数组，除了数组的每个元素是字符型，其用法与其他类型的数组并无区别。

现在通过一个实例来说明字符数组的使用。

例 7.10 编写程序以 $ 符号为终止符号接收一组字符，并逆序输出这组字符。

在第 4 章中编写过一个程序是：将输入的一串字符显示在屏幕上，直到遇到字符"$"。由于是接收一个输出一个，所以不需要数组的帮助，就可以完成任务。现在的题目是要将输入的字符串逆序输出，需要数组记住输入的字符串，才能将其逆序输出。

```
/*--------逆序输出字符数组的内容--------*/
#include "stdio.h"
int main()
{
    char c[80];                        /*定义字符数组*/
    int i;
    puts("请输入字符串以 $ 结束:");
    for(i=0;(c[i]=getchar())!='$';i++);    /*读入一组字符*/
    for(i--; i>=0;i--)                     /*从最后一个字符开始逆向输出 */
        putchar(c[i]);
    putchar('\n');
    return 0;
}
```

程序运行时，若输入

korwten$

则输出

network

说明：第一个 for 循环用于读入一组字符，其循环体为空，表达式 2 中有输入函数 getchar,'$'字符将存放在数组中；第二个 for 循环用于从最后一个字符开始逆向输出这组字符,第一个 for 循环结束时,i 的值是'$'字符的下标,由于'$'字符不需要输出,所以在第二个 for 循环的表达式 1 处先做了 i－－,这样就可以从输入的最后一个字符开始逆序输出了。

字符数组的初始化可以这样写:

```
char str[10]={ 'H', 'e', 'l', 'l', 'o'};
char str[]={ 'H', 'e', 'l', 'l', 'o'};
```

7.4.2　字符串变量

C 语言的字符串变量与其他高级语言有所不同,它并不是真正的字符串类型。C 语言的字符串变量从形式上还是定义一个字符数组,但是,在概念上,字符串是带有字符串结束符'\0'的一组字符,不论它是常量还是变量。有了'\0'标志以后,在处理字符数据时,就不必再用数组的长度来控制对字符数组的操作,而是用'\0'来判断字符串的结束位置。这是字符串变量与其他类型的数组(包括一般的字符数组)在操作上的根本区别。

字符串变量需要用字符串常量对其进行初始化。

例如:

```
char str[]={"Hello"};
char str[]="Hello";
```

用上面两种方式初始化 str 以后,str 字符串变量所占的内存空间是 6 字节,最后一个字节是字符串结束标志'\0'。

数组 str 在内存中的实际存储情况是:

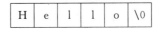

'\0'是由 C 编译系统自动加上的。由于采用了'\0'标志,字符串常量进行初始化时一般不必指定数组的长度,而由系统自行处理。而 str 的实际内容是该字符串变量的首地址。

7.4.3　有关输入和输出字符串变量的函数

字符串变量的输入与输出可以使用两对输入输出函数,一对是常用的 printf 函数和 scanf 函数,另一对是 puts 函数和 gets 函数。

例 7.11　使用 printf 函数和 scanf 函数的实例。

```
#include "stdio.h"
int main()
{   char str[10];                    /* 定义字符串变量 */
    scanf("%s",str);                 /* 接收字符串 */
    printf("%s\n",str);              /* 使用转换字符序列%s 输出字符串 */
    return 0;
}
```

运行结果:

若输入

Welcome you↙

输出为

Welcome

注意："printf("％s",str);"语句在执行时,系统从 str 指向的地址开始,逐个输出字符,到'\0'结束,并且不输出'\0'。str 是数组名,而不是数组的某个元素,若使用语句"printf("％s",str[0]);"则是错误的。

"scanf("％s",str);"语句在执行时,系统会将用户从键盘输入的字符逐个存入内存,位置由 str 指定的单元开始,并自动在最后加上'\0'结束符。str 是存放字符串变量的数组名,注意不要加取地址符 &,因为 str 本身的内容就是地址。

有读者可能会问:you 为何没有输出呢? 因为,you 并没有被接收到 str 中,在前面介绍过输入域的概念,空格、Tab、回车表示下一个输入域开始,前一个输入域结束,Welcome 与 you 是两个输入域。除了％c,其他的转换序列都会以空格、Tab、回车来区分不同的输入域。

例 7.12 使用 puts 函数和 gets()函数的实例。

```
#include "stdio.h"
int main()
{    char str[20];                /*定义一个字符数组*/
     gets(str);                   /*从键盘接收一行字符*/
     puts(str);                   /*输出一行字符*/
     return 0;
}
```

运行结果:

若输入

Welcome you↙

则输出

Welcome you

注意:使用 gets 函数接收字符串时,并不以空格、Tab 作为字符串输入结束的标志,而只以回车作为输入结束的标志。因此,Welcome you 被全部接收了,这与 scanf 函数是不同的。

puts()是字符串输出函数,其调用格式为:

puts (字符串变量);

它的功能是把字符串变量的内容(一定要有'\0'结束符)显示在屏幕上。

gets()是字符串输入函数,其调用格式为:

gets (字符串变量);

它的功能是从标准输入设备键盘上输入一个字符串。

练习 7.7 请问下面程序的输出是什么?

```
#include "stdio.h"
```

```
int main()
{
    char str[]="Hello";
    printf("%s",str);
    printf("%s\n",str);
    return 0;
}
```

输出是：

```
HelloHello
```

练习 7.8　请问下面程序的输出是什么？

```
#include "stdio.h"
int main()
{
    char str[]="Hello";
    puts(str);
    puts(str);
    return 0;
}
```

输出是：

```
Hello
Hello
```

练习 7.7 和练习 7.8 是为了考查输出字符串函数的使用细节。

7.4.4　字符串函数

C 语言提供了大量的字符串处理函数,通过调用这些函数可以大大减轻编程者的负担。有一点要注意:调用字符串函数之前,要使用预处理语句 #include "string.h" 将 string.h 文件包含进来。

下面将介绍最常用的字符串函数的调用方式。同时,还编写与系统函数功能完全相同的自定义函数,目的是不但使读者能加深对系统提供的字符串函数功能的理解,还能提高编写字符串函数的能力。

1. 字符串连接函数 strcat

其调用格式为:

strcat (字符串变量 1,字符串变量 2)

它的功能是:将字符串变量 2 的字符串连接到字符串变量 1 中的字符串的后面,并删去字符串变量 1 中的字符串结束符'\0'。strcat 的返回值是字符串变量 1 的首地址。

例 7.13　字符串连接函数的使用。

```
#include "stdio.h"
#include"string.h"
```

```
int main()
{
    char str1[30]="I am ";              /* 定义字符串变量 1 * /
    char str2[10]="a student";          /* 定义字符串变量 2 * /
    strcat(str1,str2);                  /* 调用系统提供的字符串连接函数 * /
    puts(str1);                         /* 输出连接以后的结果 * /
    return 0;
}
```

运行结果：

I am a student

注意：字符串变量 1 应定义足够的长度，以便能装入连接以后的字符串。

为了读者能更好地理解字符串函数的功能，并提高编写程序的能力，下面自定义一个 strcat_s 函数，其功能与系统提供的 strcat 功能一样。

例 7.14 自定义字符串连接函数。

```
/ * --------自定义字符串连接函数   -------- * /
#include "stdio.h"
void strcat_s(char str1[],char str2[])    / * 自定义的字符串连接函数 * /
{    int i=0,j=0;
    while(str1[i]!='\0')                      / * 找到第一个字符串结束符的位置 * /
        i++;
    while(str2[j]!='\0')                      / * 将第二个字符串连接到第一个字符串的后面 * /
    {    str1[i]=str2[j];
        i++;j++;
    }
    str1[i]='\0';                             / * 在第一个字符串的后面加上结束符 * /
}
int main()
{
    char str1[30]="I am ";                    / * 定义字符串变量 1 * /
    char str2[10]="a student";                / * 定义字符串变量 2 * /
    strcat_s(str1,str2);                      / * 调用自定义的字符串连接函数 * /
    puts(str1);                               / * 输出连接以后的结果 * /
    return 0;
}
```

程序的运行结果：

I am a student

说明：两个字符串连接时要注意将第一个字符串的结束符用第二个字符串的第一个字符覆盖掉，否则，等于没有连接上；另外，连接结束时要在整个字符串的后面加上结束符标志 '\0'。

2. 字符串拷贝函数 strcpy

其调用格式为：

strcpy (字符串变量 1,字符串变量 2)

它的功能是：将字符串变量 2 复制到字符串变量 1 中。字符串结束符'\0'也一起复制。
字符串变量 2 既可以是字符串常量也可以是字符串变量。

例 7.15 使用函数将一个字符串的内容拷贝到函数。

```c
#include "stdio.h"
#include"string.h"
int main()
{
    char str1[30]="I am ";          /*定义字符串变量 1*/
    char str2[10]="a student";      /*定义字符串变量 2*/
    strcpy(str1,str2);              /*调用系统提供的字符串拷贝函数*/
    puts(str1);                     /*输出拷贝以后的结果*/
    return 0;
}
```

运行结果：

```
a student
```

strcpy 函数要求字符串变量 1 有足够的长度,以便能装入要复制的字符串。

下面自定义一个函数,其功能与系统提供的 strcpy 功能一样。

例 7.16 自定义字符串拷贝函数。

```c
/*----自定义字符串拷贝函数----*/
#include "stdio.h"
#include"string.h"
void strcpy_s(char str1[],char str2[])   /*自定义的字符串拷贝函数*/
{   int i=0;                             /*下标从 0 开始*/
    while(str2[i]!='\0')                 /*str2[i]不是字符串终止符*/
    {    str1[i]=str2[i];                /*拷贝*/
        i++;
    }
    str1[i]='\0';                        /*加字符串终止符号*/
}
int  main()
{
    char str1[30]="I am ";               /*定义字符串变量 1*/
    char str2[10]="a student";           /*定义字符串变量 2*/
    strcpy_s(str1,str2);                 /*调用自定义的字符串拷贝函数*/
    puts(str1);                          /*输出拷贝以后的结果*/
    return 0;
}
```

3. 字符串比较函数 strcmp

其调用格式为：

strcmp(字符串 1,字符串 2)

它的功能是：按照 ASCII 码顺序比较两个数组中的字符串，并由函数返回值返回比较结果。

若字符串 1＝字符串 2，返回值为 0；

若字符串 1＞字符串 2，返回值为一正整数；

若字符串 1＜字符串 2，返回值为一负整数。

字符串 1 和字符串 2 既可以是字符串常量，也可以是字符串变量。

例 7.17 使用函数 strcmp 比较两个字符串的大小。

```c
/*--------------------函数 strcmp--------------------------*/
#include "stdio.h"
#include"string.h"
int main()
{
    char str1[10]="Student";          /*定义字符串变量 1*/
    char str2[10]="student";          /*定义字符串变量 2*/
    char str3[10]="student ";         /*定义字符串变量 3*/
    char str4[10]="student";          /*定义字符串变量 4*/
    printf("%d %d\n",strcmp(str1,str2),strcmp(str2,str3));
    printf("%d %d\n",strcmp(str3,str4),strcmp(str2,str4));
                                      /*调用系统提供的字符串比较函数*/
    return 0;
}
```

运行结果：

```
-1  -1
 1   0
```

由于'S'的 ASCII 值小于's'的 ASCII 值，因此字符串"Student"小于"student"，strcmp 函数返回一1。

"student"比"student "少一个空格，字符串"student"小于"student "，strcmp 函数返回一1。

"student "比"student"多一个空格，字符串"student "大于"student"，strcmp 函数返回 1。

"student"与"student"相等，strcmp 函数返回 0。

例 7.18 自定义函数比较两个字符串的大小。

```c
/*--------自定义字符串比较函数--------*/
#include "stdio.h"
#include"string.h"
int strcmp_s(char str1[],char str2[])   /*自定义的字符串拷贝函数*/
```

```
{   int flag=0;                          /* flag初值为0,假设两个字符串相等 */
    int i=0;                             /* 下标从0开始 */
    while(str1[i]!='\0'||str2[i]!='\0')        /* 两个字符串均没有结束时 */
    {
        if(str1[i]>str2[i])             /* 字符串1的当前字符大于字符串2的当前字符 */
        {   flag=1; break;}             /* flag赋为1,字符串1大于字符串2并跳出循环 */
        else if(str1[i]<str2[i])        /* 字符串1的当前字符小于字符串2的当前字符 */
        {   flag=-1;break;}             /* flag赋为-1,字符串1小于字符串2并跳出循环 */
        i++;
    }
    if(flag==0)                         /* 如果循环结束时flag的值仍为0 */
    {   if(str1[i]!='\0')               /* 如果str1[i]不是结束符 */
            flag=1;                     /* 则str1大,flag赋为1 */
        else if(str2[i]!='\0')          /* 否则如果str2[i]不是结束符 */
            flag=-1;                    /* 则str2大,flag赋为-1 */
    }
    return flag;
}
int main()
{   char str1[10]="Student";            /* 定义字符串变量1 */
    char str2[10]="student";            /* 定义字符串变量2 */
    char str3[10]="student ";           /* 定义字符串变量3 */
    char str4[10]="student";            /* 定义字符串变量4 */
    printf("%d %d\n",strcmp_s(str1,str2),strcmp_s(str2,str3));
    printf("%d %d\n",strcmp_s(str3,str4),strcmp_s(str2,str4));
                                        /* 调用自定义的字符串比较函数 */
    return 0;
}
```

运行结果:

```
-1  -1
 1  0
```

4. 求字符串长度函数 strlen

其调用格式为:

strlen(字符串)

它的功能是:计算字符串的实际长度(不含字符串结束标志'\0'),并将计算结果作为函数值返回。字符串既可以是字符串常量,也可以是字符串变量。

例 7.19 使用函数 strlen 计算字符串的长度并输出。

```
/* --------------------计算字符串的长度-------------------- */
#include "stdio.h"
#include"string.h"
int main()
```

```
{
    char str[]="student";
    printf("字符串长度是 %d\n",strlen(str));
    return 0;
}
```

运行结果：

字符串长度是 7

求字符串长度的方法比较简单,因此求字符串长度的自定义函数请读者自己编写。

练习 7.9 有以下程序

```
#include "stdio.h"
#include "string.h"
int main()
{   char a[10]="baby";
    printf("%d,%d\n",strlen(a),sizeof(a));
    return 0;
}
```

程序运行后的输出结果是(   )。

A. 7,4   B. 4,10   C. 8,8   D. 10,10

答案是 B 选项。

本题比较简单,考查的是 strlen 和 sizeof 两个函数,字符串"baby"的长度为 4,a 数组分配的长度是 10。

练习 7.10 有以下程序

```
#include "stdio.h"
int main()
{   char a[20]="Are you OK? ",b[20];
    scanf("%s",b);
    printf("%s %s\n",a,b);
    return 0;
}
```

程序运行时从键盘输入 Are you OK?〈回车〉。

则输出结果为(   )。

答案是 Are you OK? Are

本题考查的是字符串输入输出的格式问题。语句"scanf("％s",b);"接收输入时,只接收了 Are,后面的并没有接收到 b 中,因为,以％s 控制输入格式的使用是以空白符为接收终止的标记,How 后面有一个空格。

练习 7.11 请判断下面程序的运行结果。

```
#include "stdio.h"
int main()
{   char str[10]={ 'D', 'i', 'a', 'n', 'a', '?','\0', '?'};
```

```
    printf("%s\n",str);
    return 0;
}
```

运行结果：

```
Diana?
```

注意：本例中 str 不是用字符串常量初始化的，但是也包含字符串结束符'\0'。因此输出时，字符串的结尾只有一个问号，第二个问号已经在'\0'之后，不会被输出。

7.4.5 实例进阶

例 7.20 下列给定的程序中，函数 fun 的功能是：依次取出字符串中所有数字字符，形成新的字符串，并取代原字符串。

```
#include "stdio.h"
void fun(char s[])
{
    int i,j;
    for(i=0,j=0;s[i]!='\0';i++)
        if(s[i]>='0' && s[i]<='9')
        {   s[j]=s[i];
            j++;
        }
    s[j]='\0';
}
int main()
{   char _string[80];
    printf("请输入字符串:");
    gets(_string);
    fun(_string);
    puts("变化后的字符串是:");
    puts(_string);
    return 0;
}
```

运行情况：

```
请输入字符串:
Cha1962xiao
变化后的字符串是:
1962
```

例 7.21 下列给定程序中，函数 fun 的功能是：在字符串 str 中找出 ASCII 码值最大的字符，将其放在第一个位置上；并将该字符前的原字符向后顺序移动。例如，调用 fun 函数之前给字符串输入 ABCDeFGH，调用后字符串中的内容为 eABCDFGH。

```
#include "stdio.h"
```

```
void fun(char p[])
{
    char temp;
    char max=0;
    int i=0;
    while(p[i]!='\0')              /* 本循环负责查找一个最大的字符 */
    {
        if(p[max]<p[i])            /* 第 i 个位置的字符大于 max 位置的字符 */
            max=i;                 /* 用 max 记录最大元素的位置 */
        i++;
    }
    temp=p[max];                   /* temp 取最大元素 */
    i=max;
    while(i>=1)                    /* 移动其他元素 */
    {
        p[i]=p[i-1];
        i--;
    }
    p[0]=temp;                     /* 将最大元素存储到 0 号空间 */
}
int main()
{   char _string[80];
    printf("请输入字符串:");
    gets(_string);                 /* 读字符串 */
    fun(_string);                  /* 调用函数 */
    puts("变化后的字符串是:");
    puts(_string);                 /* 输出变化后的字符串 */
    return 0;
}
请输入字符串:
ABCDeFGH
变化后的字符串是:
eABCDFGH
```

例 7.22 下列给定程序中函数 fun 的功能是：求出在字符串中出现的子字符串的次数，通过函数值返回，在主函数中输出次数；若未找到，则函数值为 NULL。例如，当字符串中的内容为 abcdefgefef，t 中的内容为 ef 时，返回结果应该是 3。当字符串中的内容为 abcdefgefef，t 中的内容为 efh 时，则程序输出未找到信息：未找到！。

```
#include "stdio.h"
int fun(char s[],char t[])
{
    int p=0,r,a;                           /* 定义比变量 */
    a=0;
```

```
    while(s[p]!='\0')                      /* 当 s 字符串没有结束时 */
    {
        r=0;                               /* r 从 t 的第一个字符开始 */
        while(t[r]!='\0')                  /* t 字符串未结束时 */
        {   if(t[r]==s[p])                 /* 如果两个字符串的当前字符相等 */
            {   r++;                        /* r 往前挪一位 */
                p++;                        /* p 往前挪一位 */
            }
            else
                break;                     /* 如果两个字符串的当前字符不相等跳出循环 */
        }
        if(t[r]=='\0')                     /* 找到一个相等的子串 */
            a++;                           /* 累加器加 1 */
        else
            p++;                           /* p 位置加 1 */
    }
    return a;                              /* 返回值 */
}
int main()
{   char _str1[80],_str2[80];
    int res;
    printf("请输入字符串 1:");
    gets(_str1);                           /* 接收第一个字符串 */
    printf("请输入字符串 2:");
    gets(_str2);                           /* 接收第二个字符串 */
    res=fun(_str1,_str2);                  /* 调用函数 */
    if(res==NULL)
        printf("未找到\n");
    else
        printf("%s 出现的次数是%d\n",_str2,res);    /* 输出结果 */
    return 0;
}
```

7.5 二维数组及多维数组

二维数组对初学者来说难度较大,所以在本章的最后来讨论。按照惯例,还是先写两个例子。

7.5.1 二维数组的案例

例 7.23 将用二维数组 a 表示的矩阵转置存入 b 中,输出 a 和 b。

```
/* ------------矩阵转置------------ */
#include "stdio.h"
```

```c
int main()
{   int i,j,b[2][3];
    int a[3][2]={{1,2},{3,4},{5,6}};          /* 初始化 */
    for(i=0;i<2;i++)                          /* 转置 */
        for(j=0;j<3;j++)
            b[i][j]=a[j][i];
    printf("\n matrix a \n");
    for(i=0;i<3;i++)                          /* 输出数组 a */
    {   for(j=0;j<2;j++)
            printf("%5d",a[i][j]);
        printf("\n");                         /* 每输出一行换行 */
    }
    printf("\n matrix b \n");
    for(i=0;i<2;i++)                          /* 输出数组 b */
    {   for(j=0;j<3;j++)
            printf("%5d",b[i][j]);
        printf("\n");                         /* 每输出一行换行 */
    }
    return 0;
}
```

运行结果：

```
matrix a
    1    2
    3    4
    5    6
matrix b
    1    3    5
    2    4    6
```

例 7.24 编写程序输入若干个字符串,以"***"结束,将输入的字符串按照英语字典的顺序输出。

```c
/* ----若干字符串按照英语字典的顺序输出---- */
#include "stdio.h"
#include "string.h"
#define COL 20
#define ROW 80
int readin(char str[][ROW])
{   int i;
    i=0;
    printf("请输入一个字符串:");
    scanf("%s",str[i]);                       /* 输入第一个字符串到 str[0]中 */
    while(strcmp(str[i],"***")!=0)            /* 若输入的字符串不是"***",循环 */
    {   i++;
        printf("请输入一个字符串 ***表示结束:");
```

```
        scanf("%s",str[i]);                    /*输入一个字符串到str[i]中*/
    }
    return i;                                  /*返回输入字符串的个数*/
}
void writeout(char str[][ROW],int size)
{   int i;
    for(i=0;i<size;i++)                        /*循环从0到size-1*/
    {   puts(str[i]);                          /*输出一个字符串*/
    }
}
void sort(char str[][ROW],int size)
{   int i,j,min_s;
    char temp[ROW];
    for(i=0;i<size;i++)                        /*对str数组进行排序*/
    {   min_s=i;
        for(j=i+1;j<size;j++)
        if(strcmp(str[j],str[min_s])<0)        /*比较字符串的大小*/
            min_s=j;
        strcpy(temp,str[min_s]);               /*使用strcpy函数进行字符串交换*/
        strcpy(str[min_s],str[i]);
        strcpy (str[i],temp);
    }
}
int main()
{   char str[COL][ROW];                        /*定义一个二维数组*/
    int n;
    n=readin(str);                             /*读入一个字符串*/
    puts("排序前:");
    writeout(str,n);                           /*输出排序以前的若干字符串*/
    sort(str,n);                               /*调用排序函数*/
    puts("排序后");
    writeout(str,n);                           /*输出排序以前的若干字符串*/
    return 0;
}
```

运行情况：

请输入一个字符串:You↙
请输入一个字符串 ***表示结束: are↙
请输入一个字符串 ***表示结束: students↙
请输入一个字符串 ***表示结束: ***↙

排序前：

You
are
students

· 184 ·

排序后：

```
are
students
You
```

第一个例子，是数学上的二维矩阵转置问题。原矩阵是

```
1    2
3    4
5    6
```

转置以后的矩阵是

```
1    3    5
2    4    6
```

也就是原矩阵的第一列变成 new 矩阵的第一行。

矩阵的存储就可以使用二维数组。而且描述的方法很类似。

转置前的矩阵按照数学的描述是

```
a11    a12
a21    a22
a31    a32
```

转置前的矩阵是 3 行 2 列，则可以用数组 a[3][2] 来存储，转置后的矩阵是 2 行 3 列，就可以用数组 b[2][3] 来存储了。

```
int i,j,b[2][3];
int a[3][2]={{1,2},{3,4},{5,6}};                    /*初始化*/
```

上面两句中，包含对 a 和 b 两个数组的定义还有初始化。

7.5.2　二维数组的定义

定义二维数组的语法是：

数据类型说明符 数组名 [行数] [列数]；

数据类型说明符是 C 语言提供的任何一种基本数据类型或构造数据类型。数组名是用户定义的标识符。方括号中的行数和列数都是一个常量表达式，它表示了二维数组的行的个数和列的个数。与一维数组一样，不论是行数还是列数都只能是常量或常量表达式。

例如：

int data[5][3]；　说明整型数组 a，有 5 行 3 列共 15 个整型变量。

float b[10][20]；　说明单精度浮点型数组 b，有 10 行 20 列共 200 个单精度浮点型变量。

char string[20][50]；　说明字符型数组 string，有 20 行 50 列共 1000 个字符型变量。

定义二维数组的注意事项与一维数组类似。

数学上的矩阵可以帮助我们理解二维数组的基本概念。但是要进一步理解该如何思考呢？

可以这样考虑：一维数组的数组元素是一个变量，而二维数组的元素是一个数组。如果有定义"int data[5][3];"，表示 data 有 5 个元素，只不过这 5 个元素不是一个变量，而是每个元素是一个含有 3 个元素的数组。

例 7.24 定义了一个二维数组 str 存储字符串，一个字符串存储于二维数组 str 的一行中，也就是说，每个 str[i] 存储一个字符串。如果在运行时输入了 4 个字符串"You"、"are"、"students "和"***"，除了"***"，其他三个字符串存储于二维数组 str 中，str[0]存储的是字符串"You"，str[1]存储的是字符串"are"，以此类推。

二维数组在概念上是二维的，可以说是数组的数组，二维数组的下标在行和列两个方向变化。但是，计算机的内存是连续编址的，也就是说存储器单元是按一维线性排列的。那么如何按照地址的顺序存放二维数组呢？一般有两种方式来存储二维数组，第一种称为按行排列，方法是先存储完第一行（行下标为 0）中的每个元素，再存放下一行的每个元素；第二种称为按列排列，方法是先存储完第一列（列下标为 0）中的每个元素，再存放下一列的每个元素。C 语言的编译系统采用按行排列。

图 7.3 显示了是二维数组 stu_score 在内存中的存储情况。先存储的是 stu_score[0] 的三个元素，其次是 stu_score[1]、stu_score[2]、……、stu_score[0]代表的是三个整型变量的整体，其内容实际上是这三个整型变量的首地址。

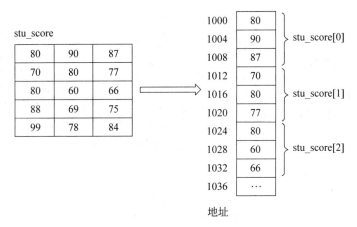

图 7.3　二维数组的存储

7.5.3　二维数组的引用

引用二维数组的一般形式为：

数组名 [行下标] [列下标]

数组下标可以是整型变量或整型表达式，但不能是浮点型的变量或浮点型表达式；并且行下标不能大于[行数−1]，列下标不能大于[列数−1]。

如果有定义"int stu_score[5][3];"，stu_score[0][0]、stu_score[1][2]和 stu_score[3][1] 都是正确的引用方式，但是 stu_score[3][3]是不正确的，因为其列下标超出了定义的范围。

注意：stu_score[i]代表的是三个整型变量，其内容是三个整型变量的首地址。因此，stu_score[i]不能放在赋值号的左边。当然，像一维数组一样，stu_score 代表整个二维数组,其内容是整个数组的首地址,也不能将二维数组的数组名放在赋值号的左边。

对于二维数组的每个元素,可以将其看作普通变量进行操作。

语句"stu_score[0][2]＝ stu_score[0][0] * 0.3＋ stu_score[0][1] * 0.7;"表示将 stu_score 数组行下标为 0 列下标也为 0 的元素乘以 0.3,与 stu_score 数组行下标为 0 列下标为 1 的元素乘以 0.7 的和赋值给 stu_score 数组行下标为 0 列下标 2 的元素。

操作二维数组的常规方法是使用双重循环,用外层循环控制二维数组行下标的变化,用内层循环控制数组列下标的变化,程序将按行操作数组的每个元素。

例如:

```
for(i=0;i<2;i++)
    for(j=0;j<3;j++)
        a[i][j]=0;
```

上述程序段将数组的每个元素清零。

7.5.4 二维数组的初始化

二维数组初始化的一般形式是:

数据类型说明符 数组名[行数][列数]={{数值,数值,…,数值},{数值,数值,…,数值}…};

或者

数据类型说明符 数组名[行数][列数]={数值,数值,…,数值};

上面的第一种方法是按行分段初始化,即在外面的花括号里面再嵌套花括号,里面的每个花括号分别为每行元素初始化;第二种方法则是按行连续初始化,不用加内嵌的花括号。

这两种方法有时没有区别,有时区别却很大。

对于数组 a[3][2],如果按行分段初始化应写为:

```
int a[3][2]={ {5,6},{7,8},{9,10}};        / * 按行分段初始化 * /
```

按行连续初始化应写为:

```
int a[3][2]={5,6,7,8,9,10};               / * 按行连续初始化 * /
```

则上面两种初始化的结果是完全相同的。

但是,按行分段初始化写为:

```
int a[3][2]={ {5},{7},{9}};               / * 按行分段初始化 * /
```

按行连续初始化写为:

```
int a[3][2]={5,7,9};                      / * 按行连续初始化 * /
```

则结果却完全不一样。

"int a[3][2]={{5},{7},{9}};"只对每行的一部分元素进行了初始化,a[0][0]、a[1][0]和 a[2][0]的值被分别初始化为 5、7 和 9,其他元素自动取 0;"int a[3][2]＝{5,7,9};"是对整个二维数组排列在最前面的三个值进行了初始化,a[0][0]、a[0][1]和 a[1][0]的值被分别初始化为 5、7 和 9,其他元素值为 0。

另外,对于二维数组的全部元素进行初始化,则行数可以省略,编译系统会自动计算出行数。但是绝对不能省略列数。

可以将"int a[3][2]={4,5,6,7,8,9};"写为"int a[][2]={4,5,6,7,8,9};",但是绝对不能写为:"int a[3][]={4,5,6,7,8,9};",请读者思考原因(提示:考虑存储方式)。

练习 7.12 判断下面程序的运行结果:

```
#include "stdio.h"
void main()
{
    int i,j,a[3][2];                    /*定义*/
    for(i=0;i<3;i++)                    /*行下标从 0 增加到 2*/
        for(j=0;j<2;j++)                /*列下标从 0 增加到 1*/
            a[i][j]=i+j;                /*给相应数组元素赋值*/
    for(i=0;i<3;i++)                    /*行下标从 0 增加到 2*/
    {   for(j=0;j<2;j++)               /*列下标从 0 增加到 1*/
            printf(" %10d",a[i][j]);   /*输出数组元素*/
        printf("\n");                   /*每输出一行换行*/
    }
}
```

程序中的第一个双重循环为数组的每个元素赋值,外循环 i 为 0 时,内循环 j 从 0 到 1 变化,而外循环 i 变为 1 时,内循环 j 又从 0 到 1 变化,这表示行下标为 0 时,列下标从 0 变到 1,行下标为 1 时,列下标从 0 变到 1,以此类推,可以为每个数组元素赋值。

```
for(i=0;i<3;i++)
    for(j=0;j<2;j++)
        a[i][j]=i+j;
```

计算 a[i][j] 的值,可以通过表 7.1 来计算。

表 7.1　计算 a[i][j]

i	j	a[i][j]
0	0	0
0	1	1
1	0	1
1	1	2
2	0	2
2	1	3

程序运行结果为:

```
0    1
1    2
2    3
```

最后,再回来看处理多个字符串的情况,例 7.24 中除了主函数以外,还定义了三个函数。readin 的功能是读入若干字符串,并将字符串的个数返回给调用函数;writeout 的功能是输出 size 个字符串;sort 函数的功能是对 size 个字符串进行排序。对字符串进行排序时,有两点需要注意:一点是字符串的比较需要用 strcmp 函数(不能直接使用小于、大于或等于号);另一点是字符串的赋值需要用 strcpy 函数(不能直接使用赋值号)。

最后,举一个多维数组的案例,希望有余力的读者能够从中获益。

7.5.5 多维数组的案例

例 7.25 假设某学校有 100 个班,每班 50 个学生,每个学生有 30 门功课的成绩需要输入系统进行处理。编写程序进行简单的输入和输出。

```c
#include "stdio.h"
void readin(int score[101][51][31])
    /*读入 100 个班、每班 50 个学生、30 门功课的成绩*/
    /*为了理解方便,下标为 0 的空间不使用*/
{
    int i,j,k;              /*i 代表班号,j 代表学号,k 代表功课号*/
    for(i=1;i<=100;i++)
        for(j=1;j<=50;j++)
            for(k=1;k<=30;k++)
            {
                printf("请输入%d 班  学号为%d 的同学 第%d 门功课的成绩:",i,j,k);
                scanf("%d",&score[i][j][k]);
            }
}
void writeout(int score[101][51][31])
    /*显示 100 个班、每班 50 个学生、30 门功课的成绩*/
{
    int i,j,k;              /*i 代表班号,j 代表学号,k 代表功课号*/
    for(i=1;i<=100;i++)
        for(j=1;j<=50;j++)
        {
            for(k=1;k<=30;k++)
            {   printf(" %d 班学号为%d 的同学 第%d 门功课是%d",i,j,k,score[i][j][k]);
                printf("\n");
            }
        }
}
int main()
{   int score[101][51][31];
    readin(score);
    writeout(score);
    return 0;
}
```

说明：用三维数组记录学生的成绩。即 i 代表班号，j 代表学号，k 代表功课号，例如 1 班，学号为 2 的同学功课号为 3 的学生成绩存储在空间 score[1][2][3] 中。为了理解方便，下标为 0 的空间未被使用。

本程序利用了三维数组，"i 代表班号，j 代表学号，k 代表功课号"的方法便于理解程序，但是，与实际情况不符合。为了符合实际情况，可修改程序如下：

```c
#include "stdio.h"
#define First 2
#define Second 2
#define Third 2
/* 为调试方便，可以仅设两个班、每班两个学生、两门功课，实用时再修改 */
void readin2(int score[First][Second][Third],char classname[First][20],
            int basicnumber[First],char subject[Second][20])
    /* 读入 2 个班、每班 2 个学生、2 门功课的成绩 */


{
    int i,j,k;              /* i 代表班号，j 代表学号，k 代表功课号 */
    for(i=1;i<=First;i++)
        for(j=1;j<=Second;j++)
            for(k=1;k<=Third;k++)
            {
                printf("请输入%s 班 学号为%d 的同学 %s 课程的成绩："
                        ,classname[i],basicnumber[i]+j,subject[k]);
                scanf("%d",&score[i][j][k]);
            }
}
void writeout2(int score[First][Second][Third],char classname[First][20],
            int basicnumber[First],char subject[Second][20])
    /* 显示 2 个班、每班 2 个学生、2 门功课的成绩 */
{
    int i,j,k;              /* i 代表班号，j 代表学号，k 代表功课号 */
    for(i=1;i<=First;i++)
        for(j=1;j<=Second;j++)
        {
            for(k=1;k<=Third;k++)
            {   printf(" %s 班学号为%d 的同学 %s 课程的成绩是%d",classname[i],
                    basicnumber[i]+j,subject[k],score[i][j][k]);
                printf("\n");
            }
        }
}
int main()
{   int score[First][Second][Third];
    char classname[100][20]={"","信息安全 1001","信息安全 1002"}; /* 班名 */
    int basicnumber[100]={0,2010300,2010400};                    /* 学号基数 */
```

```
    char subject[30][20]={"","C 语言程序设计","数据结构"};          /*功课名*/
    readin2(score,classname,basicnumber,subject);
    writeout2(score,classname,basicnumber,subject);
    return 0;
}
```

运行情况：

请输入信息安全 1001 班 学号为 2010301 的同学 C 语言程序设计课程的成绩：90✓
请输入信息安全 1001 班 学号为 2010301 的同学 数据结构课程的成绩：80✓
请输入信息安全 1001 班 学号为 2010302 的同学 C 语言程序设计课程的成绩：91✓
请输入信息安全 1001 班 学号为 2010302 的同学 数据结构课程的成绩：81✓
请输入信息安全 1002 班 学号为 2010401 的同学 C 语言程序设计课程的成绩：92✓
请输入信息安全 1002 班 学号为 2010401 的同学 数据结构课程的成绩：82✓
请输入信息安全 1002 班 学号为 2010402 的同学 C 语言程序设计课程的成绩：93✓
请输入信息安全 1002 班 学号为 2010402 的同学 数据结构课程的成绩：83✓

信息安全 1001 班 学号为 2010301 的同学 C 语言程序设计课程的成绩是 90
信息安全 1001 班 学号为 2010301 的同学 数据结构课程的成绩是 80
信息安全 1001 班 学号为 2010302 的同学 C 语言程序设计课程的成绩是 91
信息安全 1001 班 学号为 2010302 的同学 数据结构课程的成绩是 81
信息安全 1002 班 学号为 2010401 的同学 C 语言程序设计课程的成绩是 92
信息安全 1002 班 学号为 2010401 的同学 数据结构课程的成绩是 82
信息安全 1002 班 学号为 2010402 的同学 C 语言程序设计课程的成绩是 93
信息安全 1002 班 学号为 2010402 的同学 数据结构课程的成绩是 83
```

三维数组及多维数组在理解上有一点难度，并且如果编译系统提供了结构体，有二维数组也就够用了，本例如果看不懂也不用着急，跳过去就好了。

# 7.6　排序结果存入文件

**例 7.26**　对从键盘输入的 10 个数进行排序并存储于二进制文件 sort.dat 中。

```c
#include "stdio.h"
#define SIZE 10
int main()
{   FILE * fp;                              /*定义文件指针*/
    int i,j,data[SIZE],temp,flag=1;          /*定义变量和数组*/
    printf("请输入 %d 个整数:",SIZE);
    for(i=0;i<SIZE;i++)                       /*循环读 SIZE 个数到数组中*/
        scanf("%d",&data[i]);
    for(i=0;i<SIZE&&flag==1;i++)
    {   flag=0;
        for(j=0;j<SIZE-i-1;j++)               /*循环 j 从第 0 个元素到 SIZE-i-1 个*/
            if(data[j]>data[j+1])             /*若第 j 个元素大于第 j+1 个元素*/
            {   flag=1;
```
```

```
                temp=data[j];                        /* data[j]与data[j+1]做交换 */
                data[j]=data[j+1];
                data[j+1]=temp;
            }
    }
    printf("排序后:");

    for(i=0;i<SIZE;i++)                              /* 输出排序以后的每个数组元素值 */
        printf("%5d",data[i]);
    putchar('\n');
    if((fp=fopen("c:\\sort.dat","wb"))==NULL)        /* 打开文件 */
    {   printf("文件 sort.dat 不能打开!\n");          /* 打开失败,程序退出运行 */
        return 0;
    }
    else
    {
        if(fwrite(data,sizeof(int),10,fp)!=10)
                /* 将数组 a 中存放的 10 个整数一次写入文件 */
        printf("文件 sort.dat 写错误!\n");
        fclose(fp);                                  /* 关闭文件 */
    }
}
```

例 7.27 将文件 sort.dat 中排好序的 10 个数显示在屏幕上。

```
#include "stdio.h"
#define SIZE 10
int main()
{   FILE * fp;                                       /* 定义文件指针 */
    int data[SIZE],i;
    if((fp=fopen("c:\\sort.dat","rb"))==NULL)        /* 打开文件 */
    {   printf("文件 sort.dat 不能打开!\n");          /* 打开失败,程序退出运行 */
        return 0;
    }
    else
    {
        if(fread(data,sizeof(int),10,fp)!=10)
                /* 将数组 a 中存放的 10 个整数一次读入文件 */
            printf("文件 sort.dat 读错误!\n");
        fclose(fp);                                  /* 关闭文件 */
    }
    for(i=0;i<SIZE;i++)
        printf("%d",data[i]);
    return 0;
}
```

注意：二进制文件用记事本打开是一些无法读懂的数据内容，如图 7.4 所示。与文本文件不同。详细内容请参见第 10 章。

图 7.4 用记事本打开 sort.dat 文件

习　题

【7-1】　单项选择题（下列题目中有 A、B、C、D 4 个选项，正确答案只有一个，请选择正确答案）。

以下不能正确定义二维数组的选项是（　　　）。

A. int s[][]={1,2,3,4};

B. int s[][2]={1,2,3,4};

C. int s[2][2]={1,2};

D. int s[2][2]={{1},{2}};

【7-2】　请修改下列程序，使其能够通过编译，并正确运行。

（1）

```
#include "stdio.h"
int main()
{   int n=10;
    int a[n];
    int b[]={1,2,3,4,5,6,7,8,9,10};
    int a;
    for(i=0;i<=10;i++)
      a[i]=b[n-i]);
    for(i=0;i<=10;i++)
      printf("%2d ",a[i]);
    printf("\n");
    return 0;
}
```

（2）

```
#include "stdio.h"
int main()
{
    char array[30];
    array="ABCDEFGHIJKLMNOPQRSTUVWXYZ";
    printf(" \n %s\n",array);
    return 0;
}
```

【7-3】　判断下列程序的运行结果。

(1)

```c
#include "stdio.h"
int main()
{   int i,a[5]={0};
    printf("\n");
    for(i=1;i<=4;i++)
    {   a[i]=a[i-1]*3+1;
        printf("%d,",a[i]);
    }
    return 0;
}
```

(2)

```c
#include "stdio.h"
int main()
{   int i,j,a[][3]={3,3,4,4,5,5,6,6};
    printf("\n");
    for(i=0;i<3;i++)
        for(j=i+1;j<3;j++)
            a[i][j]=0;
    printf("\n");
    for(i=0;i<3;i++)
    {   for(j=0;j<3;j++)
            printf("%3d",a[i][j]);
        printf("\n");
    }
    return 0;
}
```

(3)

```c
#include "stdio.h"
#include "string.h"
void fun_1(char s[],int n);
int main()
{
    char str1[]="Nice";
    char str2[]="Weekend";
    puts("\n--------------------------------");
    fun_1(str1,2);
    puts("\n--------------------------------");
    fun_1(str2,strlen(str1));
    puts("\n--------------------------------");
    return 0;
}
```

```
void fun_1(char s[],int n)
{   int i;
    for(i=0;i<n;i++)
        printf("%s ",s);
}
```

【7-4】 按照下列要求编写程序(尽量分别用数组和指针方式操作)。

(1) 定义一个函数,使用起泡法对一个数组中的 size 个整数进行排序(升序),并编写主函数调用该函数。

(2) 定义第一个函数以 $ 符号为终止符号接收一组字符,定义第二个函数在相同的数组空间逆序存储这组字符,在主函数中调用这两个函数并输出逆序存放的字符串。要求分别用数组和指针方式操作。

(3) 编写程序计算中国香港回归的倒计时的天数并输出(1997 年 7 月 1 日中国香港回归,输入日期的范围是从 1997 年 1 月 1 日到 1997 年 6 月 30 日)。

(4) 定义一个函数,其中包含两个形参:一个是整型,另一个是指向整型的指针,函数的功能是将整型数据插入指针指向的已经按升序排好序的一组整数中间,使该组整数依旧保持升序。编写主函数,输入一组排好序的整数和预备插入的整数,调用定义的函数,输出结果。

(5) 一个瓜农在收获西瓜时猜测西瓜的重量(单位是 kg)。对于每个西瓜需要记录两个数据,一个是西瓜的实际重量,一个是瓜农猜测的重量。现在要分析误差,分析误差有两种方式:绝对误差和相对误差。其中,绝对误差=猜测重量-实际重量,绝对误差的单位是 kg;相对误差=100×绝对误差/实际重量,相对误差的单位是%。编写函数 in_data()输入若干个西瓜的实际重量和猜测重量,以-1 为结束标记,返回西瓜的个数;编写函数 out_list() 按表格方式输出每个西瓜的相对误差和绝对误差,西瓜的个数作为参数;编写函数 aver() 计算并输出平均相对误差和平均绝对误差,西瓜的个数作为参数;编写主函数调用这三个函数。

(6) 编写函数 in_data()将一个 M×N 的矩阵 A 存入一个二维数组。编写 create()函数根据 A 生成一个新的二维矩阵 B,若 A 的某个元素是"局部最大值",则 B 的相应元素设为 1;否则设为 0。所谓"局部最大值"是指该值比其上、下、左、右四个邻居的值大。位于矩阵特殊位置的元素(例如边界)只有两个或三个邻居,只要比这些邻居的值大也是"局部最大值"。函数 create()有两个二维数组作为形式参数。编写函数 out_data()显示 A 和 B 两个矩阵,out_data()函数也有两个二维数组作为形式参数。

例如:

(7) 定义一个函数 replace(),其中包含三个形参:两个是字符型,一个是字符串型。该函数返回一个整数。函数的功能是在字符串中查找第一个字符,如果找到,用第二个字符替换该字符,并将替换的次数作为返回值。编写主函数调用该函数。

(8) 定义一个函数 fun_char,其中包含三个形参:全部是字符串型。该函数返回一个整数。函数的功能是将在第一个字符串中出现的但在第二个字符串中未出现的字符存放在第三个字符串中。函数返回第三个字符串的长度。注意:允许第三个字符串有重复的字符,例如,第一个字符串是"ABACDEFGH",第二个字符串是"BCD",则第三个字符串是"AAEFGH"。

编写主函数调用该函数。

(9) 定义一个函数,将二维数组中的对角线内容求和并作为函数的返回值,编写主函数调用该函数。

(10) 编写程序使用指针数组指向一组字符串,对这组字符串按字典顺序进行排序并输出。

(11) 编写程序,输入若干个学生的"C 程序设计"课程的期中和期末成绩,计算出总评成绩,总评成绩为"30%×期中成绩+70%×期末成绩",根据总评成绩统计 90～100、80～89、60～79 和 0～59 这 4 个分数段各有多少人,输出统计情况。并按总评成绩降序输出学生的学号和总评成绩。

要求:

① 尽量使程序模块化。

② 使用一维平行数组存储学生的期中和期末成绩和总评成绩。

(12) 编写程序,输入若干个学生的学号(用字符串存储)以及"C 程序设计"课程的期中和期末成绩,计算出总评成绩,总评成绩为"30%×期中成绩+70%×期末成绩",按总评成绩降序输出学生的学号和总评成绩。

要求:

① 尽量使程序模块化。

② 使用二维数组存储学生的期中和期末成绩和总评成绩。

③ 使用二维数组存储学生的学号。

【7-5】 程序填空。

下面函数的功能是根据参数 n 的值打印 n 行的杨辉三角形(n<14)。

```
        1
       1 1
      1 2 1
     1 3 3 1
    1 4 6 4 1
......
void function(_____)
{
    int a[15][15];
    int i,j;
    for(i=1;i<=n;i++)               /* 将数组对角线和第一列赋值为 1 */
    {   a[i][i]=1;
        _____
```

```
     }
     for(i=3;i<=n;i++)                    /* 从第三行开始,当前元素值为前一行的同列元素与
                                             前一行前一列的元素之和 */
         for(j=2;j<i;j++)
             _____;
     for(i=1;i<=n;i++)                    /* 输出 */
     {
         for(j=1;j<=n-i;j++)
             printf("  ");
         for(j=1;j<=i;j++)
             printf("  %3d",a[i][j]);
         printf("\n");
     }
 }
```

第8章 指 针

指针是 C 语言的精髓,不能熟练地使用指针,就不算学会了 C 语言。

指针是一种数据类型,具有指针类型的变量可以对各种数据结构进行操作,例如,可以方便地操作数组及字符串,同时使用指针变量可以像汇编语言那样处理内存地址,从而编写出简洁、精练并且高效的程序。

指针是 C 语言中最重要的,同时也是最难掌握的一部分内容。

8.1 指 针 案 例

例 8.1 请编写一个函数 void fun(char * tt,int pp[]),统计在 tt 字符串中"a"~"z"26 个字母各自出现的次数,并依次存放在 pp 所指数组中。

使用指针方式。

```
#include "stdio.h"
void fun(char * tt,int pp[])
{   int i;
    for(i=0;i<26;i++)              /* 26 个计数器清零 */
        pp[i]=0;
    while(* tt)                    /* tt 所指字符串未结束 */
    {   if(* tt<='z'&&* tt>='a')   /* 字符是小写字符 */
            pp[* tt-'a']++;        /* 对应计数器加 1 */
        tt++;                      /* tt 指针下移一个字符 */
    }
}
int main()
{   char aa[1000]="gfsgshggfsgsgshsgfssfgfgsgsgsgfsgaaaaaaa";
    int bb[26], * p;
    fun(aa,bb);                    /* 函数调用 */
    for(p=bb;p<=bb+25;p++)         /* 输出 bb 数组计数器的内容 */
        printf("%d  ",* p);
    return 0;
}
```

在本例中与指针概念相关的语句有:char * tt,while(* tt),tt＋＋; p＝bb;p≤bb+25;等。

其中,"char * tt"定义一个指向字符的指针,"while(* tt)"中的 * tt 表示取指针指向的数据单元的内容,"tt++"是指针移动到下一个位置,"p＝bb"是指针赋值,"p≤bb+25"是指针比较。总之,这段小程序包含与指针相关的大部分概念。

其实,大家最熟悉的语句就是"scanf("％d",＆score)";了,其中的符号"＆"就是取地

址运算符。使用 scanf 函数读取数据时，必须提供存储单元的地址，如果将"scanf("％d"，
＆score)；"语句错写为"scanf("％d"，score)；"，该语句就不能正确地接收用户输入的
数据。

指针实质上是地址，是一个存储单元的地址，而存储地址的变量就是指针变量。

8.2 指针变量与指针运算符

8.2.1 指针数据类型

```
int i;        /*定义整型变量 i              */
int *p;       /*定义指针变量 p              */
p=&i;         /*p 指向 i                    */
```

上述三条语句在定义和执行以后，内存的状况如图 8.1 所示。i 和 p 是定义的两个空
间，其中，i 是整型，p 是指向整型变量的指针，"p=＆i；"表示 p 指向变量 i。

程序在运行时，所有的程序和数据都存放在内存中，内存是以一个字节为单位的连续的
存储空间，每个内存单元都有一个编号，称为内存地址。每个变量都有自己的内存地址，系
统对内存单元进行存取操作时，需要通过地址找到相应的内存单元。

很多高级程序设计语言都不允许通过变量的内存地址来访问内存单元，C 语言则通过
指针类型允许通过地址来访问内存单元，只不过，这个地址的确切值并不需要程序员了解。

图 8.2 中，p 是一个变量，它的内容是变量 i 的地址 2000，也就是说，变量 p 记住了 i 的
地址，变量 p 的数据类型就是指针类型。如果 p 的内容是 i 的地址。严格地说，一个指针是
一个地址值，是一个不能变化的值，例如 1000，2000 都是指针。而一个指针变量的内容是可
以变化的，可以是不同的地址值。但是，为了叙述时方便，在不会引起混淆的情况下，经常把
指针变量简称为指针。因此，当一个指针变量的值是某个内存单元的地址，可以称这个变量
为某内存单元的指针。例如，当 p 指向变量 i 时，可以说 p 是 i 的指针。

图 8.1　指针示意图 1　　　　　　　　　图 8.2　指针示意图 2

由于指针是变量，也需要在使用之前先定义，然后才能使用。

指针变量的定义格式：

指针所指对象的数据类型　＊指针变量名 1，＊指针变量名 2，…；

定义格式中的"＊"表示变量是一个指针变量。

例如，"int ＊p；"表示 p 是一个指针变量，p 指向的变量应该是整型的。

指针变量与其他变量一样，如果指针变量未被赋过值，指针变量的值将是不定值。所
以，如果想让 p 的内容是 i 的地址，必须做一个取地址运算。

若只定义了变量 i 与 p，它们之间是完全没有关系的。此时，p 的值是不定值，只有在执

行了语句"p=&i;"之后,指针变量 p 才会有确定的值。

8.2.2　指针运算符 & 和 * 的使用

指针运算符有两个,一个是上面提到的取地址运算符 &,还有一个是取内容运算符 *,使用取内容运算符 * 可以存取指针所指的存储单元的内容。这两个运算符都是单目运算符。

请看下例:

```
int i;         /* 定义整型变量 i         */
int * p;       /* 定义指针变量 p         */
p=&i;          /* p 指向 i               */
* p=3;         /* 使 i 的内容为 3         */
```

最后一句使用了取内容运算符,其含义是 3 赋值给 p 指向的存储单元 i,结果是变量 i 中的内容变成了 3,就是使用了取指针内容的运算符来改变指针所指向的存储单元。

前三条语句的含义和关系,前面已经用存储图来表示了。

要注意赋值语句的顺序。

练习 8.1　请指出下列程序中的错误。

```
#include "stdio.h"
int main()
{
    int i, * p;
    * p=9;
    p=&i;
    printf(" * p=%d", * p);
    return 0;
}
```

该程序编译以后,系统给出警告信息:

```
warning C4700: local variable 'p' used without having been initialized
```

意思是变量 p 还没有被赋初值。

程序无法正确运行。因为在 p 没有指向任何单元之前,使用星号运算符对其内容赋值是无效的。修改的方法很简单,将语句"p=&i;"与语句" * p=9;"调换位置即可。

练习 8.2　请指出下列程序中的错误。

```
#include "stdio.h"
int main()
{
    int i;
    double * p;
    p=&i;
    * p=9;
    printf(" * p=%d", * p);
```

```
        return 0;
    }
```

在定义指针变量时,可以将其定义为指向任何一种基本数据类型的存储单元,当使用取地址运算符 & 为其赋值时,所指变量的数据类型应该与定义时一致。如果有定义"double *p;",则 p 只能指向双精度浮点型的数据单元,而不能指向整型数据。

练习 8.3　请指出下列程序中的错误。

```
#include "stdio.h"
int main()
{   int score;                          /*定义整型变量 score*/
    int *p=&score;                      /*定义指针变量 p,p 指向变量 score*/
    printf("请输入一个分数:");           /*提示用户输入一个分数*/
    scanf("%d",&p );                    /*接收用户输入的分数到 p 所指的单元*/
    printf("score=%d\n",score);         /*输出 score*/
    return 0;
}
```

"scanf("%d",&p);"是错误的,p 中存放的就是 score 的地址,所以在 scanf 中应直接使用 p 作为参数,从键盘接收的数据将会存储在 score 变量中,即"scanf("%d",p);"。scanf 中的参数 p 不应该带取地址符,实际上 p 的内容就是地址。

练习 8.4　请指出下列程序中的错误。

```
#include "stdio.h"
int main()
{
    int *p=2000;
    printf("请输入一个分数:");
    scanf("%d",p );
    return 0;
}
```

指针只是概念上的地址,写程序时,不必关心它的具体数值是 2000 还是 3000。因为对某个变量来说,内存空间是由系统分配的,在 C 程序中不可直接将内存地址值赋值给一个指针变量,程序中的"int *p=2000;"是错误的。

还有一点需要注意,指向相同的数据类型的指针变量可以相互赋值,指向不同类型对象的指针一般不要做相互赋值,除非做强制转换。而且有时候,强制转换也有可能不能完全移植。

练习 8.5　分析下面程序的运行结果。

```
#include "stdio.h"
int main()
{
    short int data,y,*pointer;
    data=7;
    pointer=&data;
```

```
y= * pointer;
printf("\ny=%ld ",y);
return 0;
}
```

运行结果:

y=7

分析程序结果时,一般可以画一个存储图以助于得到正确的结论,如图 8.3 所示。

本例中有三个变量,data、y 是短整型变量,pointer 是指向短整型的指针变量。程序执行时,data 的内容被赋值为 7,pointer 指向 data,则 * pointer 存取的是 data 的内容 7,将这个值赋值给 y 从而使 y 的值为 7。

图 8.3 练习 8.5 变量存储

练习 8.6 下列程序的运行结果是什么?

```
#include "stdio.h"
int main()
{
    int i=99;
    int * py=&i;
    int * px;
    px=py;
    printf(" * px=%d * py=%d\n", * px, * py);
    return 0;
}
```

程序运行结果是:

* px=99 * py=99

因为 px=py 使两个指针同时指向 i。

8.3 指针与一维数组

8.3.1 指针操作一维数组案例

例 8.2 编写程序,输出数组中的 8 个浮点数,使用指针操作数组。

```
/ * ------使用指针操作数组------ * /
#include "stdio.h"
int main()
{   double a[8]={1.1,2.2,3.3,4.4,5.5,6.6,7.7,8.8};   / * 定义一个数组 a * /
    double  * pa;                                      / * 定义指针变量 pa * /
    int i;
    pa=a;                                              / * pa 取数组 a 的首地址 * /
    for(i=0;i<8;i++)                                   / * 输出这 8 个数 * /
```

```
        printf(" %.2lf",* (pa+i));
    return 0;
}
```

前面学过,指针变量的值是一个地址,不但可以指向一个单独的变量,也可以指向一组连续存放的变量的某一个变量,甚至是一段代码(指向函数的指针)的首地址。如果在一个指针变量中存放一个数组的首地址,就可以通过指针变量所指的数组元素以及指针的算术运算,对数组的所有元素进行操作。

在 C 语言中,当定义了一个数组以后,数组名本身就代表了该数组的首地址,数组元素的地址计算在内部是用该首地址加下标值,如图 8.4 所示。所以可以说,数组名是指针型的,只不过这个指针是不可修改的,称为静态指针。因为数组的存储空间由系统分配到静态存储区。

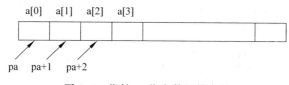

图 8.4　指针 pa 指向数组的含义

假设有下列定义:

```
double a[8], * pa;
```

则执行"pa＝a;"与"pa＝&a[0];"都表示使 pa 指向数组 a 的第一个元素。a 和 p 实际上都指向了数组 a 的第一个元素。

pa＋1 是指针运算,是以 pa 为基址指向数组元素的下一个元素,也就是 a[1],pa＋2 指向数组元素 a[2],pa＋i 指向数组元素 a[i]。

也就是说,可以将数组名用指针方式操作,同时也可以将记录数组首地址的动态指针用数组方式操作。此处,* (a＋i)与 pa[i]是等价的。

pa＋i 和 a＋i 都表示数组元素 a[i] 的地址,* (pa＋i)和 * (a＋i)都表示数组元素 a[i]的内容。

要注意的是 pa 的值可以变化,而 a 的值不能变化。

例 8.3　编写程序,输出数组中的 8 个浮点数,使用指针操作数组。

```
/ * ------使用指针操作数组------ * /
#include "stdio.h"
int main()
{   double a[8]={1.1,2.2,3.3,4.4,5.5,6.6,7.7,8.8};    / * 定义一个数组 a * /
    double  * pa;                                     / * 定义指针变量 pa * /
    pa=a;                                             / * pa 取数组 a 的首地址 * /
    for(pa=a; pa<a+8;pa++)
        printf(" %.2lf",* pa);
    printf("\n");
    return 0;
}
```

本例中 pa 的值可以变化，pa++是将 pa 的值增 1，使新的 pa 指向下一个变量。

8.3.2 指针值的算术运算

1. 在指针值上加减一个整数

案例中"printf(" %.2lf",*(pa+i));"的 pa+1 就是在指针值上加了一个整数。

表达式 p+n(n≥0)指向的是 p 所指的数据存储单元之后的第 n 个数据存储单元。这里的数据存储单元不是内存单元，内存单元的大小是固定的，而数据存储单元的大小与数据类型有关，在 Visual C++ 6.0 中，一个短整型变量占 2 个字节，一个整型变量占 4 个字节。一个双精度浮点变量占 8 个字节。那么，在 p 上加 n 是按所指的数据存储单元定比例增大，而不是直接加数值 n。

如果双精度浮点数占 8 个字节，地址按字节编址，p 是指向整型的指针，p 的值是 9008，则 p+1=9016,p+2=9024,…,p+n=9000+8×n,如图 8.5 所示。

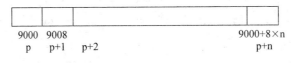

图 8.5　指针 p+i 的含义

因此 p+n 的地址值实际等价于(char *)p+ sizeof(*p)×n,而不是指向 p 地址之后的第 n 个地址(按字节编址)。

既然 p+n 是正确的指针运算，则 p=p+n 和 p++均为正确的表达式。n 当然也可以是一个负数。

最常用的指针操作是：p++表示使 p 指向下一个空间，p 的内容要发生变化。

2. 指针值的比较

例 8.3 的表达式"pa<a+8"就是指针值的比较。

使用关系运算符<、<=、>、>=、==和!=可以比较指针值的大小。

注意：指针比较一定要保证两个指针值在连续的存储空间，如图 8.6 所示。

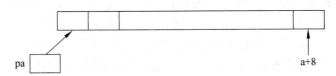

图 8.6　pa 和 a+8 指向的空间是在一个连续的内存空间中

对例 8.3 稍加修改如下：

```
#include "stdio.h"
int main()
{   double a[8]={1.1,2.2,3.3,4.4,5.5,6.6,7.7,8.8};   /*定义一个数组 a*/
    double  * pa,* qa;                               /*定义指针变量 pa 和 qa*/
    pa=a;                                            /*pa 取数组 a 的首地址*/
    qa=a+8;                   /*qa 取数组 a 的最后一个元素的下一个地址*/
    for(pa=a; pa<qa;pa++)
        printf("  %.2lf",* pa);
```

```
        printf("\n");
        return 0;
}
```

程序中,pa 和 qa 是指向相同的类型的指针变量,并且 pa 和 qa 指向同一段连续的存储空间,pa 的地址值小于 qa 的值,则表达式 pa<qa 的结果为 1,否则,表达式 pa<qa 的结果为 0。注意,参与比较的指针所指向的空间一定要在一个连续的内存空间中,如图 8.7 所示。

图 8.7　pa 和 qa 指向的空间是在一个连续的内存空间中

循环语句中的 pa 从 a 所指向的单元开始,每次向下移动一个存储单元,直到 qa 所指单元结束。

3. 指针减法

如果 pa 和 qa 定义为指针,则表达式 pa−qa 的结果是 pa 是 qa 后面的第几个数据单元。图 8.8 中 pa−qa 的值是 3。

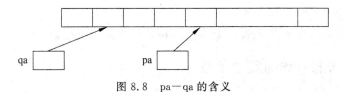

图 8.8　pa−qa 的含义

注意:不能对任意的两个指针做减法,表达式"pa−qa"有意义的前提是:pa 和 qa 两个指针的数据类型定义完全一致;pa 所指向的空间与 qa 所指向的空间在连续的存储段;pa 大于等于 qa。

例 8.4　编写程序使用指针操作方法,在数组中寻找给定值(例如 6.6)出现的位置(第几个元素)。

```
/*------在数组中检索给定值------*/
#include "stdio.h"
int main()
{
    double a[8]={1.1,2.2,3.3,4.4,5.5,6.6,7.7,8.8};   /*定义一个数组 a*/
    double  * pa,* qa;                                /*定义指针变量 pa 和 qa*/
    pa=a;                                             /*pa 取数组 a 的首地址*/
    for(qa=pa; * qa!=6.6&& qa<pa+8;qa++);             /*在 8 个整数中寻找 6.6*/
    printf("%d",qa<pa+8?qa-pa+1:-1);                  /*输出结果*/
    printf("\n");
    return 0;
}
```

运行情况:

说明：例子中的 6.6 出现在 8 个数字的第 6 个。

"for(qa=pa;＊qa!＝6.6&& qa＜pa＋8;qa＋＋);"负责从第一个整数开始到第 8 个整数结束,判断整数是否是 6.6,如果是,循环终止。因此,循环结束时,"qa＜pa＋9"成立,说明找到了 6.6;不成立,则未找到。

表达式"qa－pa＋1"使用指针减法求出 6.6 出现的位置。

练习 8.7 指出下列程序中的错误。

```
#include "stdio.h"
int main()
{   short int a[8]={1,2,3,4,5,6,7,8};        /*定义一个数组 a*/
    long   *pa,*qa;
    pa=a;
    qa=a+8;
    for(pa=a; pa<qa;pa++)
        printf("  %ld",*pa);
    printf("\n");
    return 0;
}
```

"pa＝a;"错误。

注意：两个参与指针运算的指针需要指向相同类型的数组元素。

8.3.3 数组名及指针作为函数参数

如果实参是数组名,形参也应该是数组类型,调用函数与被调用函数存取的将是相同的一组空间,原因是实参传给形参的是一组空间的首地址。因此,指向一段连续空间的首地址的指针变量也可以作为函数参数,其意义与数组名作为参数的意义相同。

形参与实参的对应关系可以有 4 种组合,下面通过实例来说明。

例 8.5 使用指针操作数组,计算数组中负数的个数。

第一种组合：(粗体强调的部分)

```
#include "stdio.h"
/*------计算数组中的最大值使用指针操作数组------*/
int f(int a[],int size)
{   int *p;
    int *max;
    p=max=a;
    for(;p<a+size;p++)
      if(*p>*max)
          max=p;
    return *max;
}
int main()
{   int a[8]={1,2,3,-1,-2,-3,4,-4};        /*定义一个数组 a*/
```

```
    printf("%d\n",f(a,8));
    return 0;
}
```

此处,调用时实参是数组名,形参也是数组名。

第二种组合:(粗体强调的部分)

```
#include "stdio.h"
    /*------计算数组中的最大值使用指针操作数组------*/
int f(int * a,int size)
{   int * p;
    int * max;
    p=max=a;
    for(;p<a+size;p++)
        if(* p> * max)
            max=p;
    return * max;
}
int main()
{   int a[8]={1,2,3,-1,-2,-3,4,-4};         /*定义一个数组 a */
    printf("%d\n",f(a,8));
    return 0;
}
```

调用时实参是数组名,形参是指针。

第三种组合:(粗体强调的部分)

```
#include "stdio.h"
    /*------计算数组中的最大值使用指针操作数组------*/
int f(int a[],int size)
{   int * p;
    int * max;
    p=max=a;
    for(;p<a+size;p++)
        if(* p> * max)
            max=p;
    return * max;
}
int main()
{   int a[8]={1,2,3,-1,-2,-3,4,-4};         /*定义一个数组 a */
    int * p=a;
    printf("%d\n",f(p,8));
    return 0;
}
```

调用时实参是指针,形参是数组名。

第四种组合:(粗体强调的部分)

```
#include "stdio.h"
/* ------计算数组中的最大值使用指针操作数组------ */
int f(int * a,int size)
{    int * p;
     int * max;
     p=max=a;
     for(;p<a+size;p++)
        if(* p> * max)
            max=p;
     return * max;
}
int main()
{    int a[8]={1,2,3,-1,-2,-3,4,-4};          /* 定义一个数组 a */
     int * p=a;
     printf("%d\n",f(p,8));
     return 0;
}
```

这 4 种方式的参数传递效果是一样的,都是传送的地址值。

8.3.4 指针与字符串

指针操作字符串的特殊性在于字符串终止符号'\0'。

例 8.6 自定义一个字符串拷贝函数,并在主函数中调用。

```
/* ------自定义一个字符串拷贝函数使用指针操作------ */
#include "stdio.h"
void str_cpy(char * s,char * t)              /* 自定义字符串拷贝函数 */
{
     while(* t!='\0')                        /* 当 t 所指内容不是字符串终止符 */
        { * s= * t; s++;t++;}                 /* 拷贝 */
     * s='\0';                               /* 最后一个单元赋为字符串终止符 */
}
int main()
{    char * str2;                            /* 定义一个指针 */
     char str1[80];                          /* 定义一个数组 */
     str2="Welcome";                         /* 为指针 str2 赋值 */
     str_cpy(str1,str2);                     /* 调用自定义的字符串拷贝函数 */
     puts(str2);                             /* 输出结果 */
     return 0;
}
```

运行结果:

```
Welcome
```

事实上,用指针操作字符串与用指针操作一般的一维数组并无太大的区别,需要注意对字符串终止符的应用。

请看下面的程序对字符串终止符的使用。

程序段一：

```
while( * s++= * t++);
```

程序段二：

```
while((* s= * t)!=0) {s++;t++;}
```

程序段三：

```
while( * t!='\0')
{    * s= * t; s++;t++;}
* s='\0';
```

三个程序段的功能完全一样，t 开始时指向一个字符串的首地址，s 开始时指向连续存储空间的首地址，程序段将 t 指向的字符逐个拷贝到 s 所指向的空间中，直到 t 所指的字符是字符串终止符。由于程序段一和程序段二在循环条件中使用的是赋值号，当 t 所指的字符是字符串终止符时，这个值先被赋值到 s 所指向的空间中，然后再判断是否是 0 值，所以" * s='\0';"一句就不用做了。而程序段三在循环条件中使用的是不等号，当 t 所指的字符是字符串终止符时，循环终止，因此，需要在循环结束以后做" * s='\0';"。

尽管程序段一和程序段二看起来更简练，但是从程序逻辑上看，程序段三的可读性最好。

例 8.7　使用指针的操作方法自定义一个字符串连接函数，并在主函数中调用。

```
/* ------自定义一个字符串连接函数使用指针操作------ */
#include "stdio.h"
void str_cat(char * s,char * t)          /* 自定义字符串连接函数 */
{   while( * s!='\0')                     /* 当 s 所指内容不是字符串终止符 */
    {     s++;}                           /* 移动指针 */
    while( * t!='\0')                     /* 当 t 所指内容不是字符串终止符 */
    {     * s= * t; s++;t++;}            /* 拷贝 */
    * s='\0';                            /* 最后一个单元赋为字符串终止符 */
}
int main()
{   char str1[80]="Welcome";             /* 定义一个数组 */
    char str2[10]=" you!";;              /* 定义另一个数组 */
    str_cat(str1,str2);                  /* 调用自定义的字符串拷贝函数 */
    puts(str1);                          /* 输出连接以后的结果 */
    return 0;
}
```

例 8.8　下列给定的程序中，函数 fun 的功能是：依次取出字符串中所有数字字符，形成新的字符串，并取代原字符串。

```
#include "stdio.h"
void fun(char * s)
```

```
{
    char * p=s,* q=s;                        /* p 和 q 都指向字符串 s 的开始位置 */
    for(;* p!='\0';p++)                      /* 当字符串未结束时,循环 */
        if(* p>='0' && * p<='9')             /* 当前字符是数字 */
        {   * q= * p;                        /* 复制到 p 所指的空间 */
            q++;                             /* q 指针前移 */
        }
    * q='\0';                                /* 设置字符串终止符 */
}
int main()
{   char _string[80];
    printf("请输入字符串:");
    gets(_string);                           /* 读字符串 */
    fun(_string);                            /* 调用函数 */
    puts("变化后的字符串是:");
    puts(_string);                           /* 输出结果 */
    return 0;
}
```

运行情况:

请输入字符串:

Cha1962xiao

变化后的字符串是:

1962

例 8.9 下列给定程序中,函数 fun 的功能是:在字符串 str 中找出 ASCII 码值最大的字符,将其放在第一个位置上;并将该字符前的原字符向后顺序移动。例如,调用 fun 函数之前给字符串输入 ABCDeFGH,调用后字符串中的内容为 eABCDFGH。

```
#include "stdio.h"
void fun(char * p)
{
    char * max=p;
    char * q=p;
    char temp;
    while(* p!='\0')              /* 本循环负责查找一个最大的字符 */
    {
        if(* max< * p)            /* 指针 max 指向最大元素 */
            max=p;
        p++;
    }
    temp= * max;
    p=max;

    while(p>=q+1)                 /* 移动其他元素 */
    {
```

```
        * p= * (p-1);
        p--;
    }
    * q=temp;                    /* 最大元素存储到 0 号空间 */
}
int main()
{   char _string[80];
    printf("请输入字符串:");
    gets(_string);               /* 读字符串 */
    fun(_string);                /* 调用函数 */
    puts("变化后的字符串是:");
    puts(_string);               /* 输出变化后的字符串 */
    return 0;
}
```

请输入字符串:

ABCDeFGH

变化后的字符串是:

eABCDFGH

8.4　空间的动态分配与指针运算

8.4.1　动态分配的案例

定义数组时,需要程序员对数组的长度有一个正确的估计,例如一个班 30 人,必修课两个班,总共 60 人,而选修课是 6 个班,人数也许多,也许少,要根据学生的报选情况。如果使用同一个程序处理这些成绩,必须按照最大的空间数来定义数组,显然是不合理的。C 语言提供了动态分配空间,很好地解决了这个问题。

例 8.10　编写程序首先询问用户学生的人数,然后读入这些学生的成绩到一组动态分配的空间中,最后输出这组成绩。

```
/* ------动态分配空间存储成绩------ */
#include "stdio.h"
#include "stdlib.h"
#define ERROR {printf("内存不够!");return 0;}
int main()
{
    int size;
    int * p, * aux;                          /* 指针变量的定义 */
    printf("请输入班级人数:");
    scanf("%d",&size);
    p=(int * )malloc(sizeof(int) * size);    /* 申请 size 个整型空间 */
    if(p==NULL)                              /* NULL 是空指针 */
```

```
      ERROR
    printf("请输入 %d 个分数:",size);
    for(aux=p;aux<p+size;aux++)                    /*指针运算*/
       scanf("%d",aux);
    for(aux=p;aux<p+size;aux++)
       printf(" %d",*aux);
    free(p);                                        /*释放空间*/
    return 0;
}
```

运行情况：

请输入班级人数：5↙

请输入 5 个分数：89 79 69 85 98↙

89 79 69 85 98

8.4.2 存储器申请和释放

1. 申请空间

上面示例中的"p=(int *)malloc(sizeof(int) * size);"就是申请动态空间。

malloc 函数用于申请空间。其调用方式是：

(指针所指对象的数据类型 *) malloc(sizeof(指针所指对象的数据类型) * 个数)

malloc 函数的功能是从内存中申请一块指定字节大小的连续空间,返回该存储块的首地址作为函数的结果。如果申请空间失败,说明没有足够的空间可供分配,返回空指针NULL。

空指针是一个特殊的值,C 语言为指针类型的变量专门定义一个空值,将空值赋值给一个指针变量以后,说明该指针变量的值不再是不定值,是一个有效的值,但是并不指向任何变量。空指针写作 NULL,数值为 0。

例如,申请一个动态的整型存储单元,需要执行下面的程序段：

```
int *pi;
pi=(int *)malloc(sizeof(int));
```

申请 10 个动态的整型存储单元,则需要执行下面的程序段：

```
int *pj;
pj=(int *)malloc(sizeof(int) * 10);
```

注意：如果定义了一个指针型的自动变量,在没有对它赋值之前,初始值是不定的。使用不定的指针变量去操作它所指的内容,是一件很危险的事情。即使是申请了空间,还要判断系统是不是有足够的空间分配给我们。

常用的方法是：

```
if  ((p=(int *)malloc(sizeof(int) * size))==NULL)
{...
   }
```

尽管大多数情况下,空间的分配都是有效的,但是作为一个好的程序员,一定不要忘记判断空间分配的有效性。

由于 malloc 返回的是 void 类型的指针,所以需要进行强制转换,其目的是:防止分配的存储器地址出现不合理的情况。

练习 8.8 指出下列程序中的错误。

```
int main()
{   char * p;
    * p='a';
    …
}
```

错误语句是"＊p='a';",原因是 p 只是一个指针,未指向任何空间,是一个不定值,不能操作指针所指向的单元,对指针的这种操作是危险的。

正确的用法是:

```
int main()
{   char * p,b;
    p=&b;
    * p='a';
    …
}
```

修改之后,p 取了 b 的地址,＊p 是 p 指针所指向的单元的内容,也就是 b 的内容。

练习 8.9 下面的程序段正确吗? 有缺陷吗?

```
int main()
{   char * p;
    p= (char * )malloc(1);
    * p='a';
    …
}
```

语句"p＝(char＊)malloc(1);"负责申请一个字符的空间,缺陷是未判断分配空间是否成功。

2. 释放空间

free 函数用于释放空间。free 与 malloc 必须配对使用,使用 malloc 申请的空间一定要用 free 释放。

对函数 free 的调用方式是:

free(指针变量名)

free 函数的功能是释放以指针变量名所指的位置开始的存储块,以分配时的存储块为基准。

例如,正确的申请和释放的方式是:

```
p= (int * )malloc(sizeof(int) * size);        /＊申请 size 个整型空间＊/
```

```
...
free(p);                                      /* 释放空间 */
...
```

注意：p 必须是申请时的起始地址，如果程序已经改变了申请时的起始地址，程序将在运行中出错。如果在"free(p);"之前加一条语句"p++;"，运行程序时系统会提示错误"Debug Assertion Failed!"。

还需要注意的是：语句"free(p);"不改变 p 的内容。但是，该语句执行以后，就不能用任何的指针再访问这个存储区。

```
#include "stdio.h"
#include "stdlib.h"
#define ERROR {printf("内存不够!");return 0;}
int main()
{
    int size;
    int * p,* aux;                            /* 指针变量的定义 */
    printf("请输入班级人数:");
    scanf("%d",&size);
    p=(int * )malloc(sizeof(int) * size);     /* 申请 size 个整型空间 */
    if(p==NULL)                               /* NULL 是空指针 */
        ERROR
    printf("请输入 %d 个分数:",size);
    for(aux=p;aux<p+size;aux++)               /* 指针运算 */
        scanf("%d",aux);
    for(aux=p;aux<p+size;aux++)
        printf(" %d", * aux);
    aux=p;
    free(p);                                  /* 释放空间 */
    printf(" %d", * aux);                     /* 错误 */
    return 0;
}
```

p 和 aux 指向同一地址，语句"free(p);"执行以后，aux 所指的空间也将不能再使用，因为这部分空间已经被系统回收了。如果继续使用，出现了所谓的悬垂指针现象，指针 aux 指向的空间，被"free(p);"语句释放了，从而使得**printf(" %d", * aux);**"语句出现了错误。

练习 8.10 修改静态指针的错误程序。

```
#include "stdio.h"
int main()
{
    int a[9];
    int * pa=a;
    for(;a<pa+9;a++)                          /* 错误 */
        scanf("%d",a);
    for(a=pa; a<pa+9;a++)                     /* 错误 */
```

```
        printf("  %d", * a);
    return 0;
}
```

a 是数组名,是静态指针,其值是不能修改的。"a++"这样的操作不能通过编译。

在上面的程序中,a 是数组名,pa 是指针,指针 pa 的值可以修改,可以通过申请空间改变动态指针的值,但是如果动态指针还没有指向任何一个空间,是不能通过指针取内容的。只要将空间动态分配就可以了。修改后的程序如下:

```
#include "stdio.h"
#include "stdlib.h"
int main()
{
    int * a;
    a=(int *)malloc(sizeof(int) * 9);
    int * pa=a;
    for(;a<pa+9;a++)
        scanf("%d",a);
    for(a=pa; a<pa+9;a++)
        printf("  %d", * a);
    return 0;
}
```

8.5   指针与函数

由于函数是传值的,并且函数只能有一个返回值,所以,如果希望一个函数计算两个值并传回给调用函数,就需要指定形参的数据类型为指针类型。

8.5.1   形参的数据类型是指针类型

例 8.11   编写一个函数求矩形的面积和周长,在主函数中调用该函数输出矩形面积和周长。

```
#include "stdio.h"
double Area_S(double x,double y,double * area_p)       /* 求矩形的面积和周长 */
{  double s;
    * area_p=x * y;                          /* 通过指针变量的操作传面积的计算结果 */
    s=2 * (x+y);
    return s;                                /* 函数值返回周长的计算结果 */
}
int main()
{  double x,y,area;
    printf("请输入矩形的长和宽:");           /* 提示用户输入矩形的长和宽 */
    scanf("%lf%lf",&x, &y);                  /* 接收输入 */
    printf("矩形的周长是 %lf.",  Area_S( x,y,&area));       /* 输出矩形周长 */
```

```
        printf("矩形的面积是 %lf.", area);      /*输出矩形的面积*/
        return 0;
   }
```

运行情况:

请输入矩形的长和宽: 3.3 2.2
矩形的周长是 11.000000
矩形的面积是 7.260000

说明: 在本例中,要求在一个函数中求矩形面积和周长,并传给主函数,必须借助于指针。因为函数只能返回一个值,另一个值要通过共享在主函数中分配的空间来实现信息的传递。

需要在主函数中定义一个 double 类型的变量 area,作为主函数和被调用函数共享的空间,在主函数中调用 Area_S 函数时,将 area 变量的地址值传送给该函数的形参指针变量 area_p,形参 area_p 就指向了主函数定义的变量 area,Area_S 函数中的语句 "*area_p = x*y;"是面积计算结果,送入形参 area_p 所指向的空间 double 类型的变量 area 中。

下面的程序也能完成同样的工作

```
#include "stdio.h"
void Area_S(double x,double y,double * area_p,double * s_p)   /*求矩形的面积和周长*/
{   double s;
    * area_p=x*y;                             /*通过指针变量的操作传面积的计算结果*/
    * s_p=2*(x+y);                            /*通过指针变量的操作传周长的计算结果*/
}
int main()
{   double x,y,area,s;
    printf("请输入矩形的长和宽: ");            /*提示用户输入矩形的长和宽*/
    scanf("%lf%lf",&x, &y);                   /*接收输入*/
    Area_S( x,y,&area,&s);
    printf("矩形的周长是 %lf.\n", s);          /*输出矩形周长*/
    printf("矩形的面积是 %lf.", area);         /*输出矩形的面积*/
    return 0;
}
```

上面两个程序解决了函数返回多个值的问题。而下面的程序也是非常有用的,并且经常作为考题出现。

例 8.12　编写函数真正交换两个数。

```
#include "stdio.h"
void swap(int * x,int * y)                    /*形式参数为指针类型*/
{   int temp;
    temp= * x;                                /*指针所指的内容交换*/
    * x= * y;
    * y=temp;
}
```

· 216 ·

```
int main()
{   int i,j;                                    /*定义变量*/
    i=2;j=4;                                     /*变量赋值*/
    printf("调用前: i=%d,j=%d\n",i,j);            /*输出调用函数之前的值*/
    swap(&i,&j);                                 /*调用函数*/
    printf("调用后: i=%d,j=%d\n",i,j);            /*输出调用函数之后的值*/
    return 0;
}
```

运行情况:

调用前: i=2,j=4
调用后: i=4,j=2

说明: 从运行结果看, 这是一个成功的数据交换。调用 swap 函数之前, 主函数 i 和 j 的内容是 2 和 4, 从 swap 函数回到主函数后, i 和 j 的内容变成了 4 和 2。交换成功! 为什么呢?

在本例中, swap 函数有两个形式参数 x 和 y, 它们的数据类型是指针变量, 应该存储整数变量的地址。在主函数中有 i、j 两个整型变量, 假设它们的地址分别是 1000 和 2000。

函数调用语句是 swap(&i,&j); 相当于将 a 的地址值赋值给形参 x, x 的内容就变成了 1000, x 作为指针变量指向了 i; 同时将 j 的地址值赋值给 y, y 的内容变成了 2000, y 作为指针变量也指向了 j, 如图 8.9 所示。那么, 在 swap 函数中 * x 就是存取 x 所指向的单元 i 的内容, * y 就是存取 y 所指向的单元 j 的内容, 语句

```
temp= * x;
* x= * y;
* y=temp;
```

是将 x 所指的变量 i 的内容与 y 所指的变量 j 的内容真正做了交换。

图 8.9 传变量的地址值

通过传递指针变量的值, 调用函数和被调用函数可以操作相同的存储单元。

注意形式参数和实际参数的写法, 若没有把形式参数说明为指针类型, 或者实际参数不是地址值, 都会使被调用函数出现错误。

调用 swap 函数的主函数还有一种方法, 请看下面的程序。

```
int main()
{   int i,j,* p,* q;                             /*定义变量*/
    i=2;j=4;                                     /*变量赋值*/
    p=&i;q=&j;                                    /*p和q分别取 i 和 j 的地址*/
```

```
        printf("调用前: i=%d,j=%d\n",i,j);          /* 输出调用函数之前的值 */
        swap(p,q);                                   /* 调用函数 */
        printf("调用后: i=%d,j=%d\n",i,j);          /* 输出调用函数之后的值 */
        return 0;
    }
```

在主函数中直接定义了两个指针变量 p 和 q 分别指向 i 和 j,也就是说 p 中存放的是 i 的地址,q 中存放的是 j 的地址,调用 swap 函数时,直接使用 p 和 q 传送地址值就行了。因此,调用语句是 swap(p,q);。

注意:这时的 p 和 q 一定是指针变量,并且指向了某个存储空间,不能是不定值或空值。

练习 8.11　请分析下列程序中是否有错误,为什么?

```
#include "stdio.h"
void swap(double * x,double * y)              /* 形式参数为指针类型 */
{   doble temp;
    temp= * x;                                /* 指针所指的内容交换 */
    * x= * y;
    * y=temp;
}
int main()
{   int i,j;                                  /* 定义变量 */
    i=2;j=4;                                  /* 变量赋值 */
    printf("调用前: i=%d,j=%d\n",i,j);       /* 输出调用函数之前的值 */
    swap(&i,&j);                              /* 调用函数 */
    printf("调用后: i=%d,j=%d\n",i,j);       /* 输出调用函数之后的值 */
    return 0;
}
```

swap 函数中的形参为指向双精度浮点数的指针,但是调用的时候却是整数型的,显然是错误的。

8.5.2　返回指针值的函数

函数的返回值可以是各种基本数据类型,如整型、字符型和浮点型等,也同样可以是指针类型,这样的函数称为返回指针值的函数。

例 8.13　编写函数求一个整型数组的最大值。

```
#include "stdio.h"
int * max_p(int * a,int length);            /* 函数说明 */
int main()
{   int a[]={1,2,3,4,15,6,7,8,9,10};
    printf("最大值是%d\n", * max_p(a,10));  /* 函数调用 */
    return 0;
}
int * max_p(int * a,int length)
```

```
{
    int * p, * max;                        /* 定义变量 */
    max=a;                                 /* max 指向数组 0 号空间 */
    for(p=a;p<a+length;p++)                /* 从数组 0 号空间到 length-1 号空间 */
        if(* max< * p)                     /* 当前空间的值比 max 空间所指的值大 */
            max=p;                         /* max 指向存储最大值的空间 */
    return max;                            /* 返回指针值 */
}
```

定义返回指针值的函数时,函数定义时的第一句的形式为:

返回的指针指向单元的类型　* 函数名(参数表)

例 8.13 中是"int * max_p(int * a,int length)",在函数定义的第一行。

如果需要进行函数说明,函数说明的形式为:

返回的指针指向单元的类型　* 函数名(参数表);

例 8.13 中是"int * max_p(int * a,int length);"。

调用形式:

指针变量=函数名(实参);

或

* 函数名(实参)

作为另一个函数的参数。

例 8.13 中是"printf("最大值是%d\n", * max_p(a,10));"。

程序运行的结果作为练习。

8.5.3　指向函数的指针

例 8.14　由用户指定求矩形的面积和周长。

```
/* ------使用指向函数的指针求矩形的面积和周长------ */
#include "stdio.h"
double f1(double x,double y);              /* 函数说明 */
double f2(double x,double y);              /* 函数说明 */
void test(double (* f)(double,double));    /* 函数说明 */
int main()
{
    int i;
    int flag=1;
    while(flag)
    {   puts("----------------------------------");
        puts("   1------求矩形的面积");             /* 显示一个简易菜单 */
        puts("   2------求矩形的周长");
        puts("   3------退出");
        puts("----------------------------------");
```

```
        puts("请选择 1  2  3:");                /* 询问用户使用哪个函数计算 */
        scanf("%d",&i);                          /* 接收用户的选择 */
        if(i==1)                                 /* 若用户选择的是 1 */
            test(f1);                            /* f1 为 test 的参数 */
        else if(i==2)
            test(f2);                            /* 否则 f2 为 test 的参数 */
        else
            flag=0;
    }
    return 0;
}
double f1(double x,double y)                      /* 求矩形的面积 */
{
    return (x * y);
}
double f2(double x,double y)                      /* 求矩形的周长 */
{
    return 2 * (x+y);
}
void test(double ( * f) ( double,double))        /* 指向函数的指针 f 作为 test 函数的参数 */
{
    double x,y;
    puts("请输入矩形的长和宽:");                 /* 提示用户输入长和宽 */
    scanf("%lf%lf",&x,&y);
    printf("%.2lf\n\n",( * f)(x,y));             /* 调用指向函数的指针 f 指向的函数 */
}
```

运行情况如图 8.10 所示。

图 8.10 例 8.14 的运行情况

指向函数的指针属于比较难理解的概念,因为 C 语言不允许嵌套函数定义,即不能在一个函数的定义中包含其他函数的定义。整个函数也不能作为参数在函数间进行传送。但实际编程中可能需要把一个函数作为参数传给另一个函数,方法是使用指向函数的指针作为参数。就像案例中 f1 和 f2 是函数名,但是可以作为 test 函数的参数。在此仍旧解决的是矩形面积和周长的问题,便于读者与之前的案例比较。

语句“void test(double (* f)(double,double));”说明 f 为指向一个函数的指针。

注意,“(* f)”的写法,圆括号是不能略的,若省略则变成了普通的“int * f(double, double);”函数说明,说明了一个返回指针的函数。

指向函数的指针的内容实际上是指针所指向的函数的代码段在内存中的首地址。

“printf("%.2lf\n\n",(* f)(x,y));”是调用指向函数的指针 f 所指向的函数,通过使用指向函数的指针对函数的调用形式是:

(* 指针变量名)(实际参数);

假设要将函数 2 作为参数传递给函数 1,那么

对函数 1 的调用形式是:

函数 1 (函数 2);

对函数 1 的定义形式是:

函数 1(指向函数 2 的指针变量)
{   (* 指向函数 2 的指针变量)(实际参数);
}

案例中,f1 函数作为另外一个函数 test 的参数进行调用,即“test(f1);”,则实际参数 f1 传递给被调用函数的是函数 f1 的地址,因此,test 的形式参数应该是一个指向函数的指针。

注意指向函数的指针的适用范围,下面的程序利用了指向函数的指针,但是,这不是一个好的程序。

例 8.15 不恰当地使用指向函数指针的案例。

```
#include "stdio.h"
#include "stdlib.h"
int LocateElem_Sq(double a[],int length,double e,int ( * compare)(double,double))
{    int i;
     double * p;
     i=1;
     p=a;
     while((i<=length)&&!( * compare)( * p,e))
          {++i;p++;}
     if(i<=length) return i;
     else return 0;
}
int comp_int(int x1,int x2)
{    if(x1==x2) return 0;
     else   return 0;
}
```

```
int comp_double(double x1,double x2)
{   if(x1==x2) return 0;
    else   return 0;
}
int main()
{
    double a[]={1.0,2.0,3.0,13.0,5.0,6.0,7.0,8.0,9.0,10.0};
    int i;
    i=LocateElem_Sq(a,10,13.0,comp_double);
    if(i!=0)
        printf("\nfound a[%d]",i);
    else
        printf("\n not found");
}
```

不是好的程序的原因在于,int comp_int 与 int comp_double 的功能类似,参数的数据类型不同(使用面向对象程序设计的函数重载比较好),而指向函数的指针一般用于参数类似,功能不同的情况。

8.6 二级指针

在讲解二级指针的概念前,先来看一个一级指针的案例。

```
#include "stdlib.h"
int * init(int size)
{   return((int *)malloc(size * sizeof(int)));
}
int main()
{
    int * z,* p;                      /*定义两个一级指针*/
    int a[]={1,2,3,4,15,6,7,8,9,10};
    int i=0;
    z=init(10);                       /*调用函数,为 z 分配空间*/
    if(z==NULL) return 0;             /*分配失败*/
    for(p=z;p<z+10;p++,i++)
        * p=* (a+i);
    for(p=z;p<z+10;p++)
        printf("%d  ",* p);
    free(z);
    return 0;
}
```

请分析本程序的功能和执行结果。

函数 init 的功能是分配 size 个大小的空间,并将首地址返回。因此在主函数中使用一级指针 z 接收返回结果。然后将数组 a 的内容复制到所分配的空间中,并输出。

结果是：

1 2 3 4 15 6 7 8 9 10

现在提个问题,如果 init 是不带返回值的函数,如何将所申请的空间地址传递给调用它的函数呢? 请看例 8.16。

例 8.16　定义一个函数动态分配一组空间,在主函数中调用该函数。

```c
#include "stdio.h"
#include "stdlib.h"
void init(int **a,int size)
{   *a=(int *)malloc(size * sizeof(int));
}
int main()
{   int **y;                      /*定义一个二级指针*/
    int * z, * p;                 /*定义两个一级指针*/
    int a[]={1,2,3,4,15,6,7,8,9,10};
    int i=0;
    y=&z;                         /*二级指针取一级指针的地址*/
    init(y,10);                   /*调用函数,为*y分配空间*/
    if((* y)==NULL) return 0;     /*分配失败*/
    for(p=z;p<z+10;p++,i++)
        * p= * (a+i);
    for(p=z;p<z+10;p++)
        printf("%d  ", * p);
    free(* y);
    return 0;
}
```

y 是一个二级指针,其内容是一级指针 z 的地址,如图 8.11 所示。

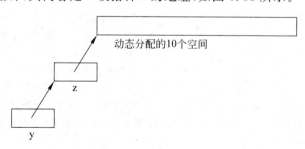

动态分配的10个空间

图 8.11　二级指针的含义

二级指针的定义格式是:

数据类型 **变量名;

其中的数据类型是二级指针间接操作的那个变量的数据类型。

在这个程序段中有一个整型变量 i,还有一个指向 i 的指针变量 p,指针变量 p 也要占一个存储空间,再用一个存储空间 pp 记住 p 的地址,也就是让 pp 内容为 p 的地址,则 pp 就是二级指针了,也就是 pp 指向的对象是一个指针变量。

因为"＊p＝50;"是将 i 的值赋为 50,＊pp 是 p 的地址,"＊(＊pp)"(即"＊＊pp")当然就是 p 所指的单元的内容了。实际上,pp 是通过 p 间接操作了 i。

图 8.12 描述了这几条语句执行后的结果,假设 i 的地址是 1000,p 的地址是 4000。

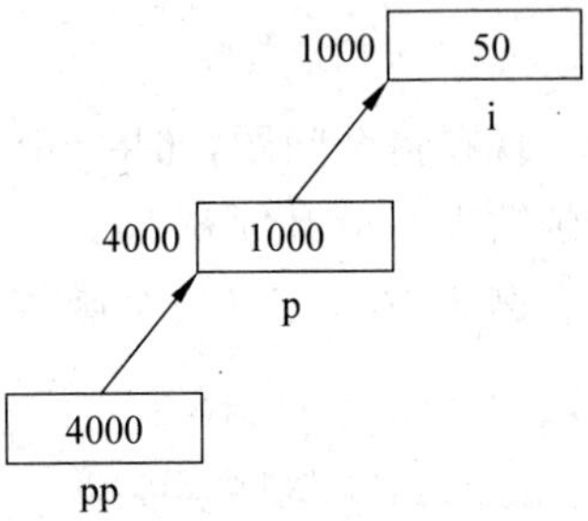

图 8.12　二级指针的含义

练习 8.12　分析下面程序的运行结果。

```
#include "stdio.h"
int main()
{   int i;                    /* 定义整型变量 i */
    int * p;                  /* 定义指向整型数据的指针变量 p */
    int **pp;                 /* 定义指向指针变量 p 的指针变量 pp */
    p=&i;                     /* p 指向 i */
    pp=&p;                    /* pp 指向 p */
    **pp=600;
    printf(" %d\n ",* p);
    return 0;
}
```

运行结果是:

```
600
```

"＊＊pp＝600;"是使 i 的值为 600,而输出的 ＊p 是 i 的内容。

练习 8.13　假设输入为 100,分析下面程序的运行结果。

```
#include "stdio.h"
#include "stdlib.h"
int main()
{   int * p,**pp;                            /* 定义二级指针变量 pp */
    p=(int *)malloc(sizeof (int));           /* 申请一个存储空间,用一级指针 p 指向它 */
    pp=&p;                                    /* pp 指向 p */
    if(* pp!=NULL)                           /* pp 的内容不为空 */
    {
        scanf("%d",* pp);                    /* 读数据到 ＊pp 所指的单元中 */
        printf("**pp=%d\n ",**pp);           /* 输出 pp 所指的指针所指的单元的内容 */
        free(p);
    }
    return 0[
}
```

运行结果:

```
100↙
**pp=100
```

本例没有定义整型变量 i,而是申请了一个整型空间,用一级指针 p 指向它。

练习 8.14 假设输入为 600，分析下面程序的运行结果。

```
#include "stdio.h"
#include "stdlib.h"
int main()
{   int **pp;                              /*定义二级指针变量 pp*/
    pp=(int**)malloc(sizeof (int*));    /*申请一个存储空间,用二级指针 pp 指向它*/
    if(pp!=NULL)
    {   *pp=(int*)malloc(sizeof (int));/*申请一个存储空间,用一级指针*pp 指向它*/
        if(*pp!=NULL)
        {
            scanf("%d",*pp);
            printf("**pp=%d\n ",**pp);
        }
    }
    free(*pp);
    free(pp);
    return 0;
}
```

结果是：

60↙(输入)
**pp=60

程序中既没有定义整型变量 i,也没有定义指向整型变量的一级指针 p,这两个空间都是临时申请的。申请一个像 p 这样的空间,然后用 pp 指向它,申请的方法就是"pp=(int**)malloc(sizeof (int*));"。申请一个像 i 这样的存储单元,然后用*pp 指向它,申请的方法是"*pp=(int*)malloc(sizeof (int));"。

8.7 指 针 数 组

8.7.1 使用指针数组的案例

例 8.17 输入一个整型数,输出与该整型数对应的星期几的英语名称。例如输入 1,输出 Mon。

```
/*------输出与该整型数对应的星期几的英语名称------*/
#include "stdio.h"
char *day_name(int n)
{
    static char *name[]={"illegal day","Mon","Tues","Wen","Thurs","Friday","
    Sat","Sun"};
    return ((n<1||n>7)?name[0]:name[n]);
}
int main()
```

```
{   int n=1;
    printf("请输入整数(输入-1为结束):");
    scanf("%d",&n);         /*输入一个整型数*/
    while(n!=-1)
    {
        printf("%d day: %s\n",n,day_name(n));
         /*输出与整型数对应的星期几的英语名称*/
        printf("请输入整数(输入-1为结束):");
        scanf("%d",&n);     /*输入一个整型数*/
    }
    return 0;
}
```

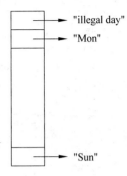

图 8.13　例 8.17 的存储图

例 8.17 的存储图如图 8.13 所示。

8.7.2　指针数组的定义和使用

如果一个数组的每个元素都是指针类型,或者说,是由指针变量构成的数组,就是指针数组。

指针数组的定义形式:

数据类型　* 指针数组名[n];

这里的数据类型是这组指针变量指向的变量的数据类型。

例 8.17 中定义的是"char * name[];",name 是一个含有 8 个元素的数组,而 name 数组元素中存储的是指向字符的指针。name 就是一个指针数组,数组元素的内容是指针,而且是指向字符串的指针。与普通数组一样,name 本身也是一个指针,但由于 name 的每个元素的内容是一级指针,因此 name 实际上是一个静态的二级指针。像 name 这样的指针数组非常适用于处理若干不等长的字符串。

name[0]指向"illegal day",name[1]指向"Mon"等。"return ((n<1||n>7)?name[0]:name[n]);"的含义是:当 n<1 或 n>7 成立时,说明 n 不能与一个星期的某一天对应,因此返回 name[0]的内容,name[0]的内容是字符串"illegal day"的首地址;而当 n 是 1~7 之间的一个整数时,返回值是 name[n],name[n]指向与 n 对应的表示星期几的字符串的首地址。

例 8.18　编写程序在内存中存储若干关键字:"do"、"case"、"if"、"else"、"for"和"while",然后接收用户输入的字符串,判断这个字符串是不是存储的关键字。

```
/*----寻找关键字----*/
#include "stdio.h"
#include "string.h"
int lookfor(char * str,char * keyword[7])
{
    int i;
    for(i=1;keyword[i]!=0;i++)
    {   if(strcmp(str,keyword[i])==0) return i;         /*做字符串比较*/
```

```
        }
        return 0;
    }
    int main()
    {   int i;char iid[7];
        char * keyword[8], * id=iid;              /* keyword 是一个指针数组 */
        keyword[1]="do";                          /* 为每个指针数组的元素赋值 */
        keyword[2]="case";
        keyword[3]="if";
        keyword[4]="else";
        keyword[5]="for";
        keyword[6]="while";
        keyword[7]=0;
        printf("请输入要查询的字符串:");           /* 提示用户输入要查询的字符串 */
        scanf("%s",id);
        i=lookfor(id,keyword);                    /* 调用查询函数,数组名作为实际参数 */
        if(i==0) printf("未找到!");
        else printf("找到   i=%d\n",i);
        return 0;
    }
```

运行情况一：

请输入要查询的字符串:case↙
找到 i=1

运行情况二：

请输入要查询的字符串:base↙
未找到!

8.8 命令行参数

如果在 DOS 提示符下输入：

```
copy_lin file1.c file2.c↙
```

则 copy_lin、file1.c 和 file2.c 就是命令行参数,其中 copy_lin 为一个可执行文件 copy_lin.exe。

一般情况下,C 语言的主函数是不带参数的,但是要使用上述有命令行参数的命令方式执行程序,而不是用全屏幕方式执行程序,则必须在源程序的 main 函数中加上参数。

主函数的首部应该这样写：

```
void main(int argc,char * argv[])
```

argc 和 argv 为主函数的形参。

其中 argc 的类型是整数,其数值表示了命令行参数的个数(包括可执行的文件名);

argv 则是指向字符型的指针数组,数组元素按照命令的输入顺序指向命令行参数的各个字符串。

以命令行 copy_lin file1. c file2. c 为例,argc 的值是 3,argv 的情况如图 8.14 所示。

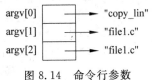

图 8.14　命令行参数
表示示意图

例 8.19　编写程序实现 DOS 命令 copy A. dat B. dat 的功能。copy A. dat B. dat 的功能是将 A. dat 文件的全部内容拷贝到文件 B. dat 中。

```
/*----实现 DOS 命令 copy A.dat B.dat 的功能----*/
#include "stdio.h"
#include "process.h"
int main(int argc,char * argv[])
{
    FILE * fp1,* fp2;
    char c;
    if(argc!=3)                      /*命令行参数个数不为 3,说明命令输入有误*/
    {   printf("命令错误!正确的使用方法类似 copy a b!");
        exit(1);
    }
    else if((fp1=fopen(argv[1],"r"))==NULL) /*源数据文件打开失败*/
    {   printf("不能打开文件 %s\n",argv[1]);
        exit(1);
    }
    else if((fp2=fopen(argv[2],"w"))==NULL) /*目标数据文件打开失败*/
    {   printf("不能打开文件 %s\n",argv[2]);
        exit(1);
    }
    else
    {
        while((c=fgetc(fp1))!=EOF) /*从源数据文件中每读一个字符写到目标数据文件中*/
            fputc(c,fp2);
        fclose(fp1);                          /*关闭文件*/
        fclose(fp2);                          /*关闭文件*/
        printf("文件拷贝成功!\n");
        return 0;
    }
}
```

本程序是带参数的 main 函数。如果命令行参数中不是三个字符串,提示用户输入有误。程序中定义了两个文件指针 fp1 和 fp2,分别指向命令行参数中给出的源数据文件名和目标数据文件名。循环语句负责从源数据文件中读一个字符并同时输出到目标数据文件中。最后要将两个文件关闭。

假设本程序的源程序文件名为 copy_,经过编译后生成可执行文件 copy_.exe,在 DOS 命令行状态下执行 copy_ A. dat B. dat 以后,文件 B. dat 中的内容将与文件 A. dat 内容相同,可以直接用 type B. dat 显示其内容为 welcome。

例 8.20 在命令行输入 add 3 2,执行 add 程序后,输出 3 加 2 的结果整数 5。为了程序简单一些,只做 10 以内的加法。

```
/ * -ニ-- 命令行输入 add 3 2 做加法---- * /
#include "stdio.h"
#include "string.h"
int main(int argc,char * argv[])
{   char * p,* q;
    if(argc>3||strlen(argv[1])>1||strlen(argv[2])>1)   /* 参数不符合要求 * /
        printf("\nparameter error!");
    else
    {   p=argv[1];q=argv[2];        /* p 和 q 两个指针分别指向两个字符的第一个字符 * /
        printf("%d+%d=%d\n",(* p-'0'),(* q-'0'),(* p-'0')+(* q-'0')); / * 计算结果 * /
    }
    return 0;
}
```

如果将本程序所在的工程命名为 add,经过编译以后生成了 add. exe,在命令提示符下输入命令:add 3 2,运行结果是 3+2=5。

注意:从命令行接收的参数都是字符串,因此要将其变为整数参与运算。

习　　题

【8-1】 单项选择题(下列各题中每道题有 A、B、C、D 4 个选项,正确答案只有一个,请选择正确答案)。

(1) 假设有定义:

```
int score[]={98,75,34,88,100,76,67,56,85};
int * p=score;
```

下列选项中表达式正确的是(　　)。

A. p＝score＋1;   B. (p+1)++;

C. p＝100;   D. score++;

(2) 下列选项中正确的是(　　)。

A. char s[7];s="you";   B. char * s; * s="you";

C. char s[7];s={"you"};   D. char * s; s="you";

(3) 假设有函数定义如下:

```
int function(int * p)
{   return * p;
}
```

该函数的返回值是(　　)。

A. 形参 p 所指的存储单元中的值   B. 形参 p 中存储的值

C. 不确定的值   D. 形参 p 的地址值

【8-2】 多项选择题(下列各题中每道题有 A、B、C、D 4 个选项,正确答案超过一个,请选择正确答案)。

(1) 假设有定义:

```
int i;
int score[]={98,75,34,88,100};
int *p;
```

下面的语句正确的是(　　)。

A. p＝score;   B. i＝score[1];

C. i＝score;   D. score＋＋;

(2) 假设有定义:

```
int i;
int score[]={98,75,34,88,100};
int *p=score;
```

能输出 34 的语句是(　　)。

A. printf("%d",*(p+2));   B. printf("%d",p+2);

C. printf("%d",p[2]);   D. printf("%d",score[2]);

(3) 假设有定义:

```
int i;
int score[]={98,75,34,88,100};
int *p=score;
```

能正确地将输入数据送入 100 所在的存储单元的语句是(　　)。

A. scanf("%d",p+4);   B. scanf("%d",&(score[4]));

C. scanf("%d",*(p+4));   D. scanf("%d",&(p+4));

(4) 假设有定义:

```
int  a[10],*p=a;
```

与 a[1]＝10;等价的语句是(　　)。

A. *(a+1)＝10;   B. *(p+1)＝10

C. p[1]＝10;   D. p＝10;

(5) 假设有定义:

```
int a[3][4],*p;
```

与 &a[0][0]值相等的表达式是(　　)。

A. *(a+0)   B. a[0]

C. *a   D. a

(6) 假设有定义:

```
char *p="PEPOLE",s[7];
```

```
    int i=0,j=0;
```

拷贝字符串的正确语句是( )。

A. while(s[i++]= * p++);   B. while(s[i++]=p[j++]);

C. while(* (s+i++= * (p+j++));   D. while(* s++= * p++);

【8-3】 请修改下列程序,使其能够通过编译,并正确运行。

(1)

```
#include "stdio.h"
int main()
{
    char * array;
    scanf("%s",array);
    printf(" \n %s\n",array);
    return 0;
}
```

(2)

```
#include "stdio.h"
int main()
{
    char * array;
     * array=(char * )malloc(30);
    scanf("%s",array);
    printf(" \n %s\n",array);
    return 0;
}
```

【8-4】 判断下列程序的运行结果。

(1)

```
int main()
{   int a[][3]={{6,5,4},{3,2},{1}};
    int i, * p=a[0];
    printf("\n");
    for(i=0;i<3;i++)
        printf("  %2d", * ++p);
    return 0;
}
```

(2)

```
#include "stdio.h"
#include "string.h"
void test(char * str,int n)
{   char temp;int i;
    temp= * (str+n-1);
```

```c
        for(i=n-1;i>0;i--)
            *(str+i)=*(str+i-1);
        *(str)=temp;
}
int main()
{   char *s="abcde";
    int i,n=3,len;
    len=strlen(s);
    printf("\n");
    for(i=1;i<=n;i++) test(s,len);
        puts(s);
    return 0;
}
```

(3)

```c
#include<stdio.h>
char *b[4]={"airline","industry ","terms","glossary"};
int main()
{   char *x;
    int i;
    x=b[1];
    for(i=0;i<4;i++)
    {   puts(x);
        x++;
    }
    return 0;
}
```

(4)

```c
#include "stdio.h"
int main()
{   int i;
    int a[]={1,2,3,4};
    int b[]={3,4,5,6};
    int c[]={6,7,8,9};
    int *pointer[3];
    *pointer=a+2;
    *(pointer+1)=b+1;
    *(pointer+2)=c;
    for(i=0;i<3;i++)
        printf("\n%2d",**(pointer+i));
    return 0;
}
```

(5)

```c
#include "stdio.h"
int main()
{
    int a=40,b=50;
    void test();
    printf("\n a=%d,b=%d ",a,b);
    test(b,&a);
    printf("\n a=%d,b=%d ",a,b);
}
void test(int x,int * y)
{   int t;
    t=x;x= * y; * y=t;
}
```

【8-5】 按照下列要求编写程序(用指针方式操作)。

(1) 定义一个函数,使用起泡法对一个数组中的 size 个整数进行排序(升序),并编写主函数调用该函数。

(2) 定义第一个函数以＄符号为终止符号接收一组字符,定义第二个函数在相同的数组空间逆序存储这组字符,在主函数中调用这两个函数并输出逆序存放的字符串。要求分别用数组和指针方式操作。

(3) 编写程序计算中国香港回归的倒计时的天数并输出(1997 年 7 月 1 日中国香港回归,输入日期的范围是从 1997 年 1 月 1 日到 1997 年 6 月 30 日)。

(4) 定义一个函数,其中包含两个形参:一个是整型,另一个是指向整型的指针,函数的功能是将整型数据插入指针指向的已经按升序排好序的一组整数中间,使该组整数依旧保持升序。编写主函数,输入一组排好序的整数和预备插入的整数,调用定义的函数,输出结果。

(5) 一个瓜农在收获西瓜时猜测西瓜的重量(单位是 kg)。对于每个西瓜需要记录两个数据,一个是西瓜的实际重量,一个是瓜农猜测的重量。现在要分析误差,分析误差有两种方式:绝对误差和相对误差。其中,绝对误差＝猜测重量－实际重量,绝对误差的单位是 kg;相对误差＝100×绝对误差/实际重量,相对误差的单位是％。编写函数 in_data()输入若干个西瓜的实际重量和猜测重量,以－1 为结束标记,返回西瓜的个数;编写函数 out_list()按表格方式输出每个西瓜的相对误差和绝对误差,西瓜的个数作为参数;编写函数 aver()计算并输出平均相对误差和平均绝对误差,西瓜的个数作为参数;编写主函数调用这三个函数。

(6) 编写函数 in_data()将一个 M×N 的矩阵 A 存入一个二维数组。编写 create()函数根据 A 生成一个新的二维矩阵 B,若 A 的某个元素是"局部最大值",则 B 的相应元素设为 1;否则设为 0。所谓"局部最大值"是指该值比其上、下、左、右 4 个邻居的值大。位于矩阵特殊位置的元素(例如边界)只有两个或三个邻居,只要比这些邻居的值大也是"局部最大值"。函数 create()有两个二维数组作为形式参数。编写函数 out_data()显示 A 和 B 两个矩阵,out_data()函数也有两个二维数组作为形式参数。

例如：

（7）编写主函数，将其以 add 命名，当在命令提示符下输入 add 34 26，执行 add 程序后，输出 34 加 26 的结果整数 60。要求能计算万以内的加法。

（8）定义一个函数 replace()，其中包含三个形参：两个是字符型，一个是字符串型。该函数返回一个整数。函数的功能是在字符串中查找第一个字符，如果找到，用第二个字符替换该字符，并将替换的次数作为返回值。编写主函数调用该函数。

（9）定义一个函数 fun_char，其中包含三个形参：全部是字符串型。该函数返回一个整数。函数的功能是将在第一个字符串中出现的但在第二个字符串中未出现的字符存放在第三个字符串中。函数返回第三个字符串的长度。

注意：允许第三个字符串有重复的字符，例如，第一个字符串是"ABACDEFGH"，第二个字符串是"BCD"，则第三个字符串是"AAEFGH"。

编写主函数调用该函数。

（10）定义一个函数将二维数组中的对角线内容求和并作为函数的返回值，编写主函数调用该函数。

（11）编写程序，使用指针数组指向一组字符串，对这组字符串按字典顺序进行排序并输出。

（12）编写程序，输入若干个学生的"C 程序设计"课程的期中和期末成绩，计算出总评成绩，总评成绩为"30％×期中成绩＋70％×期末成绩"，根据总评成绩统计 90～100、80～89、60～79 和 0～59 这 4 个分数段各有多少人，输出统计情况。并按总评成绩降序输出学生的学号和总评成绩。

要求：

① 尽量使程序模块化。

② 使用一维平行数组存储学生的期中和期末成绩和总评成绩。

（13）编写程序，输入若干个学生的学号（用字符串存储）以及"C 程序设计"课程的期中和期末成绩，计算出总评成绩，总评成绩为"30％×期中成绩＋70％×期末成绩"，按总评成绩降序输出学生的学号和总评成绩。

要求：

① 尽量使程序模块化。

② 使用二维数组存储学生的期中和期末成绩和总评成绩。

③ 使用二维数组存储学生的学号。

【8-6】 程序填空。

（1）下面函数的功能是计算字符型数据 c 在字符串 str 中出现的次数，并将出现次数作为返回值。

```
int index(char c,char * str)                    /* index 函数定义 */
```

```
{
    char  * p;
    int count;
    count=0;
    _____
    while ( * p!='\0')                      / * 字符串未结束,循环做 * /
    {   if ( * p==c)                        / * 当前字符是 c * /
            _____
        p++;
    }
    return count;                           / * 返回出现的个数 * /
}
```

(2) 下面函数的功能是将由 data 指针指向的 size 个整数排序,使用选择排序的思想。

```
void sort (int  * data,int size)
{
    int  * p, * q, * min_p,temp;
    for(p=data;_____;p++)        / * p 从下标为 0 的空间,向后移动直到数组下标为 size
                                          -1 的空间 * /
    {
        min_p=p;                    / * 指针 min_p 取指针 p 的值 * /
        for(q=p+1;_____;q++)     / * q 从 p+1 所指的空间,向后移动到数组下标为 size-1
                                          的空间 * /
            if ( * q< * min_p)

            _____
        if(min_p!=p)                / * p 与 min_p 不是指向相同的空间 * /
        {
            temp= * min_p;          / * 内容交换 * /
            * min_p= * p;
            * p=temp;
        }
    }
}
```

(3)

```
#include "stdio.h"
int main()
{
    int a=40,b=50;
    void test();
    printf("\n a=%d,b=%d ",a,b);
    test(b,&a);
    printf("\n a=%d,b=%d ",a,b);
}
void test(int x,int  * y)
{   int t;
    t=x;x= * y; * y=t;
}
```

第9章 结构体、联合体与枚举

所谓"构造类型"就是由基本数据类型按一定的规则组合在一起而构成的数据类型。C语言中的构造数据类型包括数组、结构体、联合体和枚举。数组已经在第5章讨论过,本章将介绍的构造类型包括结构体、联合体和枚举。

9.1 结 构 体

9.1.1 案例

例9.1 伦敦奥运会奖牌榜如表9.1所示,表中用国家名称、金牌数、银牌数、铜牌数和奖牌总数记录了部分国家获得奖牌的情况,编写程序将其中的数据作为原始数据,然后根据每个国家的获奖牌情况计算各个国家的奖牌总数,同时计算这5个国家总共获奖牌的数量,输出结果。

表 9.1 伦敦奥运会奖牌榜

国家名称	金牌	银牌	铜牌	奖牌总数
美国	46	29	29	
中国	38	27	23	
英国	29	17	19	
俄罗斯	24	26	32	
韩国	13	8	7	

```c
#include "stdio.h"
#define SIZE 5
#define priline printf("\n-------------------------------------");
int main()
{
    struct COUNTRY
    {
        char name[20];              /*国家名称*/
        int golden;                 /*金牌数*/
        int silver;                 /*银牌数*/
        int copper;                 /*铜牌数*/
        int sum;                    /*奖牌总数*/
    };
    struct COUNTRY country[SIZE]=\
    {{"美国",46,29,29},{"中国",38,27,23},{"英国",29,17,19},\
```

```
                    {"俄罗斯",24,26,32},{"韩国",13,8,7}};
        int i;
        int total=0;
        for(i=0;i<SIZE;i++)
        {
            country[i].sum=country[i].golden+country[i].silver+country[i].copper;
                            /*计算每个国家的奖牌总数 */
            total=total+country[i].sum;
                            /*计算每个国家的奖牌总数之和   */
        }
        printf("\n      国家    金牌    银牌    铜牌    奖牌总数");
        priline;
        for(i=0;i<SIZE;i++)         /*输出              */
            printf("\n%10s %7d%7d%7d%7d",country[i].name, country[i].golden,\
                    country[i].silver,country[i].copper,country[i].sum);
        priline;
        printf("\n                           共计：%6d\n",total);
        return 0;
    }
```

9.1.2　结构体的说明和定义

在例 9.1 中使用了一种新的复杂数据类型——结构体。表 9.1 中的每一行是一个结构体数据，即一个结构体描述了一个国家获得奖牌的情况。

结构体类型的数据由若干称为"成员"的数据项组成，每一个成员既可以是一个基本数据类型的数据，也可以是另一个构造类型的数据。结构体是 C 语言编译没有提供的数据类型，是可以由程序员根据实际情况来自己构造的一种新的数据类型，所以在程序中必须先说明如何构造一个"结构体"，然后才能定义一个具有这种结构体的变量。

```
struct COUNTRY
{
    char name[20];              /*国家名称*/
    int golden;                 /*金牌数*/
    int silver;                 /*银牌数*/
    int copper;                 /*铜牌数*/
    int sum;                    /*奖牌总数*/
};
```

上述语句说明了一种新的数据类型，struct 是关键字，COUNTRY 是结构体的类型名，它规定了一种新的复杂数据类型，程序中有了这个说明之后，就可以使用 COUNTRY 定义结构体变量了。

例如：

```
struct COUNTRY China;
```

这表示，China 是一个结构体变量，而例 9.1 中定义了一个结构体数组 country，包含 5

个结构体变量。一般情况下，实际编程中使用单个结构体变量的机会很少。

下面总结结构体说明和结构体变量定义的格式。

结构体的说明方式：

struct 结构体名
{ 成员表；
};

其中成员表可以由一个或几个成员组成，要说明每个成员的类型和名称，注意最后用分号结束。就像 COUNTRY 是结构体名，name、golden、silver、copper 和 sum 是 5 个成员，它们构成了成员表。

结构体变量的定义方式：

struct 结构体名 结构体变量表；

例如："struct COUNTRY China,USA;"定义了两个结构体变量。

注意：结构体的说明要放在结构体变量的说明之前。

```
struct COUNTRY
{
    char name[20];              /*国家名称*/
    int golden;                 /*金牌数*/
    int silver;                 /*银牌数*/
    int copper;                 /*铜牌数*/
    int sum;                    /*奖牌总数*/
};
struct COUNTRY China,USA;
```

上面的顺序是正确的，但是，下面的程序段就是错误的。

```
struct COUNTRY China,USA;
struct COUNTRY
{
    char name[20];              /*国家名称*/
    int golden;                 /*金牌数*/
    int silver;                 /*银牌数*/
    int copper;                 /*铜牌数*/
    int sum;                    /*奖牌总数*/
};
```

再举一个使用结构的例子，我们需要用这一组数据描述一个日期，如 2012 年 10 月 30 日，当然可以用三个变量来记录这个日期。

```
#include "stdio.h"
int main()
{
    int year=2012;              /*年*/
    int month=10;               /*月*/
```

```
    int day=30;                      /*日*/
    printf("Start date is:%04d/%02d/%02d\n", year,month,day);
    return 0;
}
```

尽管这个程序是正确的,也能解决问题。但是,这三个变量完全没有联系。而下面使用结构体变量可以表示一个日期,将其看成一个整体。

```
struct DATE                          /* DATE 结构体类型说明 */
{
    int year;                        /*年*/
    int month;                       /*月*/
    int day;                         /*日*/
};
struct DATE start_day,upto_day;    /*定义结构体 DATE 的变量 start_day 和 upto_day*/
```

其实,C 语言的编译还允许在说明结构体构成的同时定义一个结构体变量。

```
struct DATE                          /* DATE 结构体类型说明 */
{
    int year;                        /*年*/
    int month;                       /*月*/
    int day;                         /*日*/
} start_day,upto_day;                /*同时定义结构体 DATE 的变量 start_day 和 upto_day*/
```

这种方法的语法格式是:

struct   结构体名
{   成员表;
} 结构体变量表;

另外,还有第三种方法在说明结构体时直接定义结构体变量,并且不用指定结构体名。

```
struct                               /*直接定义结构体变量*/
{
    int year;                        /*年*/
    int month;                       /*月*/
    int day;                         /*日*/
}  start_day,upto_day;               /*同时定义结构体的变量 start_day 和 upto_day*/
```

这种形式的语法为:

struct
{   成员表;
} 结构体变量表;

这种方法有一定的缺陷,如果想再次定义一个结构与 start_day 变量相同的变量,还要说明结构体的成员。

这里需要强调,不能混淆结构体名和结构体变量这两个概念。结构体名标识了程序员定义的一种新的数据类型,编译系统不可能为结构体名分配内存空间。只有当变量被说明为这种由程序员自己定义的数据类型的结构体时,编译系统才会为结构体变量分配存储空间。在不引起混淆的情况下,结构体变量可以简称为结构体。存储分配时,通常按照各成员在结构体说明中出现的先后顺序依次排列。结构体成员的数据类型可以是 C 语言的基本数据类型,也可以是数组和指针类型,还可以是另一个结构体类型。

例如:

```
struct TIME                    /* TIME 结构体类型说明 */
{
  int hour;                    /* 小时 */
  int minute;                  /* 分 */
  int second;                  /* 秒 */
};
struct DATE                    /* DATE 结构体类型说明 */
{
  int year;                    /* 年 */
  int month;                   /* 月 */
  int day;                     /* 日 */
  struct TIME time;            /* 时间 */
};
```

上面的说明中,首先说明了 struct TIME,而在说明 struct DATE 时,使用 struct TIME 说明了 time 项。

注意:绝不能将上面的顺序颠倒。

另外,当结构体成员是另一个结构体类型时,还可以采用嵌套的说明方式。

例如:

```
struct DATE                    /* DATE 结构体类型说明 */
{
  int year;                    /* 年 */
  int month;                   /* 月 */
  int day;                     /* 日 */
  struct TIME                  /* TIME 结构体类型说明 */
  {
    int hour;                  /* 小时 */
    int minute;                /* 分 */
    int second;                /* 秒 */
  } time;
};
```

DATE 中嵌套定义了 TIME 类型。

提醒初学者注意的是:结构体说明不允许递归,也就是不允许在一个结构体说明中嵌套对自己的定义。

```
struct WRONG
{   struct WRONG a;    /* 错误        */
    int count;
```

```
};
```

上面在说明 struct WRONG 的时候又使用了 struct WRONG 来说明 a,这是错误的!

9.1.3 结构体成员的引用

定义了结构体变量之后,如何使用呢?

C 语言对结构体变量的使用是通过对其成员的引用来实现的。一般不能对结构体变量进行整体的引用。

例 9.2 计算中国的奖牌总数。

```
#include "stdio.h"
#include "string.h"
#define SIZE 5
#define priline printf("\n-----------------------------------");
int main()
{
    struct COUNTRY
    {
        char name[20];          /*国家名称*/
        int golden;             /*金牌数*/
        int silver;             /*银牌数*/
        int copper;             /*铜牌数*/
        int sum;                /*奖牌总数*/
    };
    struct COUNTRY China;       /*定义一个结构体变量*/
    strcpy(China.name,"中国"); /*为结构体变量的每个成员赋值*/
    China.golden=38;
    China.silver=27;
    China.copper=23;
    China.sum=China.golden+China.silver+China.copper;  /*计算中国的奖牌总数*/
    printf("\n    国家    金牌    银牌    铜牌  奖牌总数");
    printf("\n%10s %7d%7d%7d%7d\n", China.name, China.golden,\
                China.silver, China.copper, China.sum);
    return 0;
}
```

通过案例,不难看出,引用结构体变量的内容的语法是:

结构体变量名.成员名

符号“.”是依据结构体变量名存取结构体成员的运算符。

练习 9.1 判断程序的运行结果。

```
#include "stdio.h"
int main()
{
    struct DATE                    /*DATE 结构体类型说明*/
```

```
{
    int year;                    /* 年 */
    int month;                   /* 月 */
    int day;                     /* 日 */
};
struct DATE start_day;           /* 结构体变量定义 */
start_day.year=2012;             /* 为 start_day 的每个成员赋值 */
start_day.month=10;
start_day.day=30;
printf("\n Start date is:%04d/%02d/%02d", start_day.year,start_day.month,\
                        start_day.day);
return 0;
}
```

运行结果：

Start date is:2012/10/30

注意：如果是对嵌套结构体的引用，必须引用到最末一级。

例 9.3 嵌套结构体的引用。

```
#include "stdio.h"
int main()
{
    struct DATE                  /* DATE 结构体类型说明 */
    {
        int year;                /* 年 */
        int month;               /* 月 */
        int day;                 /* 日 */
        struct TIME              /* TIME 结构体类型说明 */
        {
            int hour;            /* 小时 */
            int minute;          /* 分 */
            int second;          /* 秒 */
        }time;
    };
    struct DATE start_day;       /* 结构体变量定义 */
    start_day.year=2012;         /* 为 start_day 的每个成员赋值 */
    start_day.month=10;
    start_day.day=30;
    start_day.time.hour=15;      /* 对嵌套结构体的引用 */
    start_day.time.minute=30;
    start_day.time.second=0;
    printf("\n Start date is:%04d/%02d/%02d", start_day.year,start_day.month,\
                        start_day.day);
    printf(" %02d:%02d:%02d\n", start_day.time.hour,start_day.time.minute,\
                        start_day.time.second);        /* 输出结果 */
```

```
    return 0;
}
```

运行结果：

```
Start date is:2012/10/30 15:30:00
```

9.1.4 结构体的初始化

对结构体变量的初始化与对数组的初始化相似，因为存储分配时，通常按照各成员在结构体中出现的先后顺序连续排列。例如，struct DATE start_day＝{2012,10,30};。

如果初始化数值的个数小于结构体成员的个数，系统会自动将其他成员初始化为 0。

不论结构体变量是在函数内部定义的还是在函数外部定义的，都可以进行初始化，只不过在函数内部定义的结构体变量的生存期和作用域与外部变量不同。

但是，有些编译系统不允许在函数内部对自动结构体变量进行初始化，但并不限制对内部静态变量的初始化。

例 9.4 结构体变量的初始化。

```
#include "stdio.h"
int main()
{
    struct DATE                  /* DATE 结构体类型说明 */
    {
        int year;                /* 年 */
        int month;               /* 月 */
        int day;                 /* 日 */
    };
    struct DATE start_day={2012,10,30};         /* 初始化 start_day */
    printf("\n Start date is:%04d/%02d/%02d\n", start_day.year,start_day.\
        month, start_day.day);
    return 0;
}
```

运行结果：

```
Start date is:2012/10/30
```

9.1.5 结构体数组

在例 9.1 中就使用了结构体数组，一个结构体变量只能存放一个结构体数据，当需要描述若干国家获得奖牌的情况时，就需要使用结构体数组了。例如，

```
struct COUNTRY
{
    char name[20];               /* 国家名称 */
    int golden;                  /* 金牌数 */
    int silver;                  /* 银牌数 */
```

```
    int copper;                        /*铜牌数*/
    int sum;                           /*奖牌总数*/
};
struct COUNTRY country[SIZE]=\
    {{"美国",46,29,29},{"中国",38,27,23},{"英国",29,17,19},\
    {"俄罗斯",24,26,32},{"韩国",13,8,7}};
```

country 就是结构体数组。struct COUNTRY country[SIZE]定义了 SIZE 个结构体元素。

定义结构体数组的语法：

struct 结构体名 数组名[长度];

访问结构体数组中的结构体成员的方法是：

```
country[i].sum=country[i].golden+country[i].silver+country[i].copper;
```

即：

数组名[下标].成员名

9.2 指向结构体的指针

指针的用途是非常广泛的,指针变量既可以指向基本数据类型的变量和数组,也同样可以指向结构体类型的存储单元。

定义指向结构体的指针变量的语法是：

struct 结构体名 * 结构体指针变量名;

例如,

```
struct COUNTRY
{
    char name[20];                     /*国家名称*/
    int golden;                        /*金牌数*/
    int silver;                        /*银牌数*/
    int copper;                        /*铜牌数*/
    int sum;                           /*奖牌总数*/
};
struct COUNTRY China,USA, * p_C, * p_U;
p_C=&China;
p_U=&USA;
```

p_C 和 p_U 是两个指向结构体的指针,通过语句"p_C=&China;"和"p_U=&USA;"就能使 p_C 和 p_U 分别指向结构体变量 China 和 USA。注意,指向结构体的指针指向的是整个结构体变量,而不具体指向结构体的某个成员。但是,仍然可以通过指向结构体的指针存取结构体的成员。

如图 9.1 所示,通过 p_C 和 p_U 可以间接地访问结构体变量 China 和 USA 的内容。

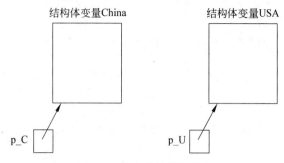

结构体变量China   结构体变量USA

p_C   p_U

图 9.1　指向结构体的指针

通过指针访问结构体成员的方法有两种,一种是使用运算符"->",另一种是使用运算符"*"。

运算符"->"由"减号"和"大于号"构成。用运算符"->"引用指针所指的结构体成员的方法是:

结构体指针变量名-> 成员名

因此,p_C->name 对应的是 China. name,p_U->name 对应的是 USA. name,等等。注意,不要在"->"后面加结构体引用符"."。

使用"*"运算符也可以通过指向结构体变量的指针访问结构体成员。用运算符"*"引用指针所指的成员的方法是:

(*结构体指针变量名).成员名

(*p_C). name 对应的是 China. name,(*p_U). name 对应的是 USA. name。

注意:必须用圆括号将 *p_C 括起来,这是优先级和结合性的要求。

例 9.5　修改例 9.1,用指针操作数组,该题目是:伦敦奥运会奖牌榜如表 9.1 所示:表中用国家名称、金牌数、银牌数、铜牌数和奖牌总数记录了部分国家获得奖牌的情况,编写程序将其中的数据作为原始数据,然后根据每个国家的获奖牌情况计算各个国家的奖牌总数,同时计算这 5 个国家总共获奖牌的数量,输出结果。

```
#include "stdio.h"
#define SIZE 5
#define priline printf("\n----------------------------------");
int main()
{
    struct COUNTRY
    {
        char name[20];                  /*国家名称*/
        int golden;                     /*金牌数*/
        int silver;                     /*银牌数*/
        int copper;                     /*铜牌数*/
        int sum;                        /*奖牌总数*/
    } country[SIZE]={{"美国",46,29,29},{"中国",38,27,23},{"英国",29,17,19},\
```

```
                        {"俄罗斯",24,26,32},{"韩国",13,8,7}};
     struct COUNTRY * ap;                      /*指向结构体的指针*/
     int total=0;
     for(ap=country;ap<country+SIZE;ap++)
     {
        ap->sum=ap->golden+ap->silver+ap->copper;   /*计算每个国家的奖牌总数*/
        total=total+ap->sum;                      /*计算每个国家的奖牌总数之和*/
     }
     printf("\n      国家    金牌    银牌    铜牌    奖牌总数");
     priline;
     for(ap=country;ap<country+SIZE;ap++)            /*输出*/
        printf("\n%10s %7d%7d%7d%7d",(ap->name),(ap->golden),\
            (ap->silver),(ap->copper),(ap->sum));
     priline;
     printf("\n                              共计：%6d\n",total);
     return 0;
  }
```

运行情况如图 9.2 所示。

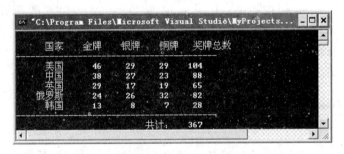

图 9.2　例 9.5 运行结果

程序中使用一个指向结构体的指针 ap 操作指针数组。ap 的初值指向结构体数组的第
0 个元素,执行 ap++以后,就会指向第 1 个元素,因为,ap 指向一个结构体变量,ap+1 就
指向了连续存储的下一个结构体变量。

结构体数组的数组名也是指向结构体的静态指针。

练习 9.2 下面程序的输出结果是什么?

```
#include "stdio.h"
int main()
{
    struct DATE                              /*DATE 结构体类型说明*/
    {
        int year;                            /*年*/
        int month;                           /*月*/
        int day;                             /*日*/
    } * p;
    struct DATE start_day={2012,10,30};      /*初始化 start_day*/
```

```
        p=&start_day;
        printf("\n Start date is:%02d/%02d/%02d ", p->year,p->month,(* p).day);
        return 0;
}
```

运行结果：

Start date is:2012/10/30

9.3 结构体与函数

9.3.1 结构体数据作为函数的参数

结构体数据作为函数的参数分为以下两种情况。

（1）结构体变量的每个成员作为函数的实际参数；

（2）指向结构体的指针作为函数的实际参数。

整个结构体变量一般不允许作为函数的实际参数（有些编译系统允许将整个结构体的变量作为函数的参数传递）。

注意：由于要在多处使用结构体类型定义变量和参数，一般应将对结构体的说明放在主函数的外部，程序靠首部的位置。

例 9.6 分模块完成奖牌榜的程序。

```
#include "stdio.h"
#define SIZE 5
#define priline printf("\n--------------------------------");
struct COUNTRY
{
    char name[20];                  /* 国家名称 */
    int golden;                     /* 金牌数 */
    int silver;                     /* 银牌数 */
    int copper;                     /* 铜牌数 */
    int sum;                        /* 奖牌总数 */
};
int count(struct COUNTRY * country,int size);
void output(struct COUNTRY * country,int size,int total);
int main()
{   struct COUNTRY country[SIZE]={{"美国",46,29,29},{"中国",38,27,23},\
    {"英国",29,17,19},{"俄罗斯",24,26,32},{"韩国",13,8,7}};
    int total;
    total=count(country,SIZE);         /* 计算每个国家的奖牌总数和总奖牌数 */
    output(country,SIZE,total);        /* 输出 */
    return 0;
}
int count(struct COUNTRY * country,int size)
{
```

```
    struct COUNTRY * ap,                    /* 指向结构体的指针 */
    int total=0;
    for(ap=country;ap<country+size;ap++)
    {   ap->sum=ap->golden+ap->silver+ap->copper;   /* 计算每个国家的奖牌总数 */
        total=total+ap->sum;               /* 计算每个国家的奖牌总数之和 */
    }
    return total;
}
void output(struct COUNTRY * country,int size,int total)    /* 输出函数定义 */
{
    struct COUNTRY * ap;                    /* 指向结构体的指针 */
    printf("\n      国家     金牌     银牌     铜牌    奖牌总数");
    priline;
    for(ap=country;ap<country+size;ap++)      /* 输出 */
        printf("\n%10s %7d%7d%7d%7d",(ap->name),(ap->golden),\
                (ap->silver),(ap->copper),(ap->sum));
    priline;
    printf("\n                              共计:%6d\n",total);
}
```

本程序的主函数非常简单,只有数据定义和函数调用,真正的工作都由函数做了,一个函数负责计算每个国家的奖牌总数和总奖牌数,另一个函数负责输出。

调用函数中的实参包括结构体的数组名,这实际上是传递了指向结构体的指针。

练习 9.3　请分析下列程序中的错误,程序的功能是给"Linxiaocha"涨 10% 的工资。

```
#include  "stdio.h"
#include "string.h"
struct TEACHER
{   char name[20];          /* 姓名 */
    long number;            /* 工号 */
    double salary;          /* 工资 */
};
void change(struct TEACHER tt)
{   tt.salary=1.10 * tt.salary;
}
int main()
{   struct TEACHER Lin;
    strcpy(Lin.name,"Linxiaocha");
    Lin.number=19848888;
    Lin.salary=5000.00;
    change(Lin);
    printf("%s 涨工资后的工资是 %lf", Lin.name,Lin.salary);
    return 0;
}
```

程序运行结果是:

Linxiaocha 涨工资后的工资是 5000.00

显然运行结果与要求不符合，涨工资后的工资还是 5000.00。

初学结构体时，很多人误以为结构体变量与数组类似，认为函数对结构体成员的修改是可传递的，其实不然。结构体变量本身在函数传递时是传值的。如果想使结构体变量在函数中修改后值能传回，必须使用指向结构的指针或者使用指针数组。

正确的程序：

```
#include "stdio.h"
#include "string.h"
struct TEACHER
{   char name[20];          /* 姓名 */
    long number;            /* 工号 */
    double salary;          /* 工资 */
};
void change(struct TEACHER * pointer)
{    pointer->salary=1.10 * pointer->salary;
}
int main()
{   struct TEACHER Lin;
    strcpy(Lin.name,"Linxiaocha");
    Lin.number=19848888;
    Lin.salary=5000.00;
    change(&Lin);
    printf("%s 涨工资后的工资是 %lf", Lin.name,Lin.salary);
    return 0;
}
```

程序运行结果是：

Linxiaocha 涨工资后的工资是 5500.00

9.3.2 返回指向结构体的指针的函数

函数能够返回指向结构体的指针。若要函数返回指向结构体的指针，函数定义的首部应定义为：

struct 结构体名 * 函数名(参数表)

例 9.7 为例 9.5 增加一个查询函数，该查询函数的功能是在结构体数组中查询一个给定的国家名称，若该国家的数据存在，返回指向这个结构体的指针，否则返回空值。

```
struct COUNTRY * lookfor(struct COUNTRY * country,int size,char * name)
{
    struct COUNTRY * ap;                    /* 指向结构体的指针 */
    for (ap=country;ap<country+size;ap++)   /* 输出 */
        if(strcmp(ap->name,name)==0) return ap; /* 查询到,返回结构体变量的地址 */
```

```
    return NULL;
}
#include "stdio.h"
#include "string.h"
#define SIZE 5
#define priline printf("\n----------------------------------");
struct COUNTRY
{
    char name[20];                  /*国家名称*/
    int golden;                     /*金牌数*/
    int silver;                     /*银牌数*/
    int copper;                     /*铜牌数*/
    int sum;                        /*奖牌总数*/
};
int count(struct COUNTRY * country,int size);
void output(struct COUNTRY * country,int size,int total);
int count(struct COUNTRY * country,int size)
{
    struct COUNTRY * ap;           /*指向结构体的指针*/
    int total=0;
    for(ap=country;ap<country+size;ap++)
    {   ap->sum=ap->golden+ap->silver+ap->copper;   /*计算每个国家的奖牌总数*/
        total=total+ap->sum;       /*计算每个国家的奖牌总数之和*/
    }
    return total;
}
void output(struct COUNTRY * country,int size,int total)      /*输出函数定义*/
{
    struct COUNTRY * ap;           /*指向结构体的指针*/
    printf("\n    国家    金牌    银牌    铜牌    奖牌总数");
    priline;
    for(ap=country;ap<country+size;ap++)      /*输出*/
        printf("\n%10s %7d%7d%7d%7d",(ap->name),(ap->golden),\
                (ap->silver),(ap->copper),(ap->sum));
    priline;
    printf("\n                        共计:%6d\n",total);
}
struct COUNTRY * lookfor(struct COUNTRY * country,int size,char * name)
{
    struct COUNTRY * ap;           /*指向结构体的指针*/
    for(ap=country;ap<country+size;ap++)   /*输出*/
        if(strcmp(ap->name,name)==0) return ap; /*查询到,返回结构体变量的地址*/
    return NULL;
}
int main()
```

```
{
    struct COUNTRY country[SIZE]={{"美国",46,29,29},{"中国",38,27,23},
    {"英国",29,17,19},{"俄罗斯",24,26,32},{"韩国",13,8,7}};
    struct COUNTRY * p;
    int total;
    total=count(country,SIZE);                  /*计算每个国家的奖牌总数和总奖牌数*/
    output(country,SIZE,total);                 /*输出*/
    p=lookfor(country,SIZE,"中国");
    if(p==NULL)                                 /*输出查询结果信息*/
        printf("对不起,未找到!\n");
    else
        printf("恭喜你!找到了!\n");
    return 0;
}
```

练习 9.4 请分析下列程序中的错误,程序的功能依然是给"Linxiaocha"涨 10%的工资,在函数中使用了指向结构的指针。

```
#include  "stdio.h"
#include "string.h"
struct TEACHER
{   char name[20];          /*姓名*/
    long number;            /*工号*/
    double salary;          /*工资*/
};
void change(struct TEACHER * pointer)
{   pointer.salary=1.10 * pointer.salary;
}
int main()
{   struct TEACHER Lin;
    strcpy(Lin.name,"Linxiaocha");
    Lin.number=19848888;
    Lin.salary=5000.00;
    change(&Lin);
    printf("%s 涨工资后的工资是 %lf", Lin.name,Lin.salary);
    return 0;
}
```

在上面的 change 函数中,语句中"pointer. salary＝1. 10 * pointer. salary;"是"pointer－＞salary＝1. 10 * pointer－＞salary;"的误写,因为 pointer 是指向结构体的指针,而不是结构体本身。

```
void change(struct TEACHER * pointer)
{   (* pointer)->salary=1.10 * (* pointer)->salary;
}
```

这个程序段也是错误的,由于 pointer 是指向结构体的,(* pointer)就表示了 pointer 指向的结构体变量,而结构体变量的引用方式是使用点(.)操作符。

完整的正确程序是:

```
#include  "stdio.h"
#include  "string.h"
struct TEACHER
{   char name[20];          /* 姓名 */
    long number;            /* 工号 */
    double salary;          /* 工资 */
};
void change(struct TEACHER * pointer)
{   pointer->salary=1.10 * pointer->salary;
}
int main()
{   struct TEACHER Lin;
    strcpy(Lin.name,"Linxiaocha");
    Lin.number=19848888;
    Lin.salary=5000.00;
    change(&Lin);
    printf("%s 涨工资后的工资是 %lf\n", Lin.name,Lin.salary);
    return 0;
}
```

9.4 联合体与枚举

9.4.1 案例

在我国的很多大专院校中,开设的课程分为选修课和必修课,选修课的成绩是分等级给的,分别是“优”(A)、“良”(B)、“中”(C)、“及格”(D)和“不及格”(E);必修课的成绩则是百分制。用整型数表示必修课的成绩是没有问题的,但是表示选修课的成绩就有问题。

表 9.2 列出了部分同学的学习成绩,成绩一项可以用等级来表示,也可以用百分制的分数来表示。

表 9.2 学生成绩表

学　号	课程名	学习性质	成绩
0024101	数据库实习	选修	优
0024101	操作系统	必修	98
0024102	数据库实习	选修	良
0024102	操作系统	必修	88
0024102	Web 程序设计	选修	及格
0024103	操作系统	必修	95

使用枚举变量的主要目的是提高程序的可读性,所谓"枚举"就是把所有可能的取值情况列举出来。例如,真和假表示了逻辑值的两种情况,课程种类只有选修或必修两种取值等。

下面的示例程序负责输入一个同学某门功课的成绩,输入成绩之前要先选择是必修课还是选修课程。

例 9.8 编写程序接收一个同学的成绩并输出。

```c
/*------使用联合体、枚举的示例程序------*/
#include "stdio.h"
#include "string.h"
union  SCORE {  /*成绩*/              /*联合体类型的说明*/
    char c;
    int s;
};
enum KIND {                          /*枚举类型的说明*/
    optional,required               /*课程种类,选修或必修*/
};
int main()
{
    union SCORE score;              /*联合体类型变量的定义*/
    enum KIND kind;                 /*枚举类型变量的定义*/
    puts("\n请选择 0 或 1 [0-----选修  1------必修]");
    scanf("%d",&kind);              /*接收用户的选择*/
    if(kind==optional)
    {  puts("\n请输入选修课的成绩:(A  B  C  D  E)");
       getchar();                   /*跳过一个回车*/
       scanf("%c",&score.c);        /*联合体类型变量的引用,接收选修课成绩*/
    }
    else
    {   puts("\n请输入必修课的成绩:");
        scanf("%d",&score.s);       /*接收必修课成绩*/
    }
    if(kind==optional)
        printf("分数是  %c",score.c);  /*按选修课成绩格式输出*/
    else
        printf ("分数是 %d",score.s);  /*按必修课成绩格式输出*/
    return 0;
}
```

运行情况一:

请选择 0 或 1 [0-----选修 1------必修]
0↙
请输入选修课的成绩:A
分数是 A

运行情况二：

请选择 0 或 1 [0-----选修　1------必修]
1 ↙
请输入选修课的成绩：89
分数是　89

示例程序中说明了联合体类型 SCORE 和枚举类型 KIND,定义了联合体变量 score 和枚举变量 kind。变量 score 既可以用来存储一个单字符还可以存储一个整数,当然,在一个时间点,它只能存放其中的一种数据,新的数据覆盖老的数据,新的数据是什么数据类型,score 变量就是什么数据类型。这相当于把不同类型的变量存放在同一存储区域内。

联合体又称为公用体。

9.4.2　联合体及枚举的说明

从示例程序中可以看出,联合体及枚举的说明与结构体的说明很相似。

联合体的说明：

```
union 联合体名
{   成员表;
};
```

例 9.8 中的语句：

```
union  SCORE {   /*成绩*/
    char c;
    int s;
};
```

枚举的说明格式为：

```
enum 枚举名 {
    枚举元素表(逗号分隔)
};
```

例 9.8 中的语句：

```
enum KIND {                  /*枚举类型的说明*/
    optional,required        /*课程种类,选修或必修*/
};
```

SCORE 为联合体名,KIND 为枚举名,与说明结构体一样,说明一个联合体或枚举,只是说明了一种新的数据类型,并不引起内存的分配。

9.4.3　联合体及枚举变量的定义

联合体变量和枚举的定义方法都有三种。

第一种方法是先说明联合体或枚举,再定义联合体或枚举变量;第二种方法是在说明联合体类型或枚举类型的同时定义联合体或枚举变量;第三种方法是直接定义联合体或枚举变量。这三种方法与结构体变量的定义方法几乎没有区别。

方法一：

```
union   SCORE {              /*成绩*/
    char c;
    int s;
};
union SCORE score;
enum KIND {                  /*枚举类型的说明*/
    optional,required        /*课程种类,选修或必修*/
};
enum KIND kind;
```

方法二：

```
union   SCORE {              /*成绩*/
    char c;
    int s;
} score;
enum KIND {                  /*枚举类型的说明*/
    optional,required        /*课程种类,选修或必修*/
} kind;
```

方法三：

```
union   {                    /*成绩*/
    char c;
    int s;
} score;
enum   {
    optional,required        /*课程种类,选修或必修*/
} kind;
```

联合体名和联合体变量是两个概念,不能混淆。联合体名标识了程序员定义的一种新的数据类型,编译系统不能为联合体名分配内存空间。只有说明了联合体变量,编译系统才会为其分配存储空间。同样,也不能混淆枚举名和枚举变量。

与结构体变量不同的是,联合体变量在内存中所占的字节数是成员表中最大的,枚举变量只占一个整型变量的空间,而结构体变量是所有成员所占字节数的总和。

联合体变量 score 在 Visual C++ 6.0 中占 4 个字节,因为两个成员中 s 占字节数最大。

可以在定义联合体变量的同时对其进行初始化,例如：

```
union SCORE score={'A'};
```

这时,系统按成员 c 对第一个字节赋值,其余单元的值为 0。

9.4.4　联合体变量成员的引用

对于联合体变量成员的直接引用是使用运算符".",语法是：

score.s 是对联合体变量成员 s 的引用,可以将 score.s 看成一个普通的整型数据进行存取。

注意:不能对联合体变量 score 直接存取内容,score＝80 是错误的。只能对 score 的两个成员进行操作,这两个成员是 score.c 和 score.s,并且这两个联合体成员不可能同时存在,原因是编译系统并没有分配两个存储单元给 score,在运行的某一时刻,score 的数据类型只能是两个中的一个,只能以诸成员类型中的一种"身份"出现。联合体变量的各个成员相对于存储该变量的起始地址的位移都是 0。它们之间是相互覆盖的,最后一次的赋值是联合体变量的值。

9.4.5　枚举变量的使用

枚举元素是常量,有固定的数值,按枚举的顺序分别是整数 0、1、2、…,不能将其当作变量使用,也就是说不能在赋值号的左边使用枚举元素。

如果一个变量被定义为一个枚举变量,则它的取值只能取自对应的枚举元素,而不能是其他任何数,并且与整数所占字节数相等,即 4 个字节。

例如,如果有定义

```
enum {
    red,green,blue,yellow,white
} select,change;
```

则语句"select＝red;"和"change＝white;"都是正确的,而语句"select＝red_white;"是错误的,因为 red_white 并没有在枚举元素表中出现。

C 编译对枚举元素作为常整数处理,遇到枚举元素时,编译程序把其中第一个枚举元素赋值为 0,第 2 个赋值为 1,…,所以"select＝red;"和"change＝white;"两句赋值语句执行以后,select 的值为 0,change 的值为 4。

C 语言允许程序员将某些枚举元素强制赋值,指定为一整数常量,被强制赋值的枚举元素后面的值按顺序逐个增 1。

例如,

```
enum color {
    red,green,blue=5,yellow,white            /* 实际值为 0,1,5,6,7 */
};
```

但是,使用枚举类型时,不提倡将整型值与枚举元素直接联系起来,只要简单地把这些变量看成具有某种特点的枚举类型的变量。

下面的程序段就是一个很好的利用枚举类型增强程序可读性的片段。

```
enum bool {
    False,True
} flag;
if(flag==False)
...
```

当然,如果一定想知道枚举变量的值,可以按照整型数打印枚举元素和枚举变量的值。但是不能直接输出表示枚举元素的字符串标识符,可以考虑使用 switch 或 else if 语句输出。

例如,

```
enum bool {
    False,True
} flag;
flag=False;
if(flag==False) printf("False");
else printf("True");
```

9.4.6　指向联合体变量的指针

通过指向联合体变量的指针也可以对联合体变量进行存取,使用指向联合体变量的指针存取联合体变量成员的语法格式是:

(＊指向联合体变量的指针).成员名

或

指向联合体变量的指针-> 成员名

例 9.9　使用指针引用联合体的成员。

```
/＊------指针引用联合体的成员------＊/
#include "stdio.h"
union STU
{
    char ＊ name;              /＊姓名＊/
    int number;                /＊学号＊/
};
int main()
{
    union STU st, ＊ p=&st;
    st.name="林红";
    printf("\n姓名是 %s",p->name); /＊通过指针引用联合体变量的成员＊/
    return 0;
}
```

运行结果:

姓名是 林红

另外,指向联合体变量的指针对联合体变量的操作还有一种特殊的形式,就是直接使用强制转换后的指针来存取联合体变量的成员,而不必指定成员名。系统根据强制转换的数据类型给与该数据类型相同的成员赋值。请看下面的例子。

例 9.10　直接使用强制转换后的指针来存取联合体变量的成员。

```
/*------使用强制转换后的指针来存取联合体变量的成员------*/
#include "stdio.h"
union mixed
{   char c;
    double f;
    int i;
};
int main()
{
    union mixed x, * p=&x;
    * (double * )p=3.110;              /*实际是为 x.f 赋值*/
    printf("\n%lf",x.f);
    * (int * )p=50;                    /*实际是为 x.i 赋值*/
    printf("\n%d",x.i);
    return 0;
}
```

运行结果：

3.110000
50

说明："＊(double ＊)p＝3.110;"一句是将 p 指针强制转换为指向双精度浮点类型的指针，然后对该指针指的内容进行赋值，因此，该句实际上是为 x.f 赋了值。

9.4.7　联合体变量与函数

联合体变量的成员值可以作为函数的参数，联合体变量不能作为函数的参数，并且函数的返回类型也不能是联合体；但是，指向联合体变量的指针可以作为函数的参数，返回值也可以是指向联合体变量的指针。

例9.11　编写程序，在函数中传递联合体变量。

```
/*------联合体变量与函数的使用------*/
#include "stdio.h"
union STU
{
    char * name;                       /*姓名*/
    int number;                        /*学号*/
};
void show1(char * x)
{
    printf("\n 姓名是 %s",x);
}
void show2(union STU * x)              /*形式参数为指向联合体的指针*/
{
    printf("\n 姓名是 %s",x->name);
}
```

```
    int main()
    {
        union STU st, * p=&st;
        st.name="林红";
        show1(st.name);
        show2(p);
        return 0;
    }
```

运行结果：

姓名是 林红
姓名是 林红

例 9.12　修改例 9.8，用结构体描述学生成绩，数据项有学号、课程名、学习性质、成绩。
编写程序，输入若干学生的成绩，然后输入一个学号，查询该生的所有成绩。

```
#include "stdio.h"
#include "string.h"
enum KIND {                          /* 枚举类型的说明 */
    optional,required                /* 课程种类,选修或必修 */
};
struct student {
    char stu_num[10];                /* 学号 */
    char course[12];                 /* 课程名 */
    enum KIND kind;                  /* 学习性质: 0 表示必修,1 表示选修 */
    union {                          /* 成绩 */
        char c;
        int s;
    }score;
};
void accept(struct student * st,int size);  /* 读数据的函数 */
int find(struct student * st,int size);     /* 查询并输出的函数 */
int main()
{
    int i;
    struct student st[6];
    accept(st,6);                    /* 调用读数据的函数 */
    i=find(st,6);                    /* 调用查询的函数 */
    if(i==0) puts("\nnot fount");
    return 0;
}
void accept(struct student * st,int size)
{
    int i;
    for(i=0;i<size;i++)
    {   printf("请输入学号、课程名和学习性质");
```

```
            scanf("%s%s%d", st[i].stu_num, st[i].course, &st[i].kind);
                                                /* 首先读学号、课程名和学习性质 */
            if(st[i].kind==optional)            /* 如果是选修 */
                scanf("%c", &st[i].score);      /* 读一个字符 */
            else
                scanf("%d", &st[i].score);      /* 如果是必修,读一个整数 */
        }
}
int find(struct student * st, int size)
{
    int i, flag=0;
    char temp[8];
    puts("请输入要查询的学生学号: ");
    scanf("%s", temp);                          /* 读入要查询的学号 */
    for(i=0; i<size; i++)
    {
        if(strcmp(temp, st[i].stu_num)==0)  /* 字符串比较,查询 */
        {
            if(st[i].kind==optional)        /* 选修 */
                printf("\n%8s %14s %10s %c", st[i].stu_num, st[i].course, \
                    "选修", st[i].score);
            else                            /* 必修 */
                printf("\n%8s %14s %10s %3d", st[i].stu_num, st[i].course, \
                    "必修", st[i].score);
            flag=1;                         /* 设置查询成功标志 */
        }
    }
    return flag;
}
```

练习 9.5　下面的程序试图根据输入的数字显示星期几,请指出其中的错误并修改。

```
#include  "stdio.h"
typedef enum
{   sun,mon,tus,wes,thu,fri,sat
}  DATE;
char string[][7]={ "星期日","星期一","星期二","星期三","星期四","星期五","星期六"};
void main()
{
    puts(string(mon));                          /* 错误 */
}
```

string 是个二维数组,必须用下标运算与枚举值对应,下标运算是中括号。
正确程序是:

```
#include  "stdio.h"
typedef enum
```

```
{   sun,mon,tus,wes,thu,fri,sat
}   DATE;
char string[][7]={ "星期日","星期一","星期二","星期三","星期四","星期五","星期
六"};
int main()
{
    puts(string[mon]);                      /*正确*/
    return 0;
}
```

练习9.6 请修改下列程序使其正确执行。

```
#include  "stdio.h"
typedef enum
{   red,blue
}   COLOR;
struct TAXI
{   char name[10];
    COLOR color;
};
int main()
{
    struct TAXI f={{"沃尔沃"},0};             /*错误*/
    if(f.color==red)
        printf("金色%s  \n",f.name);
    else
        printf("蓝色%s \n",f.name);
    return 0;
}
```

注意：不能将枚举直接用数值代替。
正确的程序是：

```
#include  "stdio.h"
typedef enum
{   red,blue
}   COLOR;
struct TAXI
{   char name[10];
    COLOR color;
};
int main()
{
    struct TAXI f={{"沃尔沃"}, red };         /*正确*/
    if(f.color==red)
        printf("金色%s  \n",f.name);
    else
```

```
        printf("蓝色%s \n",f,name);
    return 0;
}
```

程序将输出:

金色沃尔沃

另外,还要注意,C 语言对大小写敏感,因此,"struct TAXI f={{"沃尔沃"}, Red}; "
也会出错的。这常常令初学者头痛不已。

9.5 类 型 定 义

使用类型定义的目的是简化结构体和联合体等构造类型的类型说明,同时可以增强可
读性。

类型定义的一般格式是:

typedef 原类型名 新类型名;

功能:将原类型名表示的数据类型用新类型名代替。

对于系统提供的基本数据类型,使用类型定义的目的是为了提高可读性,也就是为原有
的数据类型起一个新的名字。例如,定义一个变量作为计数器,如果使用 int 定义,不能很
清楚地描述变量的功能,可以为 int 再起一个名字 COUNTER,使用类型定义

```
typedef int COUNTER;
```

现在 COUNTER 是 int 的另一个名字,那么,使用语句"COUNTER i,j,k;"定义变量
i、j 和 k 以后,它们都是整型数,用 COUNTER 定义可以明确地表示这几个变量是作计数
器的。

又例如,做类型定义"typedef char STRING[81];"以后,再做定义"STRING text,input
_line;",则 text 和 input_line 是包含 81 个字符的数组。

而做了类型定义"typedef char * STRING_PTR;"以后,"STRING_PTR buffer;"语句
定义 buffer 为指向字符的指针。

对于程序员自己定义的数据类型,使用类型定义的目的不仅是为了提高可读性,还可以
简化变量的定义。例如,使用下面的类型定义将 time 结构体类型说明为 TIME 类型:

```
typedef struct time
{    int hour;
     int minute;
     int second;
}   TIME;
```

现在,TIME 可以直接作为一种新的数据类型说明符,而不必再使用关键字 struct 了。
"TIME birth;"定义的 birth 变量的数据类型是 time 结构体类型。

类型定义的步骤如下。

第一步:像说明一个普通的变量一样,用希望新命名的数据类型定义一个变量。例如,

"int i;"。

第二步：将第一步定义的变量名用新的类型名代替。例如，"int COUNTER;"。

第三步：将第二步定义的句子前加上 typedef。例如，"typedef int COUNTER;"。

经过上面三步，COUNTER 就成为一种新的数据类型名。

习惯上 typedef 定义的新类型名要用大写字母，以区分 C 语言的数据类型。

练习 9.7 有以下程序：

```
#include  "stdio.h"
typedef struct
{  int num;double s;} REC;
void fun1(REC x) {x.num=23;x.s=88.5;}
int main()
{  REC a={16,90.0};
   fun1(a);
   printf("%d \n",a.num);
   return 0;
}
```

程序运行后的输出结果是：

16

9.6 奖牌榜信息存储于文件

例 9.13 用国家名称、金牌数、银牌数、铜牌数和奖牌总数表示各个国家在奥运会上获得奖牌的情况。编写程序将表 9.1 中的数据从键盘输入，并计算每个国家的获奖牌总数，并将结果及表中的所有数据存储于文件 MEDAL 中。

```
/* ------写奖牌表数据到文件中------ */
#include "stdio.h"
#include "process.h"
typedef struct co
{
    char name[20];                   /* 国家名称 */
    int medel[4];                    /* 数组存放金牌数、银牌数、铜牌数和奖牌总数 */
} COUNTRY;
void acceptdata(COUNTRY country[])
{  int i,j,sum;
   for(i=0;i<4;i++)                  /* 接收键盘输入的数据 */
   {  printf("请输入数据:");
      scanf("%s", country[i].name); /* 输入国家名称 */
      sum=0;                         /* 累加器清零 */
      for(j=0;j<3;j++)               /* 输入某国的金牌数、银牌数、铜牌数 */
      {
```

```
        scanf("%d", &country[i].medel[j]);
        sum=sum+country[i].medel[j];        /* 奖牌数累加 */
    }
    country[i].medel[3]=sum;        /* 奖牌总数赋值 */
    }
}
int main()
{
    FILE * fp;
    COUNTRY country[5];
    if((fp=fopen("c:\\MEDAL.din","wb"))==NULL)        /* 打开文件 MEDAL.din */
    {   printf("文件 MEDAL.din 打开错误\n");
        exit(1);                        /* 打开失败退出 */
    }
    acceptdata(country);                /* 调用函数从键盘接收数据 */
    if(fwrite(country,sizeof(COUNTRY),5,fp)!=5)
                                /* 将数组 country 的 5 个结构一次写入文件 */
    printf("文件 MEDAL.din 写错误! \n");
    fclose(fp);                        /* 关闭文件 */
    return 0;
}
```

运行情况：

```
Please enter data:美国      46      29      29✓
Please enter data:中国      38      27      23✓
Please enter data:英国      29      17      19✓
Please enter data:俄罗斯    24      26      32✓
Please enter data:韩国      13      8       7✓
```

例 9.14 编写程序将二进制文件 MEDAL. din 中关于奥运会奖牌的数据表显示在屏幕上。

```
/* ------从文件中读奖牌表数据------ */
#include "stdio.h"
#include "process.h"
typedef struct co
{
    char name[20];                    /* 国家名称 */
    int medel[4];                     /* 数组存放金牌数、银牌数、铜牌数和奖牌总数 */
} COUNTRY;
void disp(COUNTRY country[])          /* 显示数组 country 的内容 */
{   int i,j;
    printf("      国家     金牌  银牌  铜牌   总数\n");
    for(i=0;i<5;i++)
    {   printf(" %10s", country[i].name);          /* 显示国家名称 */
```

```
        for(j=0;j<4;j++)                /*显示奖牌数*/
            printf("%8d",country[i].medel[j]);
        printf("\n");
    }
}
int  main()
{
    FILE * fp;                          /*定义文件指针*/
    COUNTRY country[5];                 /*定义结构数组*/
    if((fp=fopen("c:\\MEDAL.din","rb"))==NULL)
                                        /*打开文件 MEDAL.din*/
    {  printf("文件 MEDAL.din 打开失败!\n");
        exit(1);                        /*打开文件失败,退出*/
    }
    if(fread(country,sizeof(COUNTRY),5,fp)!=5)
                            /*将数组 stock 的 5 个结构体数据一次读入数据区*/
    {  printf("文件 MEDAL.din 写错误!\n");
        exit(1);                        /*读操作失败,退出*/
    }
    disp(country);                      /*调用函数显示数据*/
    fclose(fp);                         /*关闭文件*/
    return 0;
}
```

程序运行结果:

国家	金牌	银牌	铜牌	总数
美国	46	29	29	104
中国	38	27	23	88
英国	29	17	19	65
俄罗斯	24	26	32	82
韩国	13	8	7	28

习　题

【9-1】　单项选择题(下列各题中每道题有 A、B、C、D 4 个选项,正确答案只有一个,请选择正确答案)。

(1) 假设有定义:

```
typedef char * POINT;
POINT * r;
```

r 是(　　)。

A. 字符变量　　　　　　　　　　　B. 指向字符变量的指针

C. 二级指针　　　　　　　　　　　D. 字符数组

（2）假设有定义：

```
union {
        int a;float b;char c;char d[10];
} CA;
```

联合体 CA 的存储分配是按照下列哪个成员的长度进行分配的？（   ）

A. a   B. b   C. c   D. d

（3）假设有定义：

```
typedef struct
{   char * name;
    long amount;
} CITY;
CITY city[]={"Beijing",400,"Shanghai",300,"NaJing",200,"ChongQing",150};
```

能正确输出字符串 Shanghai 的语句是（   ）。

A. printf("%c",city[1]. name); B. printf("%s",city[1]. name[1]);

C. printf("%s",city. name[1]); D. printf("%s",city[1]. name);

【9-2】 多项选择题（下列各题中每道题有 A、B、C、D 4 个选项，正确答案超过一个，请选择正确答案）。

（1）假设有定义：

```
typedef enum
{   CT,ME,MA,NH,RI,VT
} STATE;
char * name[]={"Beijing","Shanghai","NaJing","ChongQing","GuangZhou",
"HongKong"};
typedef struct
{   STATE start,end;
    short days;
} TRIP;
TRIP vacation;
```

下列语句中正确的是（   ）。

A. vacation. start=3   B. vacation. end="VT";

C. vacation—>day=3;   D. printf("Begin at:%s\n",name[vacation. start]);

（2）能正确定义结构体变量 pr 的语句是（   ）。

A. typedef struct
  {   int year;int month;int day;
  } DATE;
  DATE pr;

B. typedef struct DATE
  {   int year;int month;int day;
  } pr;

C. ＃define DA struct DATE

    DA

    ｛ int year;int month;int day;

    ｝pr;

D. struct

    ｛ int year;int month;int day;

    ｝ DATE

    DATE pr;

【9-3】 请修改下列程序,使其能够通过编译,并正确运行。

(1)

```
typedef enum
{    female,male
}  SEX;
typedef struct
{  long ino;
    char *name;
    SEX sex;
} STUDENT;
void main()
{   int i;
    STUDENT s={801020,"stumei",0};
    printf("\n%ld %s ",s.ino,s.name);
    if(s.sex==FEMALE)
        printf("FEMALE\n",s.sex);
    else
        printf("MALE\n",s.sex);
}
```

(2)

```
typedef struct
{   long ino;
    char *name;
    unsigned age;
    SCORE a;
} STUDENT;
typedef struct
{   short lessons[5];
    float average;
} SCORE;
void main()
{
    int i;
    float sum=0;
```

```
static STUDENT s={801020,"stumei",21,90,87,85,88,86,0.0};
    for(i=0;i<=4;i++)
        sum+=s.a.lessons[i];
    s.a.average=sum/5.0;
    printf("%s average=%f\n",s.name,s.a.average);
}
```

【9-4】 判断下列程序的运行结果。

(1)

```
#include "stdio.h"
#define DAYS 3
typedef char * string;
typedef enum
{   BJ,SH,NJ,CQ,GZ,HK
} STATE;
char * name[]={"北京","上海","南京","重庆","广州","香港"};
typedef struct
{   STATE start,end;
    short days;
} TRIP;
void main()
{
    int i;
    TRIP trip[DAYS]={{BJ,SH,2},{SH,GZ,3},{GZ,BJ,1}};
    for(i=0;i<DAYS;i++)
        printf("%10s  %10s  %2d\n",name[trip[i].start], name[trip[i].end],
        trip[i].days);
}
```

(2)

```
#include "stdio.h"
typedef struct round
{   int r;
    int h;
    float PI;
} ROUND;
ROUND rd={1,2,3.14};
void main()
{
    ROUND * p=&rd;
    printf("%6.2f\n",(*p).r*p->r*(*p).PI);
    printf("%6.2f\n",2*p->PI*p->r*p->h);
}
```

【9-5】 按照下列要求编写程序。

（1）定义结构体类型 COMPLEX 表示复数，实数部分名为 rp，虚数部分名为 ip，都用整型数表示。编写一套函数，实现复数运算，并用主函数调用这些函数。

函数包括：

① 读一个复数；

② 输出一个复数；

③ 计算两个复数的和；

④ 计算两个复数的积；

⑤ 计算一个复数的平方。

（2）定义结构体类型 RATIONAL 表示一个有理数的分母与分子，分母命名为 d，分子命名为 n，都用整型数表示。编写一套函数，实现有理数的运算，并用主函数调用这些函数。

函数包括：

① 计算和返回 n 和 d 的最大公约数；

② 对有理数进行约分，分母和分子都还原为最小项；

③ 读一个有理数，注意分母不能为 0；

④ 输出一个有理数；

⑤ 计算两个有理数的和。

（3）设有结构体定义

```
typedef struct stock
{   long stockcode;              /* 存储每只股票的股票代码 */
    float stock_price[3];        /* 存储每只股票昨天的收盘价、今天收盘价和涨幅 */
}  STOCK;
```

编写一个函数 sort(STOCK st[], int size)，函数有两个形式参数，一个是指向一组 STOCK 类型的数据的首地址 st，另一个是存放股票数据个数的整型参数 size，函数的功能是按照 stock_price 数组的 stock_price[2]进行升序排序。本题使用数组方式操作结构数组。

（4）使用指针操作数组的方式重新编写上题的 sort 函数。

（5）解决百鸡问题："鸡翁一，值钱五；鸡母一，值钱三；鸡雏三，值钱一。百钱买百鸡，问鸡翁、母、雏各几只"。要求：用结构体数组记录所有的情况，并显示结果，请用指针方式操作。

（6）建立一个枚举类型 CHOOK，有三个枚举值：cock、hen、chick（中文意义分别是鸡翁、鸡母、鸡雏），定义一个枚举变量，通过循环输出枚举值对应的是什么鸡。

（7）编写程序实现一种扑克游戏。首先定义两种数据类型：

① 用枚举类型表示一副扑克的花色（club、diamonds、heart、spades）。定义两个与这个枚举类型平行的类型，一个用于输入，另一个用于输出。输入用单个字符表示不同的花色，'c'表示 club，'d'表示 diamonds，'h'表示 heart，'s'表示 spades。输出用字符串"club"，"diamonds"，"heart"和"spades"表示对应的花色。

② 用整数表示纸牌的点数。纸牌的点数用下列单个字符输入和输出{'2'、'3'、'4'、'5'、'6'、'7'、'8'、'9'、'T'、'J'、'Q'、'K'、'A'}，分别对应 2～14 的整数。任何其他形式的点数被认为是出错。

要求：

① 用花色和点数的结构体表示一张纸牌，用结构体数组表示 n 张纸牌。

② 编写函数 in_hand()，从键盘中读入 5 张纸牌，每张牌一行。每张牌用两个字符表示。例如，3H 表示 3 of heart（红心 3），TS 表示 10 of heart（红心 10）。

③ 编写函数 sort_hand()，将 5 张纸牌按点数从小到大排序（不考虑花色）。

④ 编写函数 out_hand()，显示排序后的 5 张纸牌，每张牌一行。用纸牌的全称表示。例如，用 3 of heart 表示红心 3，而不是用 3H。

⑤ 编写主函数调用上述函数。

（8）编写程序，输入若干个学生的学号（用字符串存储）以及"C 程序设计"课程的期中和期末成绩，计算出总评成绩，总评成绩为"30％×期中成绩＋70％×期末成绩"，按总评成绩降序输出学生的学号和总评成绩。

要求：

① 尽量使程序模块化。

② 使用结构体数组存储学生的学号、期中成绩、期末成绩和总评成绩。

③ 分别用数组方式和指针方式操作。

【9-6】 程序填空。

在下面的程序中用姓名、工资和年龄描述一个人的情况，程序中输入了 5 个人的情况，然后为每个人增加工资 30％、年龄加 1 岁，最后输出修改后的数据。

```c
#include "stdio.h"
#define SIZE 5
void main()
{
    struct staff
    {   char name[20];
        int salary;
        int age;
    }attend[SIZE];

    _____
    putchar('\n');
    for(ap=attend;_____; ap++)           /* 读入数据 */
    {
        printf("Please enter name salary and age:\n");
        scanf("%s%d%d",ap->name,&(ap->salary),&(ap->age));
    }
    for(ap=attend;_____;ap++)
    {
        _____                           /* 年龄增加一岁 */
        _____                           /* 工资增加 30% */
    }
    for(ap=attend;_____;ap++)
        printf("\n%-10s %6d %3d",(ap->name),(ap->salary),(ap->age));
}
```

第 10 章　文　　件

在第 5 章、第 7 章和第 9 章分别学习过文件操作的案例。使用文件操作的最大好处就是可以把计算结果存储在外存中,以便下次从外存中直接取结果。文件是存储在硬盘、光盘和 U 盘等外部介质上的数据集合。第 5 章的案例中,首先,将硬币问题的解存储于文件 TEST 中,第二个案例是将一个小文件用恺撒密码方式进行存储,涉及两个文件 A. dat 和 B. dat,第三个案例是将排序结果存储在硬盘中的文件 sort. dat 中。对于操作系统来说,文件是操作系统管理数据的基本单位。这章将更详细地讨论文件操作的细节。

10.1　文件操作的基本方法和相关概念

10.1.1　数据文件

数据文件是一组数据的有序集合。第 5 章的例 5.22 将硬币的结果存储于文件 TEST 中。该文件就是由一组数据构成的,如果文件存储在磁盘等外部介质上,文件中的数据就可以永久(理论上)保存。第 5 章的例 5.23 将硬币问题的结果从数据文件 TEST 中将数据装入内存,在屏幕上显示。

从外部介质中将文件中的数据装入内存的操作叫读操作,从内存中将数据输出到文件中的操作叫写操作。C 语言提供了若干可以进行读或写操作的函数。

10.1.2　文件类型指针

在 C 语言中,对数据文件的所有操作都必须依靠文件类型指针来完成。要想对文件进行读或写操作,首先必须将想要操作的数据文件与文件指针建立联系,然后通过这些文件指针来操作相应的文件。

例 5.22 中的定义是:

```
FILE * fp;                /* 定义文件指针 */
```

文件类型指针的定义方式是:

FILE *文件指针变量;

注意:FILE 是大写字母。

实际上,FILE 是一种结构类型,用来描述文件的有关信息。FILE 结构类型是由系统定义的,该定义包含在 stdio. h 中,详细内容是:

```
typedef struct  {
    int         level;          /* fill/empty level of buffer */
    unsigned    flags;          /* File status flags */
    char        fd;             /* File descriptor */
```

```
    unsigned char   hold;            /* Ungetc char if no buffer */
    int             bsize;           /* Buffer size */
    unsigned char   * buffer;        /* Data transfer buffer */
    unsigned char   * curp;          /* Current active pointer */
    unsigned        istemp;          /* Temporary file indicator */
    short           token;           /* Used for validity checking */
}   FILE;                            /* This is the FILE object */
```

这些数据分别描述文件的下列信息：缓冲区"满"或"空"的程度、文件状态标志、文件描述符、如无缓冲区不读入字符、缓冲区大小、缓冲区的位置、当前活动指针的位置、临时文件指示器、用于有效性检查。

用"FILE * fp;"定义了文件指针 fp 以后，就意味着系统开辟一个 FILE 结构的空间，用文件指针 fp 指向它。

注意：此时的 fp 指向的 FILE 结构还未与任何文件建立联系，必须调用 fopen 函数为文件指针和要操作的存储在磁盘上的数据文件建立联系。

10.1.3 文件的打开

例 5.22 中的文件打开操作是：

```
if((fp=fopen("c:\\TEST","w"))!=NULL)
```

文件的打开使用 fopen 函数，调用 fopen 函数的格式为：

```
文件指针变量=fopen(文件名,使用文件方式);
```

执行 fopen 调用以后，fp 所指结构中的数据存储的将是磁盘文件 TEST 的相关信息，可以说，通过 fopen 函数建立了 fp 与文件 TEST 的对应关系。"w"指定了打开文件的方式。

文件的打开方式与文件类型和读写方式有关。在 C 语言中，文件被看成是"流"的序列，由一个一个的字节组成的数据流构成文件。由字符流组成的文件叫 ASCII 文件，由二进制流组成的文件叫二进制文件。在前面的案例中，硬币问题和恺撒密码问题的数据都是存储于 ASCII 文件的，而排序问题和奖牌榜问题的数据存储于二进制文件中。对于不同类型的文件，文件打开的方式是可以选择的。

文件的打开方式共有 12 种，表 10.1 给出了它们的符号和意义。

表 10.1 文件的打开方式

打开方式	说　明
r	以只读方式打开一个 ASCII 文件，只允许读数据。 文件应该已经存在，如果相应的文件不存在，打开将会失败。文件打开后，位置指针指向文件首部的第一个字节
w	以只写方式打开一个 ASCII 文件，只允许写数据。 若文件不存在，则建立一个新的文件；若文件已经存在，删除旧文件，建立新文件
a	以追加方式打开一个 ASCII 文件，只能在文件末尾写数据。 文件应该已经存在，如果相应的文件不存在，打开将会失败。文件打开后，位置指针自动指向文件末尾

打开方式	说　　明
rb	以只读方式打开一个二进制文件,只允许读数据。 与 r 类似
wb	以只写方式打开一个二进制文件,只允许写数据。 与 w 类似
ab	以追加方式打开一个二进制文件。 与 a 类似
r+	以读写方式打开一个 ASCII 文件,允许读和写。 文件应该已经存在,一般的操作方式是从文件读取数据,处理以后再写回文件。如果相应的文件不存在,打开将会失败
w+	以读写方式打开或建立一个 ASCII 文件,允许读写。 如果文件已经存在,新的写操作将覆盖原来的数据。如果文件不存在,建立一个新的文件,可以向文件中写数据,还可以在不关闭文件的情况下,再读取数据
a+	以读和追加的方式打开一个 ASCII 文件,允许读或追加。 文件应该已经存在,文件打开后,可在末尾追加数据,也可以将位置指针移动到一定的位置读取数据。如果相应的文件不存在,打开将会失败
rb+	以读写方式打开一个二进制文件,允许读和写。 与 r+类似
wb+	以读写方式打开或建立一个二进制文件,允许读和写。 与 w+类似
ab+	以读和追加的方式打开一个二进制文件,允许读或追加。 与 a+类似

打开文件的函数 fopen 为编译系统对文件的操作提供了以下三个信息。

(1) 打开哪个文件,用文件名指定;

(2) 使用哪种方式打开文件,在双引号中指定;

(3) 使用哪个文件指针与打开的文件建立联系,将返回值赋值给文件指针。

ASCII 文件最大的优点就是容易看懂,直接使用文字编辑软件就可以编辑(包括显示)文件的内容。ASCII 文件的第二个优点就是容易移植,ASCII 字符集的标准是统一的。

二进制文件在磁盘存放时按照数据在内存中二进制编码方式存储。

二进制文件的优点是占用空间少,在文件和内存之间进行数据传送时不必进行转换。

与二进制文件相比,ASCII 文件的缺点是占用的空间多,同样是存储 12345,ASCII 文件要多占 1 个字节,同时需要在二进制和 ASCII 码之间做转换,尤其是对'\n'的存储与一般的字符不同,如果向 ASCII 文件中写字符'\n',文件中存储的是十六进制的 0A0D,而从文件中读入内存时,又将 0A0D 转换为字符'\n'。

与 ASCII 文件相比,二进制文件的缺点是如果用一般的文本编辑软件显示二进制文件,其内容是无法读懂的。

正确打开文件的程序段一般是:

```
if((fp=fopen("data.txt","r"))==NULL)
{   printf("文件 A.dat 不能打开! \n");
```

```
        exit(1);
    }
    else
    {   文件处理;}
```

这段程序的意义是,如果打开文件的函数返回的指针为空,则表示不能正确打开文件 data.txt,系统将给出错误提示信息"文件不能打开!",并执行 exit(1)函数调用退出程序;否则,继续文件的操作。

10.1.4　文件的关闭

文件操作结束以后,需要释放文件指针,使文件指针与文件"脱钩",文件被关闭以后,就不能再对该文件进行操作。

fclose 函数用于关闭已经打开了的文件。

调用 fclose 函数的语法格式为:

fclose(文件指针);

"fclose(fp);"是关闭与文件指针 fp 建立联系的文件。关闭文件的主要目的是避免文件的数据丢失。因为 C 编译在读写文件数据时,使用了称为缓冲文件系统的技术。

缓冲文件系统是指 C 编译自动地分配一部分内存空间,将需要传送到外部介质中的数据先存放到这部分空间,等到数据装满以后,再送到外部介质中。C 编译自动地分配的这部分内存空间称做缓冲区。同样,对于从文件中读入数据到内存时,系统要将文件中的数据装入缓冲区,然后再将数据逐一送往内存的数据区,如图 10.1 所示。

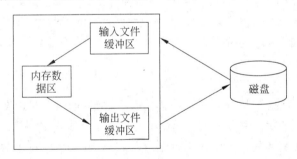

图 10.1　缓冲文件系统

缓冲区的大小一般为 512 个字节,不同的编译系统也许会有些差别。

使用缓冲文件系统的原因是为了提高效率和延长外部设备的寿命。C 编译对文件的操作单位是字节,如果每次读/写 1 个字节,读/写 512 个字节就需要 512 次启动外设的读写操作。但是,缓冲文件系统将要读/写的数据先放入缓冲区,装满了以后再启动外部设备的读/写操作。因此,读/写 512 字节,只需要启动一次外设,而不是 512 次。

对于可以进行写操作的文件,如果没有关闭文件,程序就退出了运行,在缓冲区中的数据很可能会因为还没有装满而尚未写到磁盘文件中,而关闭文件的操作,会使系统将缓冲区中的数据自动写到磁盘上,从而不会丢失数据。

fclose 函数带有返回值。返回值为 0 表示关闭文件的操作正常,返回值是 −1 则表示关闭文件时发生了错误,例如,磁盘空间不够、磁盘上有写保护等。

10.1.5　文件操作顺序

在此,重申一下对磁盘文件的操作顺序是:打开→处理→关闭。在打开文件之前还需要定义一个文件指针,以便系统处理文件的各种有关信息;打开文件是使文件指针与磁盘文件建立联系,建立了联系以后,才能对它进行读/写等操作;关闭文件是断开指针与文件之间的联系,禁止再对该文件进行操作。因而,文件操作程序的编写分为下面几步。

第一步:定义文件指针。

第二步:打开文件,并判断是否成功打开,若打开文件失败,程序退出运行状态。

第三步:对文件进行读写等操作。

第四步:关闭文件。

10.1.6　C 语言的设备文件

C 语言中有一种特殊的文件,叫设备文件。

在 C 语言中,把与主机相连的各种外部设备,如显示器、打印机、键盘等外部设备也看作是一个文件,把向显示器和打印机的输出看作是对于该设备文件的写操作,而将从键盘的输入看作是于对该设备文件的读操作。

设备文件的标准输入文件(键盘)stdin、标准输出文件(显示器)stdout 和标准出错输出(出错信息)stderr 是由系统打开的,不需要定义文件指针、打开文件和关闭文件,这些工作都由系统自动完成。

在前几章使用的 printf 是向标准输出设备显示器输出数据,而 scanf 是从标准输入文件上输入数据。对标准输出文件和标准输入文件的操作不需要使用文件指针,由系统自动完成。

而对用户使用的普通数据文件需要使用文件指针才能实现对文件的操作。

10.2　文件的读写操作

在 C 语言中,一般使用系统提供的库函数对文件进行读写操作,C 语言提供了下面几组函数用于文件的读写操作。

(1) 字符读写函数:fgetc 和 fputc。

恺撒密码问题中使用了这两个函数。

(2) 格式化读写函数:fscanf 和 fprinf。

硬币问题中使用了这两个函数。

(3) 数据块读写函数:fread 和 fwrite。

排序问题和奖牌榜问题中使用了这两个函数。

(4) 字符串读写函数:fgets 和 fputs。

10.2.1 fputc 函数与 fgetc 函数

1. 写一个字符到文件中的函数 fputc

例 10.1 将"HELLO"写入一个文件。

```
/*------将 HELLO 写入文件------*/
#include "stdio.h"
#include "process.h"
int main()
{
    FILE * fp;                              /*定义文件指针*/
    if((fp=fopen("c:\\X.dat","w"))==NULL)   /*打开文件*/
    {   printf("文件 X.dat 不能打开! \n");   /*打开失败,程序退出运行*/
        exit(1);
    }
    else
    {
        fputc('H',fp);
        fputc('E',fp);
        fputc('L',fp);
        fputc('L',fp);
        fputc('O',fp);
        fclose(fp);                          /*关闭文件*/
    }
    return 0;
}
```

程序执行后,文件中存储了 HELLO。可以用记事本打开,如图 10.2 所示。

调用 fputc 函数的语法格式为:

fputc(字符表达式,文件指针);

图 10.2　记事本打开文件

fputc 函数的功能是向文件指针指定的文件中写一个字符,字符表达式表示了一个字符,可以是字符常量或字符变量。

fputc 函数是一个带有返回值的函数,如果成功写入数据到文件中,则返回写入字符的 ASCII 值,否则返回一个值 EOF(-1),用该返回值可以判断写操作是否成功。

需要读者了解的一个概念细节是:在文件内部有一个位置指针,用来指定文件当前读写的位置。文件内部位置指针不是用 FILE 类型定义的指针,文件内部位置指针所指的位置是每一次读写操作的开始位置,而每一次读写操作以后,系统会使文件内部位置指针自动移动到下一次开始的位置,文件内部位置指针不需在程序中定义和使用,而是由系统自动设置的,这一点非常重要,与内存的数据存取有所不同。对于 fputc 函数,每向文件写入一个字符,文件内部位置指针都向后移动一个字节。FILE 类型的指针实际上指向一个结构,其值是不会变化的。

与 fp 建立联系的文件中应该是下面的数据流：

HELLO
↑
最新的文件内部位置指针

2. 从文件中读一个字符的函数 fgetc

例 10.2 编写程序将例 10.1 中建立的文件 X.dat 的内容在屏幕上显示。

```
/ * ------X.dat 的内容在屏幕上显示------ * /
#include "stdio.h"
#include "process.h"
int main()
{
    FILE * fp;                              / * 定义文件指针 * /
    char c;
    if((fp=fopen("c:\\X.dat","r"))==NULL)    / * 打开文件 * /
    {   printf("文件 X.dat 不能打开!\n");       / * 打开失败,程序退出运行 * /
        exit(1);
    }
    else
    {
        for(c=fgetc(fp); c!=EOF; c=fgetc(fp))   / * 循环从文件中读入字符 * /
            putchar(c);                         / * 在显示器上显示 * /
        fclose(fp);                             / * 关闭文件 * /
    }
    return 0;
}
```

调用 fgetc 函数的语法格式为：

fgetc(文件指针);

fgetc 函数的功能是从文件指针指定的文件中读入一个字符,该字符的 ASCII 值作为函数的返回值,若返回值为 EOF,说明文件结束,EOF 是文件结束标志,值为 -1。

语句"c=fgetc(fp);"是从文件指针 fp 指定的文件中读一个字符并存入 c 变量中,c 是字符型变量。

使用 fgetc 函数调用前,需要读取的文件必须是以读或读写方式打开的,并且该文件应该已经存在。

程序以"读"方式打开 ASCII 文件 X.dat;如果文件打开成功,程序进入 for 循环,使用 fgetc 函数从文件中读入单个字符,并将该字符用 putchar 函数显示在显示器上,然后继续从文件中读入下一字符,直到遇到文件结束标记 EOF。

运行该程序,屏幕显示：

```
HELLO
```

读操作的位置也是由文件内部位置指针来确定,对于已经存在的文件,文件被打开时,文件内部位置指针指向文件的第一个字节。这时,调用 fgetc 函数读的是第一个字节的字符,读入一个字节以后,位置指针将自动向后移动一个字节,那么再调用一次 fgetc 函数,则读取的是第二个字符,连续调用该函数就可以读取文件的每个字符,并且可以使用 EOF 来判断是否已经到了文件末尾。

feof 函数是对文件位置指针是否处于文件结束位置进行判断。如果文件位置指针处于文件结束位置,函数返回 1,否则返回 0。

```c
#include "stdio.h"
#include "process.h"
int main()
{
    FILE * fp;                                  /*定义文件指针*/
    char c;
    if((fp=fopen("c:\\X.dat","r"))==NULL)       /*打开文件*/
    {   printf("文件 X.dat 不能打开!\n");        /*打开失败,程序退出运行*/
        exit(1);
    }
    else
    {
        for(c=fgetc(fp); !feof(fp); c=fgetc(fp)) /*循环从文件中读入字符*/
            putchar(c);                          /*在显示器上显示*/
        fclose(fp);                              /*关闭文件*/
    }
    return 0;
}
```

用 fputc 操作的文件可以用"写"、"读/写"或"追加"三种方式打开。若以"写"或"读写"方式打开一个已经存在的文件,则 fputc 写操作将删除原有的文件内容,文件内部位置指针指向文件首部,从文件首开始写入字符;若以"写"或"读写"方式打开一个文件,该文件不存在,fputc 写操作将建立一个新的文件,也从文件首开始写入字符;而若以追加方式打开一个文件,该文件必须存在,文件内部位置指针指向文件末尾,fputc 写操作从文件末尾开始写入字符。

例 10.3 编写程序在文件 X.dat 中追加内容" Ketty"。

```c
/*------在文件 X.dat 中追加内容" Ketty"------*/
#include "stdio.h"
#include "process.h"
int main()
{
    FILE * fp;                                  /*定义文件指针*/
    char * p;
    char string[]=" Ketty ";                    /*准备加入文件的字符串*/
    if((fp=fopen("c:\\X.dat","a"))==NULL)        /*打开文件*/
    {   printf("文件 X.dat 不能打开!");          /*打开失败,程序退出运行*/
```

```
            exit(1);
        }
        else
        {
            for(p=string; * p!='\0'; fputc(*p,fp)) /*循环将字符串中的字符写到文件*/
                p++;
            fclose(fp);                            /*关闭文件*/
        }
        return 0;
    }
```

例 10.4　编写程序实现 DOS 命令 copy X. dat Y. dat 的功能。copy X. dat Y. dat 的功能是将 X. dat 文件的全部内容拷贝到文件 Y. dat 中。本程序需要使用指针部分讨论的命令行参数。

```
/* ----实现 DOS 命令 copy X.dat Y.dat 的功能---- */
#include "stdio.h"
#include "process.h"
int main(int argc,char * argv[])
{
    FILE * fp1, * fp2;
    char c;
    if(argc!=3)        /*命令行参数个数不为 3,说明命令输入有误*/
    {  printf("命令错误!正确的使用方法类似 copy a b!");
        exit(1);
    }
    else if((fp1=fopen(argv[1],"r"))==NULL)    /*源数据文件打开失败*/
    {  printf("不能打开文件 %s\n",argv[1]);
        exit(1);
    }
    else if((fp2=fopen(argv[2],"w"))==NULL)    /*目标数据文件打开失败*/
    {  printf("不能打开文件 %s\n",argv[2]);
        exit(1);
    }
    else
    {
        while((c=fgetc(fp1))!=EOF)    /*从源数据文件中每读一个字符写到目标数据文件中*/
            fputc(c,fp2);
        fclose(fp1);                            /*关闭文件*/
        fclose(fp2);                            /*关闭文件*/
        printf("文件拷贝成功!\n");
    }
    return 0;
}
```

本程序是带参数的 main 函数。如果命令行参数中不是三个字符串,提示用户输入有误。程序中定义了两个文件指针 fp1 和 fp2,分别指向命令行参数中给出的源数据文件名和目标数据文件名。循环语句负责从源数据文件中读一个字符并同时输出到目标数据文件中。最后要将两个文件关闭。

假设本程序的源程序文件名为 copy_,经过编译后生成可执行文件 copy_.exe,在 DOS 命令行状态下执行 copy_ X.dat Y.dat 以后,文件 Y.dat 中的内容将与文件 X.dat 内容相同。

10.2.2　fprintf 函数与 fscanf 函数

解决硬币问题时使用了 fprintf 和 fscanf 函数。

fprintf 和 fscanf 函数与 scanf 和 printf 函数的功能十分相似,都是格式化读写函数。只不过,fprintf 和 fscanf 函数文件读写的是磁盘数据文件,而 scanf 函数和 printf 函数读写的是标准输入文件键盘和标准输出文件显示器而已。

这两个函数的调用格式为:

fscanf(文件指针,格式字符串,输入表列);

或者

fprintf(文件指针,格式字符串,输出表列);

fscanf 和 fprintf 两个函数适合于对 ASCII 文件的操作。再举两个例子。

例 10.5　编写程序,产生斐波那契数列的前 20 项写入新创建的文件 fib.dat 中(使用格式化读写函数)。

```
/*------------斐波那契数列写入文件--------*/
#include "stdio.h"
#include "process.h"
int main()
{   int a,b,j;                                    /*定义变量*/
    FILE * fp;                                    /*定义文件指针*/
    if((fp=fopen("c:\\fib.dat","w"))==NULL)       /*打开文件*/
    {   printf("文件 fib.dat 不能打开!\n");        /*打开失败,程序退出运行*/
        exit(1);
    }
    else
    {
        a=1;b=1;                                  /*输出数列的前两个值*/
        fprintf(fp,"%d %d ",a,b);
        for( j=2;j<=10; j++)                      /*循环从 3 到 20*/
        {   a=a+b;                                /*求最新的数列值覆盖 a*/
            b=a+b;                                /*求第二新的数列值覆盖 b*/
            fprintf(fp,"%d %d ",a,b);             /*输出 a 和 b*/
        }
        fclose(fp);
    }
    return 0;
}
```

例 10.6 编写程序,将 fib.dat 文件中的斐波那契数列的前 20 项显示在屏幕上。

```
/*------斐波那契数列显示在屏幕上------*/
#include "stdio.h"
#include "process.h"
int main()
{   FILE * fp;                              /*定义文件指针*/
    int a;
    if((fp=fopen("c:\\fib.dat","r"))==NULL)  /*打开文件*/
    {   printf("文件 fib.dat 不能打开!\n");      /*打开失败,程序退出运行*/
        exit(1);
    }
    else
    {
        while(!feof(fp))                      /*未到文件尾*/
        {   fscanf(fp,"%d",&a);               /*从文件中读一个整数*/
            printf("%d ",a);                   /*在屏幕上显示*/
        }
        fclose(fp);                            /*关闭文件*/
    }
    printf("\n");
    return 0;
}
```

10.2.3 fread 函数与 fwrite 函数

例 10.7 编写程序,产生斐波那契数列的前 20 项写入新创建的文件 fibnacci.dat 中
(使用整块数据的读写函数)。

```
/*------斐波那契数列写入文件------*/
#include "stdio.h"
#include "process.h"
int main()
{
    int a[20]={1,1};                    /*在数组 a 中存放 20 个整数*/
    int i;
    for(i=2;i<20;i++)
        a[i]=a[i-1]+a[i-2];
    FILE * f;                           /*定义文件指针*/
    if((f=fopen("c:\\fibnacci.dat","wb"))==NULL)     /*打开文件*/
        exit(0);
    else if(fwrite(a,sizeof(int),20,f)!=20)     /*将数组 a 中存放的 10 个整数一次写
                                                入文件*/
        printf("文件 fib2 写错误!\n");
    fclose(f);                          /*关闭文件*/
    return 0;
```

```
    }
```

例 10.8　编写程序在屏幕上显示 fibnacci.dat 文件中存储的 20 个整数。

```c
/*------从文件中读 Fibnacci 序列的前 20 个数------*/
#include "stdio.h"
#include "process.h"
int main()
{
    int b[20];                              /*准备数组 b*/
    FILE *f;                                /*定义文件指针*/
    int i;
    if((f=fopen("c:\\fibnacci.dat","rb"))==NULL)      /*打开文件*/
        exit(0);                            /*未成功打开则退出*/
    else if(fread(b,sizeof(int),20,f)!=20)        /*将文件中的 20 个整数读入 b 中*/
        printf("文件 fibnacci.dat 读错误\n");
    for(i=0;i<=19;i++)                      /*循环显示读入的内容*/
        printf("%d  ", b[i]);
    fclose(f);                              /*关闭文件*/
    return 0;
}
```

fwrite 和 fread 两个函数用于对整块数据的写和读。做写操作时,整块数据要事先放在内存中,例如,存放在一个数组中,或是存放在一个结构变量中,还可以存放在一个结构数组中。而做读操作时,要准备好接收数据的存储空间,存储空间的数据类型可以是数组、结构变量或结构数组等。

fwrite 和 fread 两个函数适合于对二进制文件的操作。

写数据块函数调用的一般格式为:

fwrite(datapointer,size,count,fp);

读数据块函数调用的一般格式为:

```
fread(datapointer,size,count,fp);
```

下面是对实际参数的说明。

datapointer 是一个指针,使用 fwrite 函数时,它指向内存中准备写入文件的数据区的首地址;使用 fread 时,它指向将要存储从文件中读入的数据的首地址。

size 表示数据块的字节数。

count 表示要读写的数据块的块数。

实际上,size * count 表示这次读写的总字节数。

fp 表示文件型指针。

另外,count 还有一个作用,就是如果 fwrite 和 fread 的返回值与 count 相等,说明本次的读写调用是成功的。

在例 10.7 和例 10.8 中使用 fwrite 和 fread 函数一次读写了 20 个整数,实际上一次读写几个整数是很灵活的,使用不同的实参调用 fwrite 和 fread 函数,可以改变一次读写的字节数。下面的程序与例 10.8 的功能完全一样,但是,每次对 fread 函数的调用只读了一个整数。

```
#include "stdio.h"
#include "process.h"
int main()
{
    int b[20];                              /* 准备数组 b */
    int *p;
    FILE *f;                                /* 定义文件指针 */
    int i;
    if((f=fopen("c:\\fibnacci.dat","rb"))==NULL)     /* 打开文件 */
        exit(0);                            /* 未成功打开则退出 */
    else for(p=b;p<=b+19;p++)               /* 循环 10 次,每次读 1 个整数 */
            if(fread(p,sizeof(int),1,f)!=1) /* 将文件中的 1 个整数读入 p 所指的空间中 */
            {   printf("文件 fibnacci.dat 读错误\n");
                exit(1);
            }
    for(i=0;i<=19;i++)                      /* 显示数组中的 fibnacci 数据 */
        printf("%d ", b[i]);
    fclose(f);                              /* 关闭文件 */
}
```

注意:数据块的写操作,相对于格式化读写操作要简单一些,不需要考虑读或写的格式是否匹配,只要准备好数据区即可。

第 9 章奖牌榜信息存储于文件的程序采用的也是数据块的读写操作。

10.2.4 fgets 与 fputs 函数

例 10.9 编写程序将星期一至星期日的英文存入文件 word. dat。

```
#include "stdio.h"
#include "process.h"
int main()
{
    char b[][7]={"Mon","Tues","Wen","Thurs","Friday","Sat","Sun"};
                                            /* 准备数组 b */
    FILE *f;                                /* 定义文件指针 */
    int i;
    if((f=fopen("c:\\word.dat","w"))==NULL)     /* 打开文件 */
        exit(0);                            /* 未成功打开则退出 */
    else for(i=0;i<=6;i++)
    {   fputs(b[i],f); fputs("\n",f);}
    fclose(f);                              /* 关闭文件 */
    return 0;
}
```

例 10.10 编写程序将星期一至星期日的英文从文件 word.dat 中读出来。

```
#include "stdio.h"
#include "process.h"
int main()
{
    char b[7];                                    /* 准备数组 b */
    FILE * f;                                     /* 定义文件指针 */
    if((f=fopen("c:\\word.dat","r"))==NULL)       /* 打开文件 */
        exit(0);                                  /* 未成功打开则退出 */
    else
    {   if(!feof(f))
            fgets(b,7,f);
        while(!feof(f))
        {    puts(b);
            fgets(b,7,f);
        }
    }
    fclose(f);                                    /* 关闭文件 */
    return 0;
}
```

案例中使用了 fputs 和 fgets 两个函数,这两个函数分别用于写字符串到文件中和从文件中读字符串。

调用字符串写函数 fputs 的语法格式为:

fputs(字符串,文件指针);

其中,字符串可以是字符串常量,也可以是字符数组名或指针变量。函数的功能是将字符串写入与文件指针建立联系的文件中。

语句"fputs(b[i],f);"是将 b[i] 中的字符串写入与文件指针 f 建立联系的文件中。而语句 "fputs("\n",f);"是写一个换行符到文件中,以便将来读入文件时不会出错。

fgets(字符数组名,n,文件指针);

其中,n 是一个正整数。函数的功能是从文件中读入字符个数不超过 n−1 个的字符串,存储在字符数组中,并在读入的最后一个字符后面加上字符串结束标志'\0'。如果在读完 n−1 个字符之前遇到换行符或 EOF,读入工作也结束。

"fgets(b,7,f);"是将文件内容读入到 b 数组中,字符个数不超过 7 个。

字符串读写函数 fgets 和 fputs 与 gets 和 puts 两个函数非常相似,只是前者的读写对象是文件,后者的读写对象是键盘和显示器。

文件内部位置指针的概念同样存在于字符串读写函数的操作中。

10.3　文件的定位

10.3.1　文件的顺序存取和随机存取

在程序设计中,对文件的读写又称为对文件的存取,文件的存取方式有两种:顺序存取和随机存取。顺序存取的特点是对文件的读写方式都是从文件的开始到文件的结束,读/写了第一个字节,才能读/写第二个字节,以此类推,如果想读/写文件的最后一个字节,必须先读写完该字节前面的所有字节。随机存取的特点是允许从文件的任何位置开始读写操作,文件操作的位置可以由程序控制。对于存储在磁带上的文件,由于磁带的硬件特性,只能顺序读写各个数据,而对于存储在磁盘上的文件,既可以采取顺序存取方式,也可以采取随机存取方式对文件内容进行读写操作,前面编写的所有程序都使用的是顺序存取方式,顺序存取的位置由文件内部位置指针自动确定,不用在程序中控制文件内部位置指针的内容;而随机存取文件的位置,可以由程序改变文件内部位置指针的内容,使其指向需要读写的位置,然后再进行读写操作。用程序控制文件内部位置指针的移动,称为文件的定位。

在 C 语言中,文件的定位操作也是通过库函数实现的,实现文件定位操作的函数主要有两个,即 rewind 函数和 fseek 函数。

10.3.2　rewind 函数

rewind 函数的调用格式为:

rewind(文件指针);

其功能是把文件内部的位置指针移到文件的开头。rewind 的英文原意是重绕,所以可以简单地称 rewind 函数的功能是重绕。

10.3.3　fseek 函数

例 10.11　编写程序使用字符串写函数将字符串"welcome you"写入 ASCII 文件 file_we.txt 中,并使用重绕功能回到文件首部,再使用字符串读函数将刚写入文件的字符串读入内存并显示在屏幕上。

```
/ * ------使用重绕函数------ * /
#include "stdio.h"
#include "process.h"
int main()
{
    char string[]="welcome you";
    char display[15];
    FILE * fp;
    if((fp=fopen("file_we.txt","w+"))==NULL)
    {   printf("文件 file_we.txt 打开失败 \n");
        exit(1);
    }
    else
    {   fputs(string,fp);                  / * 写字符串到文件中      * /
        rewind(fp);                        / * 重绕                 * /
        fgets(display,15,fp);              / * 读入到内存           * /
        puts(display);                     / * 输出到屏幕上         * /
        fclose(fp);
```

```
        }
        return 0;
    }
```

程序运行结果：

```
welcome you
```

fseek 函数也能够实现文件的定位，调用该函数的格式为：

fseek(文件指针,位移量,起始点);

其功能是移动文件内部位置指针到实际参数指定的位置。

实际参数的含义：

首先，要操作的文件已经与**文件指针**建立了联系。

起始点有三种取值，0、1 和 2，分别表示文件的三个位置：文件开始、当前位置和文件末尾。

位移量表示文件内部位置指针从**起始**点开始移动的字节数。位移量必须是一个长整型数据，因此若使用常整数表示位移量时，必须加后缀“L”。位移量是正整数，文件内部位置指针向文件末尾的方向移动；位移量是负整数，文件内部位置指针向文件首部的方向移动。

语句“fseek(fp,−100L,2);”的含义是把文件位置指针从文件末尾移到离文件末尾 100 个字节处。

需要说明的是，fseek 函数一般只适用于二进制文件。因为在 ASCII 文件中“\n”字符需要进行特殊的转换，可能会引起位置的计算错误。

例 10.12　编写程序将二进制文件 MEDAL.din 中关于奖牌的数据表中的有关“俄罗斯”数据显示在屏幕上。

```
/* ------使用定位函数------ */
#include "stdio.h"
#include "process.h"
int main()
{
    int j;
    FILE * fp;
    typedef struct co
    {
        char name[20];                  /* 国家名称 */
        int medel[4];                   /* 数组存放金牌数、银牌数、铜牌数和奖牌总数 */
    } COUNTRY;
    COUNTRY co;                         /* 定义一个结构变量 */
    if((fp=fopen("c:\\MEDAL.din","rb"))==NULL)
                                        /* 打开文件 MEDAL.din */
    {   printf("文件 MEDAL.din 打开失败!\n");
        exit(1);
    }
```

```
    fseek(fp,3 * sizeof(COUNTRY),0);              /* 移动到第 4 条数据所在的位置 */
    if(fread(&co,sizeof(COUNTRY),1,fp)!=1)        /* 读数据到结构变量中 */
    {   printf("文件 MEDAL.din 写错误!\n");
        exit(1);
    }
    printf("国家    金牌    银牌    铜牌    总数\n");
    printf(" %10s", co.name);                      /* 显示国家名称 */
    for(j=0;j<4;j++)                               /* 显示奖牌数 */
        printf("%8d", co.medel[j]);
    printf("\n");
    fclose(fp);                      /* 关闭文件 */
    return 0;
}
```

程序运行结果：

国家	金牌	银牌	铜牌	总数
俄罗斯	24	26	32	82

习　　题

【10-1】 回答下列问题：

(1) C 语言中的 ASCII 文件和二进制文件有何区别？

(2) 缓冲文件系统的作用是什么？

(3) 什么是文件型指针？什么是文件内部位置指针？它们有什么用途？

(4) 对文件进行操作以后，为什么要关闭？

【10-2】 单项选择题(下列各题中每道题有 A、B、C、D 4 个选项，正确答案只有一个，请选择正确答案)。

(1) 正确定义文件指针 fp 的语句是(　　　)。

A. FILE * fp;　　　　B. file * fp;　　　　C. FILE fp;　　　　D. file fp;

(2) 假设有定义 FILE * fp;，正确关闭文件的语句是(　　　)。

A. fclose(* fp);　　　B. FCLOSE(fp);　　　C. fclose(fp);　　　D. FCLOSE(* fp);

【10-3】 请写出下列程序的运行结果。

(1)

```
#include "stdio.h"
int main()
{   FILE * fp;
    int i,a[6]={4,5,6,7,8,9};
    fp=fopen("c:\\d.dat","w+");
    for(i=0;i<6;i++)
        fprintf(fp,"%d\n",a[i]);
```

```
        rewind(fp);
        for(i=0;i<6;i++)
            fscanf(fp,"%d\n",&a[5-i]);
        fclose(fp);
        for(i=0;i<6;i++)
            printf("%d,",a[i]);
        return 0;
    }
```

(2)

```
#include "stdio.h"
int main()
{   FILE * fp;
    int i;
    char a[5]={'4','5','6','7','8'};
    fp=fopen("c:\\d.dat","w");
    for(i=0;i<5;i++)
        fputc(a[i],fp);
    fclose(fp);
    fp=fopen("c:\\d.dat","r");
    while(!feof(fp))
    {   putchar(fgetc(fp));
    }
    return 0;
}
```

【10-4】 请修改下列程序,使其能够通过编译,并正确运行。

```
#include "stdio.h"
#include "process.h"
void main()
{
    FILE * fp;
    char c;
    if((fopen(fp,"first.dat","w"))==NULL)
    {   printf("cannot open this file \n");
        exit(1);
    }
    else
    {   fp=fputc('T');
        fclose(fp);
    }
}
```

【10-5】 按照下列要求编写程序。

(1) 从 file_st 文件中读入一个含 10 个字符的字符串。

(2) 编写程序对 ASCII 文件 test.txt 中的字符做一个统计,统计该文件中字母、数字和其他字符的个数,输出统计结果。test.txt 文件名由命令行参数输入。例如,假设 C 源程序的可执行文件的名字为 count_file,则命令行 count_file test.txt 表示对文件 test.txt 进行统计。

(3) 编写程序将文件 A 的内容拷贝至文件 B,拷贝时要将文件 A 中的大写字符全部转换成小写。使用命令行参数,例如,假设 C 源程序的可执行文件的名字为 copy_file,则命令行 copy_file A B 表示将文件 A 的内容拷贝到文件 B 中。

(4) 编写程序,首先输入一个字符,然后将文件 A 的内容拷贝至文件 B,拷贝时要将文件 A 中与输入字符相等的字符删除。

(5) 使用命令行参数,编写程序将文件 1 的内容连接到文件 2 的后面,两个文件的文件名由用户在程序运行时输入。

(6) 用姓名、工资和年龄描述一个人的情况,编写程序输入 5 个人的情况,并存入文件 staff.bin 中。

(7) 编写程序将习题上一题产生的文件 Staff.bin 按逆序读入三个记录(用文件定位函数),在屏幕上显示。

(8) 针对上题产生的文件 Staff.bin 编写程序,若文件中存储了若干用 fprinf 函数写入的升序排列的整数,使用命令行方式编写折半查找程序,根据给定的 ID 号值,查询该职员的工资。使用命令行方式编写程序,用户应能够指定文件名和 ID 号值、欲查找的数据。例如,假设可执行文件名为 loca.exe,那么执行 loca Staff.binA.dat 110115014,15 表示在文件 Staff.binA.dat 中查询 ID 号为 11011501415 的职员的工资。

(9) 假设结构体的成员包括:姓名(字符串型)、ID 号(长整型)和工资(单精度浮点型),按照下面的要求编写程序。

要求:

① 根据命令行提供的文件名,将文件中的数据按块读入一个这种结构的结构体数组中。命令行同时应给出数量的上限。

② 提示用户给出一个输出文件名,打开此文件。

③ 显示一个菜单,提示用户选择按哪个字段排序,按升序还是按降序排列。

④ 按用户选定的方式进行排序,并将结果写入指定的文件。

⑤ 重复②提示用户给出一个新的输出文件名和排序顺序。重新排序后将结果写入该文件,直到用户决定退出时结束。

(10) 编写一个函数 fw 将表 10.2 中的除了最后一行的数据全部存入文件 sport.dat 中;编写另一个函数 fr 将文件 sport.dat 中的数据列表显示在屏幕上,并计算合计显示在最后一行;编写主函数,先调用 fw 函数,再调用 fr 函数。

表 10.2　运动员技术统计表

姓名	号码	得分	二分球		三分球		罚球	
			（中/投）	率	（中/投）	率	（中/投）	率
吴乃群	35	31	9/15	60%	0/2	0%	13/14	92.86%
缪寿守	45	5	0/0	0%	1/2	50%	2/2	100%
罗智	15	5	1/1	100%	1/1	100%	0/0	0%
王楠	11	14	2/4	50%	1/2	50%	7/7	100%
刘维伟	8	2	1/5	20%	0/1	0%	0/0	0%
王世龙	32	11	2/2	100%	0/1	0%	4/4	100%
萨马基	34	21	8/12	66.67%	0/0	0%	5/5	100%
米拉奇	5	9	2/2	100%	0/1	0%	5/6	83.33%
张伟刚	4	0	0/2	0%	0/0	0%	0/0	0%
合计		98	25/43	58.14%	3/10	30%	36/38	94.74%

（11）二进制文件 COUNTRY.bin 中有如表 10.3 所示的 4 条记录。

表 10.3　COUNTRY.bin 原文件

国家名称	金牌数	银牌数	铜牌数	奖牌总数
美国	46	29	29	104
中国	38	27	23	88
英国	29	17	19	65
俄罗斯	24	26	32	82

编写程序,向二进制文件 COUNTRY.bin 增加下面一条记录。

韩国　　13　8　7　28

使得文件中 COUNTRY.bin 有 5 条记录,如表 10.4 所示。

表 10.4　COUNTRY.bin 新文件

国家名称	金牌数	银牌数	铜牌数	奖牌总数
美国	46	29	29	104
中国	38	27	23	88
英国	29	17	19	65
俄罗斯	24	26	32	82
韩国	13	8	7	28

附录 A ASCII 代码与字符对照表

十进制	八进制	十六进制	字符	十进制	八进制	十六进制	字符
0	000	00	NUL	37	045	25	%
1	001	01	SOH	38	046	26	&
2	002	02	STX	39	047	27	'
3	003	03	ETX	40	050	28	(
4	004	04	EOT	41	051	29	)
5	005	05	ENQ	42	052	2A	*
6	006	06	ACK	43	053	2B	+
7	007	07	BEL	44	054	2C	,
8	010	08	BS	45	055	2D	—
9	011	09	TAB	46	056	2E	.
10	012	0A	LF	47	057	2F	/
11	013	0B	VT	48	060	30	0
12	014	0C	FF	49	061	31	1
13	015	0D	CR	50	062	32	2
14	016	0E	SO	51	063	33	3
15	017	0F	SI	52	064	34	4
16	020	10	DLE	53	065	35	5
17	021	11	DC1	54	066	36	6
18	022	12	DC2	55	067	37	7
19	023	13	DC3	56	070	38	8
20	024	14	DC4	57	071	39	9
21	025	15	NAK	58	072	3A	:
22	026	16	SYN	59	073	3B	;
23	027	17	ETB	60	074	3C	<
24	030	18	CAN	61	075	3D	=
25	031	19	EM	62	076	3E	>
26	032	1A	SUB	63	077	3F	?
27	033	1B	ESC	64	100	40	@
28	034	1C	FS	65	101	41	A
29	035	1D	GS	66	102	42	B
30	036	1E	RS	67	103	43	C
31	037	1F	US	68	104	44	D
32	040	20	(SPACE)	69	105	45	E
33	041	21	!	70	106	46	F
34	042	22	"	71	107	47	G
35	043	23	#	72	110	48	H
36	044	24	$	73	111	49	I

十进制	八进制	十六进制	字符	十进制	八进制	十六进制	字符
74	112	4A	J	101	145	65	e
75	113	4B	K	102	146	66	f
76	114	4C	L	103	147	67	g
77	115	4D	M	104	150	68	h
78	116	4E	N	105	151	69	i
79	117	4F	O	106	152	6A	j
80	120	50	P	107	153	6B	k
81	121	51	Q	108	154	6C	l
82	122	51	R	109	155	6D	m
83	123	52	S	110	156	6E	n
84	124	53	T	111	157	6F	o
85	125	55	U	112	160	70	p
86	126	56	V	113	161	71	q
87	127	57	W	114	162	72	r
88	130	58	X	115	163	73	s
89	131	59	Y	116	164	74	t
90	132	5A	Z	117	165	75	u
91	133	5B	[	118	166	76	v
92	134	5C	\	119	167	77	w
93	135	5D	]	120	170	78	x
94	136	5E	ˆ	121	171	79	y
95	137	5F	_	122	172	7A	z
96	140	60	`	123	173	7B	{
97	141	61	a	124	174	7C		
98	142	62	b	125	175	7D	}
99	143	63	c	126	176	7E	~
100	144	64	d	127	177	7F	DEL

说明:

　　本表只列出了 0～127 的标准 ASCII 字符,因为 128～255 是扩展的 ASCII 字符,不同的机器可能有差别。

　　0～31 属于控制字符,也称为不可见字符。

附录 B　运算符的优先级和结合性

优先级	运算符	含　义	运算对象的个数	结合方向
1	( ) [ ] -> .	圆括号 下标运算符 指向结构体成员运算符 结构体成员运算符		自左至右
2	! ~ ++ -- - + （数据类型） * & sizeof	逻辑非运算符 按位取反运算符 自增运算符 自减运算符 取负运算符 单目加运算符 类型转换运算符 取内容运算符 取地址和逻辑与运算符 数据类型长度运算符	1 （单目运算符）	自左至右
3	* / %	乘法运算符 除法运算符 取模运算符	2 （双目运算符）	自左至右
4	+ -	加法运算符 减法运算符	2 （双目运算符）	自左至右
5	<< >>	左移运算符 右移运算符	2 （双目运算符）	自左至右
6	<、>、<=、>=	关系运算符	2（双目运算符）	自左至右
7	==、!=	关系运算符	2（双目运算符）	自左至右
8	&	按位与运算符	2（双目运算符）	自左至右
9	^	按位异或运算符	2（双目运算符）	自左至右
10	|	按位或运算符	2（双目运算符）	自左至右
11	&&	逻辑与运算符	2（双目运算符）	自左至右
12	||	逻辑或运算符	2（双目运算符）	自左至右
13	?:	条件运算符	3（三目运算符）	自右至左

优先级	运算符	含　义	运算对象的个数	结合方向
14	＝、＋＝、－＝、＊＝、/＝、％＝、＞＞＝、≪＝、＆＝、＾＝、|＝	赋值运算符	2（双目运算符）	自左至右
15	,	逗号运算符	n	自左至右

说明：

表中列出的优先级是用数字来表示的,优先级越高,数字越小,优先级为 15 的运算符优先级最低。

如果运算对象左边和右边的运算符优先级相同,则根据结合性来判断先做哪个运算。

程序设计时,最好以圆括号来明确表示运算的顺序。

附录 C printf 函数的转换说明模式

在调用 printf 函数时,可以使用以％为前缀的转换说明,转换说明不但可以指定显示数据的类型,还可以控制显示的域宽和精度,并可以控制左/右对齐。

转换说明的模式是:

％ [标志] [前导 0] [域宽] [.] [精度] [长度修正符] [转换字符]

转换字符包括:d、o、x、u、c、s、f、g 等。

附表 C.1 中是用法说明和举例。

附表 C.1 printf 函数转换说明

	用 法 说 明	举　　例
[域宽]	用整数表示,指定显示数据的最小域宽,一般情况下,域宽应大于实际数据的位数。如果域宽小于实际数据的位数,以实际位数为准	printf("％4s" , "ABCDE"); 的输出结果是: ABCED
[标志]	若有符号－,则显示数据在其域内按左齐方式打印,否则按右齐打印	printf("％10s" , "ABCDE"); 显示的结果是右对齐: 　　　　　　　　ABCDE printf("％－10s", "ABCDE"); 显示的结果是左对齐: ABCDE
	若有符号＋,则显示的数据是正数时带前缀＋,否则,显示的正数不带前缀＋	printf("％＋d",20); 显示的结果带"＋"号: ＋20
	若有符号♯,转换字符为 o 时,显示的八进制数冠以 0;转换字符为 x 时,显示的十六进制数冠以 0x。 若使用了符号♯,符号＋将不起作用	printf("％♯6o",10); 显示的结果带"0": 012
	"－"、"＋"以及"－"、"♯"两个符号可以结合在一起使用。两个符号之间顺序可以任意,只要在域宽的前面即可	printf("％－＋10d",10); 显示的结果带"0",左对齐,并且带"＋"号: ＋10
[.]	域宽和精度的分隔符	

	用 法 说 明	举 例
［精度］	精度是整数。 若被转换的数据是字符串,它指定能显示的最大字符个数	printf("％－10.5s","ABCDEFGHIJ"); 显示的结果只有 5 个字符: ABCDE
	若被转换的数据是浮点数,指定小数点右边显示的最大位数	printf("％7.2f",123.456); 显示的结果是: 123.46
［前导 0］	把 0 放在域宽前,表示数值以前导 0 显示,而不是以空格显示	printf("％＋011.2f",123.456); 显示的结果是: ＋00000123.46
［长度修正符］	对长整型数和双精度浮点数要使用字母 1,以保证显示数据的正确性	printf("％ld",100000L); 显示的结果是:100000